职业教育“双高建设”规划教材
交通与土建类专业技术群校企合作一体化教材

BIM 建模技术

主　编　王　亮　侯献语　李鹏元

本书立体化资源

黄河水利出版社
·郑州·

内容提要

本书为高职高专土建施工类、建设工程管理类专业“BIM 建模技术”课程活页式教材，将专业知识传授、职业技能培训与工匠精神等思政元素有机结合，以通过实践教学提高学生的综合素质。

本书根据 BIM 建模设计过程中普遍应用的族创建技术和建筑模型创建技术，分别利用 Revit 软件和 BIMMAKE 软件开展族创建实训和建筑建模实训，使读者亲身体验 BIM 建模设计工作实践，包括 Revit 族基本操作、Revit 构件族创建、Revit 别墅案例土建模型创建、BIMMAKE 标高与轴网创建、BIMMAKE 基础创建、BIMMAKE 柱创建、BIMMAKE 梁创建、BIMMAKE 板创建、BIMMAKE 墙创建、BIMMAKE 门窗创建、BIMMAKE 楼梯创建和 BIMMAKE 其他构件创建与项目整理 12 个训练模块。BIMMAKE 建模在过程逻辑上环环相扣，内容上彼此衔接，便教便学。

本书可作为“BIM 建模技术”课程的实践环节用教材，也可供相关专业工程技术人员参考使用。

图书在版编目(CIP)数据

BIM 建模技术/王亮，侯献语，李鹏元主编. —郑州：黄河水利出版社，2024. 2

ISBN 978-7-5509-3643-0

Ⅰ. ①B… Ⅱ. ①王… ②侯… ③李… Ⅲ. ①建筑设计-计算机辅助设计-应用软件-高等职业教育-教材 Ⅳ. ①TU201. 4

中国国家版本馆 CIP 数据核字(2023)第 138887 号

策划编辑：贾会珍　电话：0371-66028027　E-mail：110885539@qq.com

责任编辑	郭　琼	责任校对	张彩霞
封面设计	黄瑞宁	责任监制	常红昕
出版发行	黄河水利出版社		
	地址：河南省郑州市顺河路 49 号　邮政编码：450003		
	网址：www.yrcp.com　E-mail：hhslcbs@126.com		
	发行部电话：0371-66020550		
承印单位	河南匠心印刷有限公司		
开　本	787 mm×1 092 mm　1/16		
印　张	13.75		
字　数	318 千字		
版次印次	2024 年 2 月第 1 版	2024 年 2 月第 1 次印刷	
定　价	49.00 元		

前 言

随着国内建设工程领域的飞速发展,BIM 技术给建筑业带来了一次技术的革命,在建设工程领域发挥了重要的价值。政府、企业、高校对 BIM 技术也越来越重视,BIM 技术已经进入了快速发展和深度应用的阶段,对 BIM 技术人才提出了更高的要求。

2019 年,教育部推出职业教育改革“1+X”职业技能证书制度,本书结合“1+X”建筑信息模型(BIM)职业技能等级证书考试对相关技能的要求和国家职业技能标准《建筑信息模型技术员》,以任务为导向,以学生为中心,从 BIM 技术在行业中的应用出发,培养学生独立运用 BIM 技术进行建模的能力。

党的二十大报告提出,到 2035 年“要建成教育强国、科技强国、人才强国、文化强国、体育强国、健康中国,国家文化软实力显著增强”“全面贯彻党的教育方针,落实立德树人根本任务,培养德智体美劳全面发展的社会主义建设者和接班人”。为了落实党的二十大精神,适应高职高专土建施工类、建设工程管理类专业“BIM 建模技术”课程理论和实践教学需要,组织多年在建筑领域生产和教学第一线、具有扎实专业基础理论知识和丰富实践经验的专业教师编写了本书,以达到使学生技能和素养双提升的目的。

本书共设 12 个训练模块,系统地阐述了 Revit 族制作、Revit 建模、BIMMAKE 建模的操作。在 Revit 族制作中,主要开展 Revit 族基本操作、Revit 构件族创建等训练模块。在 Revit 建模中,主要围绕别墅案例项目开展标高与轴网创建、结构构件创建、建筑构件创建的实操训练。在 BIMMAKE 建模中,主要围绕一个实验楼案例开展 BIMMAKE 标高与轴网创建、BIMMAKE 基础创建、BIMMAKE 柱创建、BIMMAKE 梁创建、BIMMAKE 板创建、BIMMAKE 墙创建、BIMMAKE 门窗创建、BIMMAKE 楼梯创建和 BIMMAKE 其他构件创建与项目整理 9 个模块的实操训练。本书中涉及的 BIMMAKE 软件,是基于广联达自主知识产权图形和参数化建模技术,为 BIM 工程师、技术工程师全新打造的聚焦于施工全过程的 BIM 建模及专业化应用软件。

本书模块一、模块二、模块四由辽宁省交通高等专科学校侯献语编写,导言和模块三、模块五、模块六、模块七由辽宁省交通高等专科学校王亮编写,模块八、模块九、模块十、模块十一、模块十二由广联达科技股份有限公司李鹏元编写。全书由王亮负责统稿。

本书在编写期间,得到了广联达科技股份有限公司和华域建筑设计有限公司各位领导和技术人员的支持与指导,特在此表示感谢。

由于编者水平有限,加之时间仓促,书中难免存在错误和疏漏之处,敬请读者批评、指正。

编　者

2023 年 7 月

目　录

导 言

一、课程性质概述

“BIM 建模技术”课程是基于工作过程开发出来的课程，是土建施工类、建设工程管理类专业核心课程。本课程依据实际工作需要，结合“1+X”建筑信息模型（BIM）职业技能等级证书考试对相关技能的要求和国家职业技能标准《建筑信息模型技术员》设置内容，主要讲解 Revit 族创建、Revit 建筑工程建模和 BIMMAKE 土建建模技术，与后续的 BIM 技术应用课程相衔接。本书主要涉及 Revit 族创建、Revit 土建建模和 BIMMAKE 建模的实操实训。

二、典型工作任务描述

Revit 族创建是建筑工程 BIM 建模的基本技能，建模人员依据工程图纸或直接根据设计意图创建建筑工程构配件 BIM 模型，对 Revit 族创建的基本操作、参数化族创建技能都有很高的要求。

Revit 建模是建筑工程 BIM 建模的重要技术。通过 Revit 软件创建标高、轴网、结构柱、结构梁、结构墙、结构基础、结构板、建筑墙、幕墙、建筑楼板、屋顶、洞口、门窗、楼梯栏杆扶手和场地模型，完成别墅案例项目的土建建模。

BIMMAKE 土建建模是建筑工程 BIM 建模的重要技术。通过 BIMMAKE 软件创建标高、轴网、基础、柱、梁、板、墙、楼梯和其他构件，完成建筑工程 BIM 专业建模。

三、课程学习目标

（一）知识目标

（1）掌握 Revit 族“拉伸”“融合”“旋转”“放样”“放样融合”命令创建实体和空心的基本操作逻辑与原理。

（2）掌握 BIMMAKE 软件的简介和基本功能的内容。

（二）技能目标

（1）在老师的指导下，能够利用 Revit 软件独立完成相关构件族的创建。

（2）在老师的指导下，能够利用 Revit 软件独立完成别墅案例项目土建模型的建模。

（3）在老师的指导下，能够利用 BIMMAKE 软件依据图纸独立完成建筑工程土建模型的创建。

(三)素质目标

(1)培育爱国奉献、技能报国的思想共识。

(2)培育厚德精技、匠心匠人的工匠精神。

四、学习组织形式与方法

教师根据实际工作任务设计教学情景,教师的角色是策划、分析、辅导、评估和激励。学生的角色是学习主体,应主动思考、自己决定、实际动手操作。

本课程倡导行动导向的教学,通过任务的引导,促进学生主动思考和学习。请老师根据学习情景、任务所需的工作要求,指导学生完成工作任务。

五、模块介绍

模块	学习任务简介	思政育人落脚点	学时
模块一 Revit 族基本操作	主要讲解 Revit 软件创建族的"拉伸""融合""旋转""放样""放样融合"五个基本操作	严谨求实工作作风	2
模块二 Revit 构件族创建	主要讲解利用 Revit 软件创建 10 个典型构件族的操作,训练 5 个基本操作的综合使用、参数化族创建	厚德精技、匠心匠人;敬业、严谨、精益、专注、创新	8
模块三 Revit 别墅案例土建模型创建	主要讲解别墅案例项目土建模型的创建	严谨求实的工作作风培养,担当意识、安全意识、创新意识、审美意识的培育	40
模块四 BIMMAKE 标高与轴网创建	主要讲解 BIMMAKE 软件创建标高和轴网的操作	爱国奉献、技能报国;规范意识	2
模块五 BIMMAKE 基础创建	主要讲解 BIMMAKE 软件创建基础的操作	职业道德、扎实技术	1
模块六 BIMMAKE 柱创建	主要讲解 BIMMAKE 软件创建柱的操作	责任担当、扎实技术	1
模块七 BIMMAKE 梁创建	主要讲解 BIMMAKE 软件创建梁的操作	责任担当、扎实技术	1
模块八 BIMMAKE 板创建	主要讲解 BIMMAKE 软件创建板的操作	扎实技术	1

模块	学习任务简介	思政育人落脚点	学时
模块九　BIMMAKE 墙创建	主要讲解 BIMMAKE 软件创建墙的操作	扎实技术	1
模块十　BIMMAKE 门窗创建	主要讲解 BIMMAKE 软件创建门窗的操作	扎实技术	1
模块十一　BIMMAKE 楼梯创建	主要讲解 BIMMAKE 软件创建楼梯的操作	扎实技术	1
模块十二　BIMMAKE 其他构件创建与项目整理	主要讲解 BIMMAKE 软件创建其他构件与项目整理的操作	扎实技术	1

六、学业评价

模块	比例/%	得分	备注
模块一　Revit 族基本操作	5		
模块二　Revit 构件族创建	10		
模块三　Revit 别墅案例土建模型创建	50		
模块四　BIMMAKE 标高与轴网创建	3		
模块五　BIMMAKE 基础创建	3		
模块六　BIMMAKE 柱创建	3		
模块七　BIMMAKE 梁创建	5		
模块八　BIMMAKE 板创建	3		
模块九　BIMMAKE 墙创建	5		
模块十　BIMMAKE 门窗创建	5		
模块十一　BIMMAKE 楼梯创建	5		
模块十二　BIMMAKE 其他构件创建与项目整理	3		
汇总	100		

模块一 Revit族基本操作

一、模块描述

"Revit 族基本操作"模块主要介绍 Revit 软件创建实体和空心的 5 个基本操作,即"拉伸""融合""旋转""放样""放样融合"(见图 1-1)。

图 1-1　五个基本操作命令

二、学习目标

(一)知识目标

掌握 Revit 族"拉伸""融合""旋转""放样""放样融合"命令创建实体和空心的基本操作逻辑与原理。

(二)技能目标

在老师的指导下,能够利用 Revit 软件创建"拉伸""融合""旋转""放样""放样融合"实体和空心三维形状。

(三)素质目标

培育严谨求实的匠人精神。

三、学习任务

(一)学习任务一:通过“拉伸”创建实体和空心

1.“拉伸”命令

“拉伸”命令通过绘制一个封闭的轮廓作为拉伸的端面,然后设定拉伸长度来实现建模(见图 1-2)。“拉伸”有“拉伸”(实体拉伸)和“空心拉伸”两种。两者操作方法相同,只是一个用于创建实体三维形状,一个用于创建空心三维形状。“空心拉伸”创建的空心三维形状通常用于删除实心三维形状的一部分。

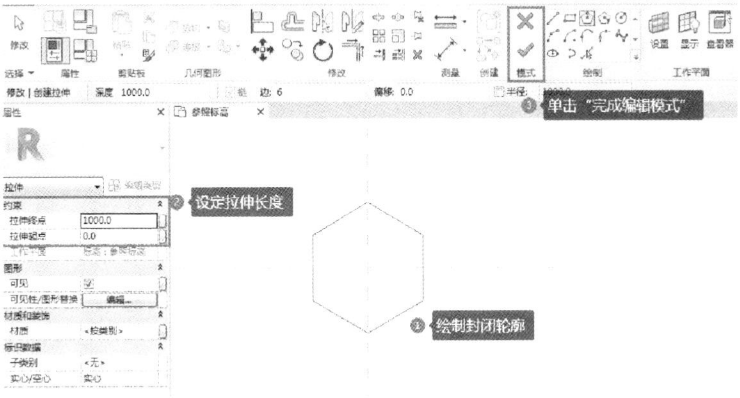

图 1-2　拉伸操作

2.“拉伸”生成三维形状操作

(1)实体拉伸:单击“创建”选项卡→“形状”面板→“拉伸”按钮。

空心拉伸:单击“创建”选项卡→“形状”面板→“空心形状”工具下拉菜单→“空心拉伸”按钮。

(2)绘制一个闭合轮廓。

(3)设定拉伸起点和终点,单击“完成编辑模式”完成“拉伸”命令。

(二)学习任务二:通过“融合”创建实体和空心

1.“融合”命令

“融合”命令用于将两个平行平面上的不同形状的断面进行融合来实现建模。“融合”有“融合”(实体融合)和“空心融合”两种。两者操作方法相同,只是一个用于创建实体三维形状,一个用于创建空心三维形状。“空心融合”创建的空心三维形状通常用于删除实心三维形状的一部分。

2.“融合”生成三维形状操作

(1)实体融合:单击“创建”选项卡→“形状”面板→“融合”按钮。

空心融合:单击“创建”选项卡→“形状”面板→“空心形状”工具下拉菜单→“空心融合”按钮。

(2)编辑底部轮廓,轮廓必须为闭合几何图形。

(3)编辑顶部轮廓,轮廓必须为闭合几何图形。

(4)设定底部和顶部之间的距离,单击“完成编辑模式”完成“融合”命令。

融合操作如图 1-3 所示。

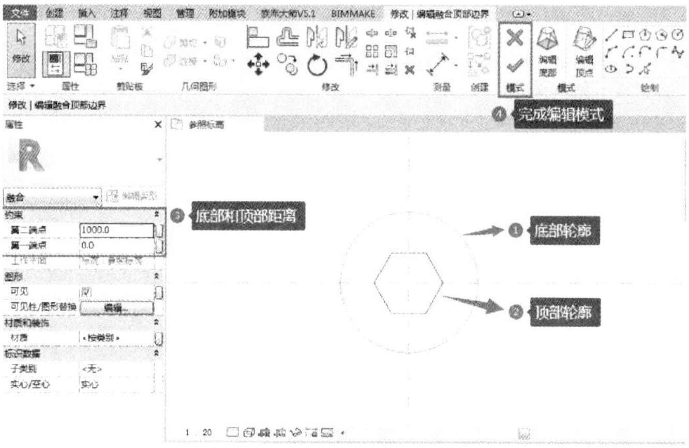

图 1-3　融合操作

(三)学习任务三:通过“旋转”创建实体和空心

1.“旋转”命令

“旋转”命令用于将某一几何图形以某轴线为旋转轴,然后旋转一定角度来实现建模。“旋转”有“旋转”(实体旋转)和“空心旋转”两种。两者操作方法相同,只是一个用于创建实体三维形状,一个用于创建空心三维形状。“空心旋转”创建的空心三维形状通常用于删除实心三维形状的一部分。

2.“旋转”生成三维形状操作

(1)实体旋转:单击“创建”选项卡→“形状”面板→“旋转”按钮。

空心旋转:单击“创建”选项卡→“形状”面板→“空心形状”工具下拉菜单→“空心旋转”按钮。

(2)绘制旋转的几何图形,此图形必须为闭合几何图形。

(3)拾取或绘制旋转轴。

(4)设定旋转角度等参数,单击“完成编辑模式”完成“旋转”命令。

旋转操作如图 1-4 所示。

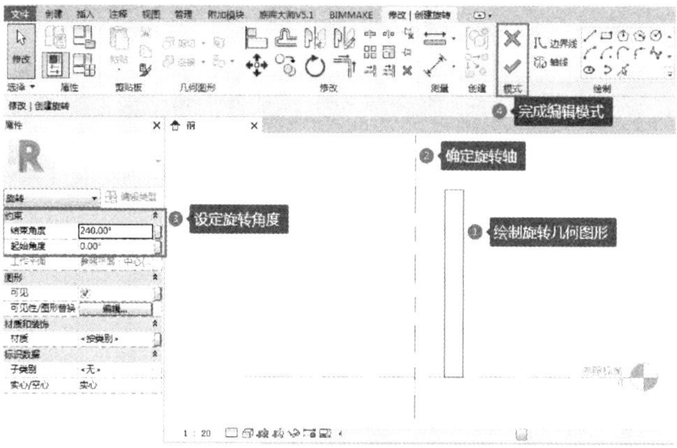

图 1-4　旋转操作

(四)学习任务四:通过"放样"创建实体和空心

1."放样"命令

"放样"命令用于将某一几何图形沿着相应的路径拉伸来实现建模。"放样"有"放样"(实体放样)和"空心放样"两种。两者操作方法相同,只是一个用于创建实体三维形状,一个用于创建空心三维形状。"空心放样"创建的空心三维形状通常用于删除实心三维形状的一部分。

2."放样"生成三维形状操作

(1)实体放样:单击"创建"选项卡→"形状"面板→"放样"按钮。

空心放样:单击"创建"选项卡→"形状"面板→"空心形状"工具下拉菜单→"空心放样"按钮。

(2)绘制或拾取生成放样路径,路径为平面或空间线条。

(3)绘制轮廓或选择已载入的轮廓,轮廓必须为闭合几何图形。

(4)连续单击"完成编辑模式"完成"放样"命令。

放样操作如图 1-5 所示。

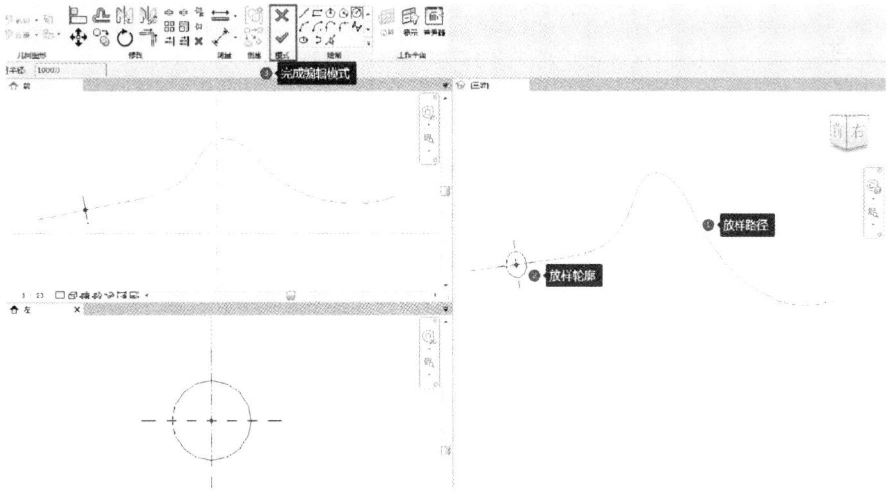

图 1-5　放样操作

(五)学习任务五:通过"放样融合"创建实体和空心

1."放样融合"命令

"放样融合"命令用于将不在平行平面上的两个端面,沿着指定的路径进行融合来实现建模。"放样融合"有"放样融合"(实体放样融合)和"空心放样融合"两种。两者操作方法相同,只是一个用于创建实体三维形状,一个用于创建空心三维形状。"空心放样融合"创建的空心三维形状通常用于删除实心三维形状的一部分。

2."放样融合"生成三维形状操作

(1)实体放样融合:单击"创建"选项卡→"形状"面板→"放样融合"按钮。

空心放样融合:单击"创建"选项卡→"形状"面板→"空心形状"工具下拉菜单→"空心放样融合"按钮。

(2)在功能区选择"绘制路径"或"拾取路径",绘制或三维拾取融合路径。

(3)点击“选择轮廓 1”,绘制或选择第一个端面的放样轮廓。

(4)点击“选择轮廓 2”,绘制或选择第二个端面的放样轮廓。

(5)连续单击“完成编辑模式”完成“放样融合”命令。

放样融合操作如图 1-6 所示。

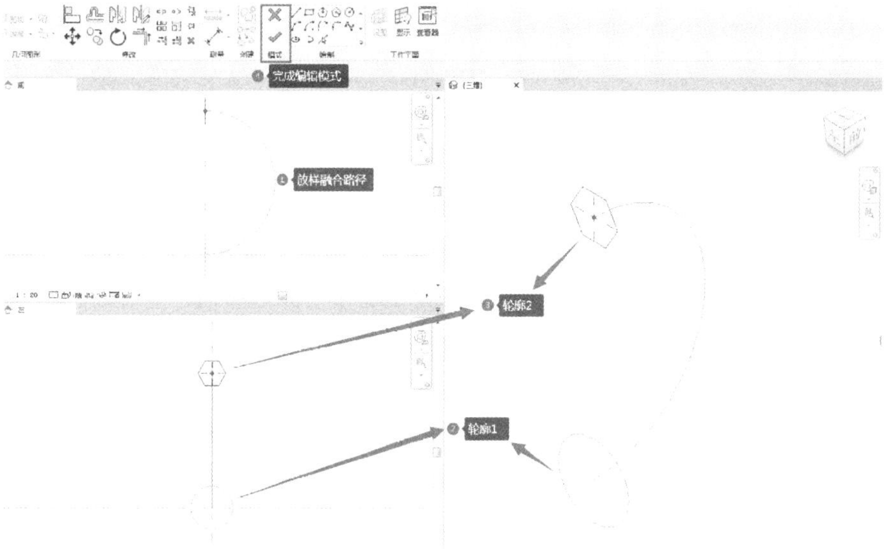

图 1-6 放样融合操作

四、任务实施

(1)任务实施一:如图 1-7 所示,利用“拉伸”命令,完成缺口圆柱体的创建,并写出操作流程。

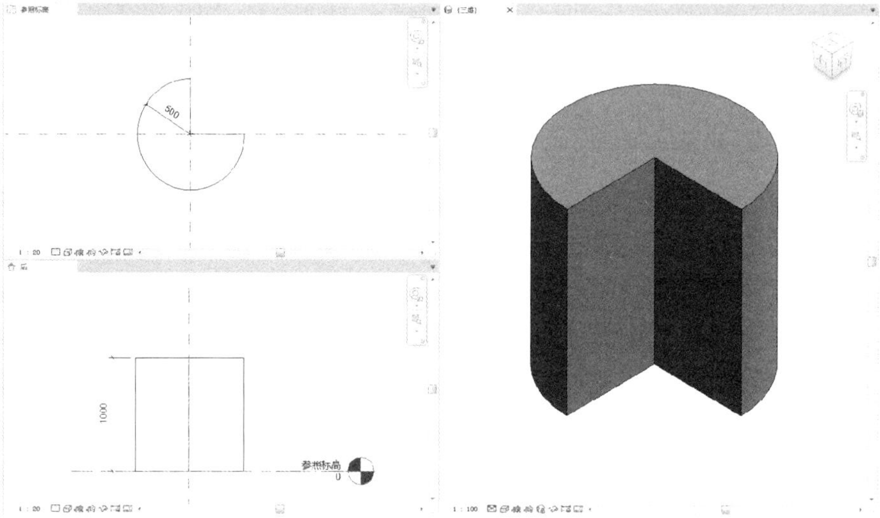

图 1-7 缺口圆柱体

◆操作流程：

(2)任务实施二：如图 1-8 所示，利用“融合”命令，完成空心圆台实体的创建，并写出操作流程。

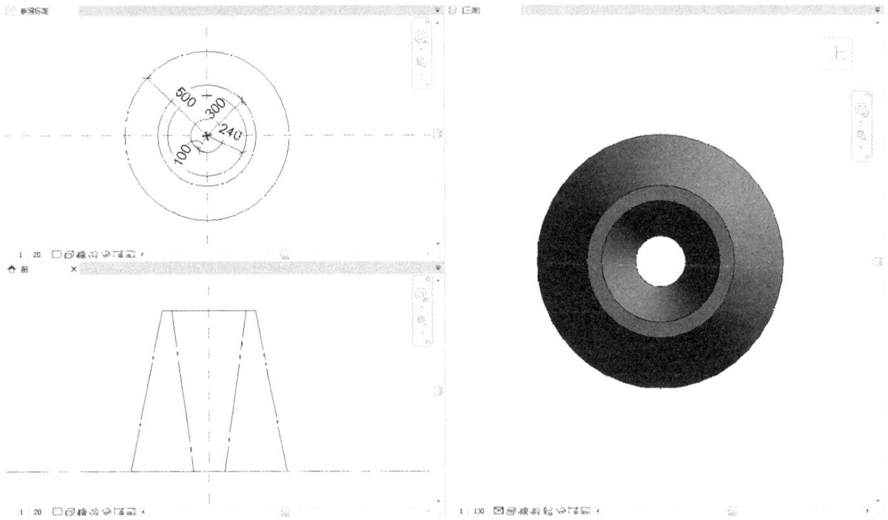

图 1-8　空心圆台实体

◆操作流程：

(3)任务实施三：如图 1-9 所示，利用“旋转”命令，完成实体的创建，并写出操作流程。

◆操作流程：

(4)任务实施四：如图 1-10 所示，利用“放样”命令，完成实体的创建，并写出操作流程。

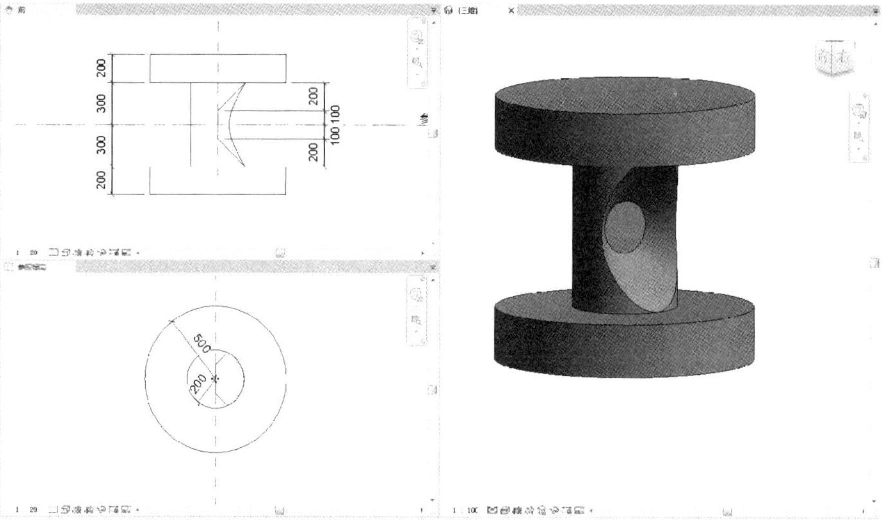

图 1-9　旋转实体(一)

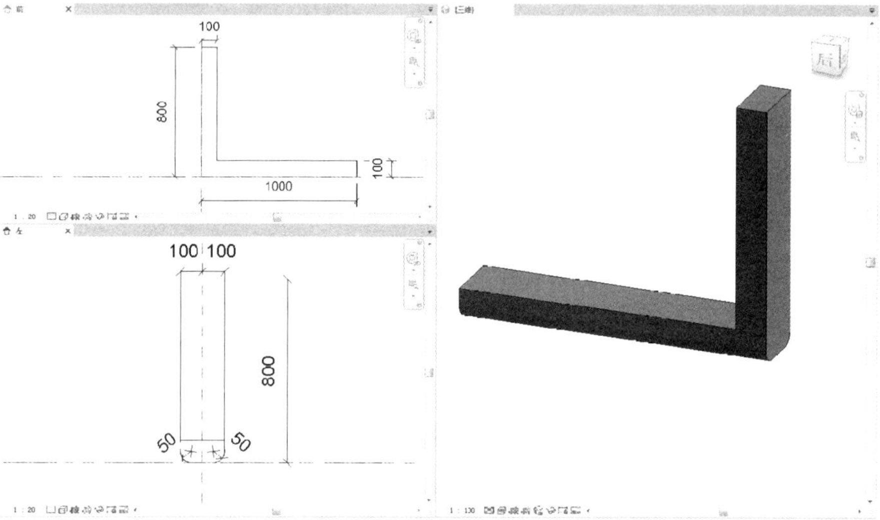

图 1-10　旋转实体(二)

◆操作流程:

(5)任务实施五:如图 1-11 所示,利用“放样融合”命令,完成实体的创建,并写出操作流程。

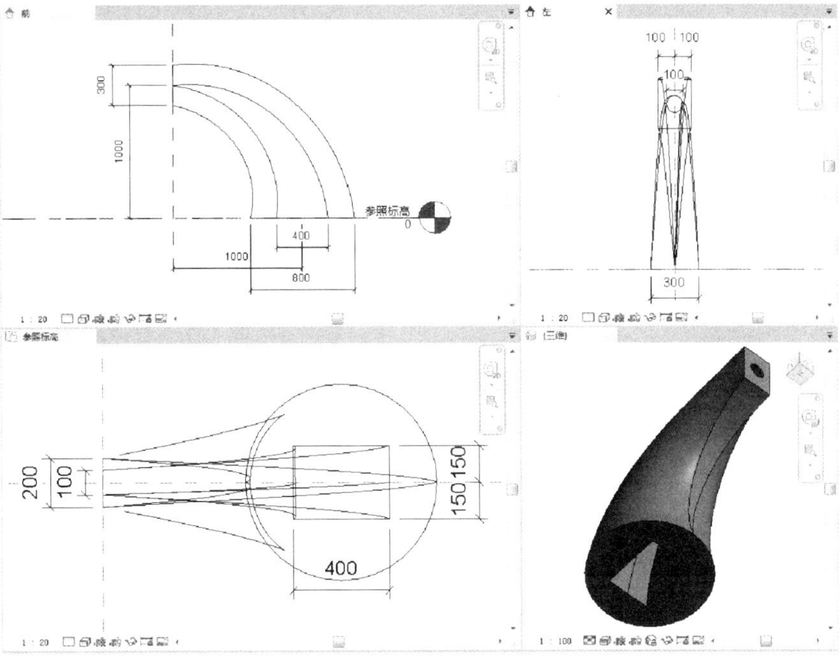

图 1-11　放样融合实体

♦操作流程：

五、相关知识点

1. 拉伸、融合与旋转

码 1-1　拉伸、融合与旋转

2. 放样与放样融合

码 1-2　放样与放样融合

六、评价反馈

班级：　　　　　　　　　　姓名：　　　　　　　　学号：

学习任务一：通过“拉伸”创建实体和空心				
评价内容	评价标准	分值	自评得分	教师评分
拉伸操作	能运用“拉伸”命令独立完成模型创建	10		
学习任务二：通过“融合”创建实体和空心				
评价内容	评价标准	分值	自评得分	教师评分
融合操作	能运用“融合”命令独立完成模型创建	10		
学习任务三：通过“旋转”创建实体和空心				
评价内容	评价标准	分值	自评得分	教师评分
旋转操作	能运用“旋转”命令独立完成模型创建	10		
学习任务四：通过“放样”创建实体和空心				
评价内容	评价标准	分值	自评得分	教师评分
放样操作	能运用“放样”命令独立完成模型创建	10		
学习任务五：通过“放样融合”创建实体和空心				
评价内容	评价标准	分值	自评得分	教师评分
放样融合操作	能运用“放样融合”命令独立完成模型创建	10		

模块二 Revit构件族创建

一、模块描述

“Revit 构件族创建”模块主要介绍综合利用 Revit 软件创建实体和空心的 5 个基本操作，即“拉伸”“融合”“旋转”“放样”“放样融合”命令，来创建 Revit 构件族。

二、学习目标

（一）知识目标

在老师指导下，能够综合运用 Revit 软件的“拉伸”“融合”“旋转”“放样”“放样融合”命令创建 Revit 构件族。

（二）技能目标

在老师指导下，能够综合运用 Revit 软件基本操作，创建参数化构件族。

（三）素质目标

培育严谨求实的工作作风、精雕细琢的敬业精神；启发学生勤于思考、敏于实践，提高解决实际问题的能力；培育干一行、爱一行、专一行、精一行的工匠精神；实现技能成才、技能报国，服务社会、服务人民的价值塑造。

三、学习任务

（一）学习任务一：创建墩柱构件族

1. 任务来源

如图 2-1 所示，本题来源于中国图学学会第十七期全国 BIM 技能等级考试一级试题。

2. 任务分析

首先，我们来分析一下墩柱构件族制作的操作流程。我们把墩柱分成上、中、下和空体剪切四部分。通过融合生成墩柱下部的主体和上部的部分，通过拉伸生成中间的部分，再通过空心拉伸，裁剪墩柱，生成墩柱中间的空体剪切部分。

3. 任务实施

利用相应的命令完成实体的创建，并写出操作流程。

在创建墩柱构件族的过程中，一定要严谨细心，对墩柱构件族的创建要有整体设计，做到思路清晰、路径明确，确保顺利完成墩柱构件族的创建。

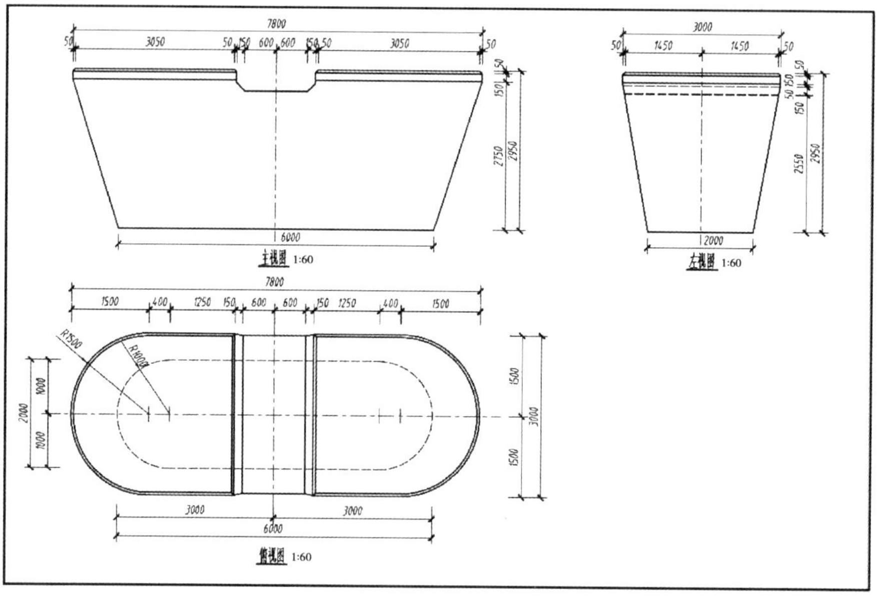

图 2-1　墩柱构件族

◆操作流程：

（二）学习任务二：创建 U 形墩柱构件族

1. 任务来源

如图 2-2 所示，本题来源于中国图学学会第八期全国 BIM 技能等级考试一级试题。

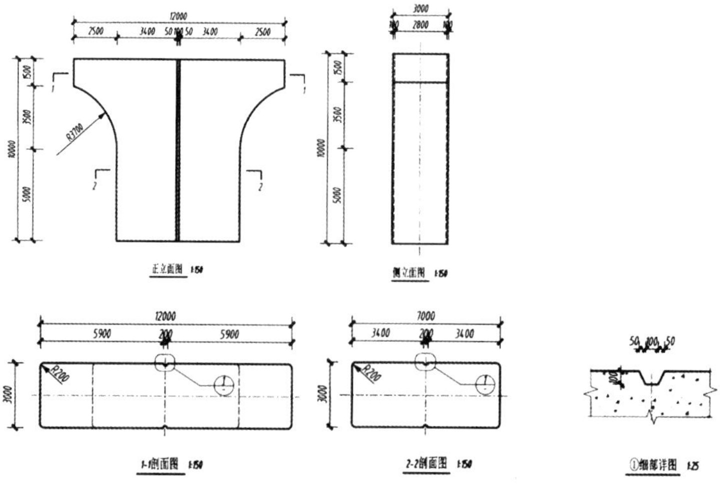

图 2-2　U 形墩柱构件族

2. 任务分析

首先,我们来分析一下 U 形墩柱构件族制作的操作流程。如图 2-3 所示,U 形墩柱可以按照创建主体、创建倒角和创建凹槽三个步骤来完成。通过拉伸生成主体部分,通过空心放样创建倒角,通过空心拉伸对主体进行剪切创建凹槽。

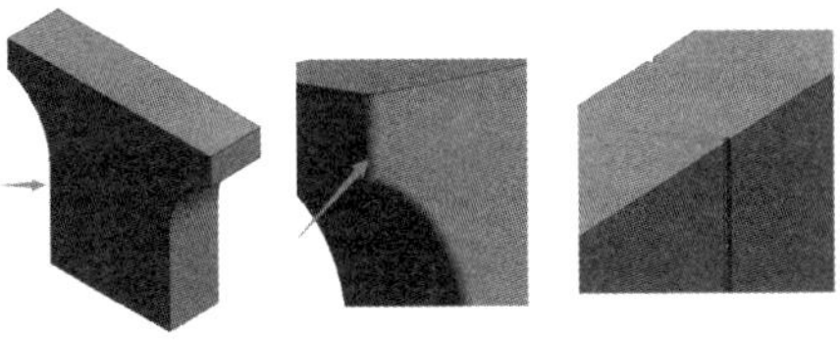

图 2-3　U 形墩柱构件族制作基本流程

3. 任务实施

利用相应的命令完成实体的创建,并写出操作流程。

在创建 U 形墩柱构件族的过程中,要始终能够从整体上把握构件族的创建路径,同时要体会务实肯干、坚持不懈、精雕细琢的敬业精神,做到技能和素养双提升。

◆操作流程:

(三)学习任务三:创建交通锥构件族

1. 任务来源

如图 2-4 所示,本题来源于 2020 年第一期"1+X"建筑信息模型(BIM)职业技能等级考试初级试题。

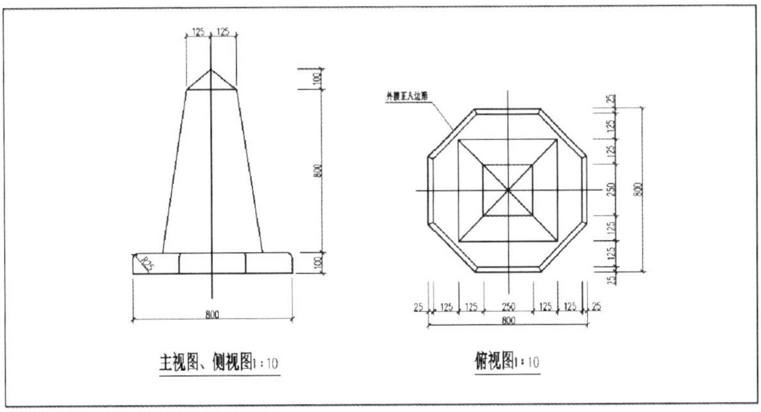

图 2-4　交通锥构件族

2. 任务分析

首先,我们来分析一下交通锥构件族制作的操作流程。如图 2-5 所示,交通锥可以按照创建底座和上部锥体两个步骤来完成。通过放样创建交通锥底座，继续通过放样来创建交通锥上部锥体。

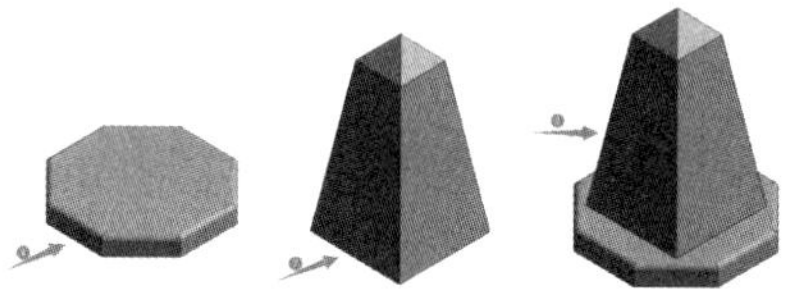

图 2-5　交通锥构件族制作基本流程

3. 任务实施

利用相应的命令完成实体的创建，并写出操作流程。

在创建交通锥构件族的过程中，可以采用多种方式创建。通过分析，我们选择比较快捷的方式生成。这需要大家平时多练习、多钻研，熟悉构件族制作的各种操作，通过不断的积累，加深对技能的理解。

♦操作流程：

（四）学习任务四：创建拱桥构件族

1. 任务来源

如图 2-6 所示，本题来源于中国图学学会第十八期全国 BIM 技能等级考试一级试题。

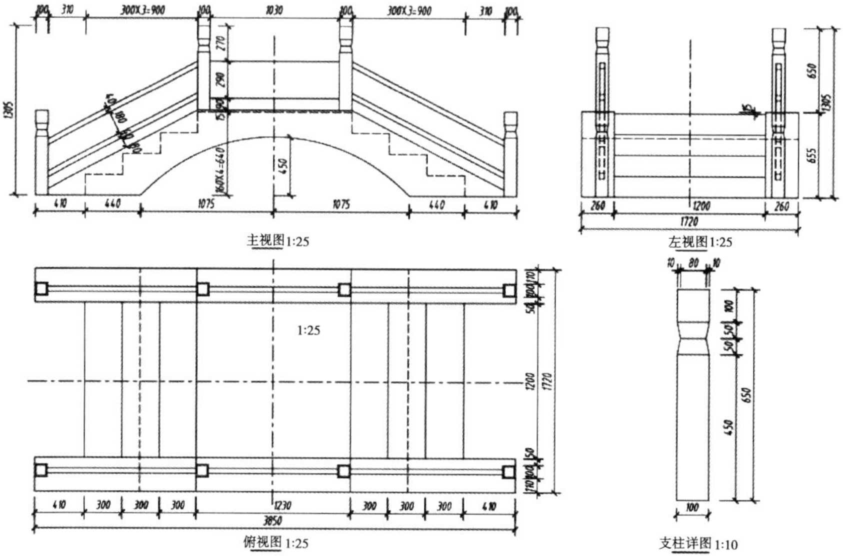

图 2-6　拱桥构件族

2. 任务分析

首先,我们来分析一下拱桥构件族制作的操作流程。如图 2-7 所示,拱桥由桥板、侧边构件、立柱、栏杆和栏板 4 部分组成,可以通过拉伸创建桥板和侧边构件,通过放样创建立柱,通过拉伸创建栏杆和栏板。

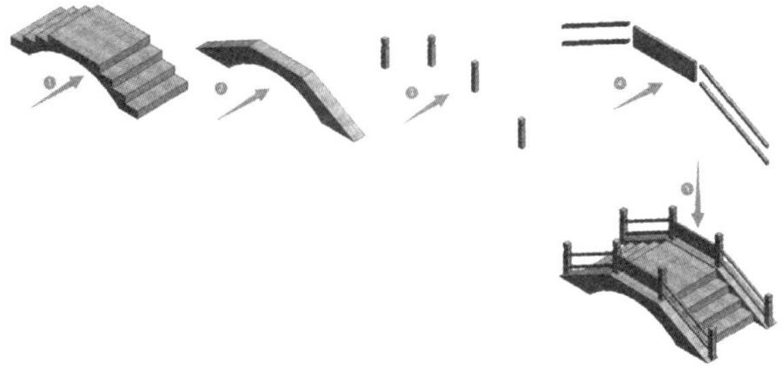

图 2-7 拱桥构件族制作基本流程

3. 任务实施

利用相应的命令完成实体的创建,并写出操作流程。

拱桥构件族组成构件较多,纷繁复杂,需要树立严谨求实的态度,耐心分析,理清思路,仔细研读构造和尺寸信息,从而保证拱桥构件族的创建顺利完成。

◆操作流程:

(五)学习任务五:创建球形喷口构件族

1. 任务来源

如图 2-8 所示题目来源于 2020 年第二期“1+X”建筑信息模型(BIM)职业技能等级考试初级试题。

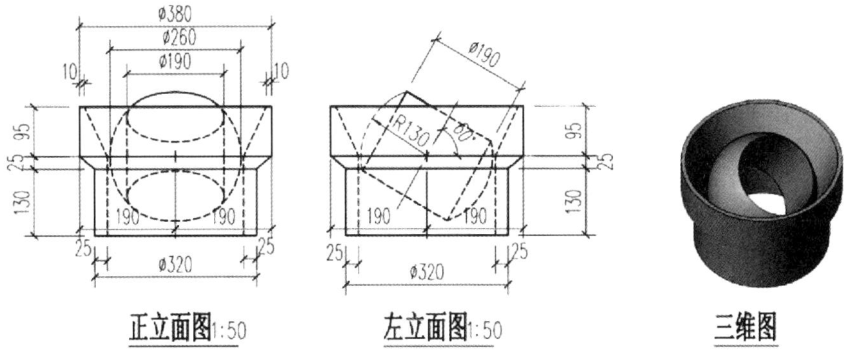

图 2-8 球形喷口构件族

2. 任务分析

首先,我们来分析一下球形喷口构件族制作的操作流程。如图 2-9 所示,球形喷口由外围部分、空心球体两部分组成。根据这两部分的几何构造,可以通过旋转命令来创建球形喷口的外围部分;再通过斜轴的旋转,生成空心球体部分。

图 2-9　球形喷口构件族制作基本流程

3. 任务实施

利用相应的命令完成实体的创建,并写出操作流程。

球形喷口构件族看似复杂不易创建,但认真分析就会发现它的构造特点,采用合适的方法,就能快速地创建出球形喷口构件族。在平时的技能训练中,大家也要认真分析,发现事物的特点和规律,依据特点遵循规律就会事半功倍。

◆操作流程:

(六)学习任务六:创建储水箱构件族

1. 任务来源

如图 2-10 所示,本题来源于 2020 年第一期“1+X”建筑信息模型(BIM)职业技能等级考试初级试题。

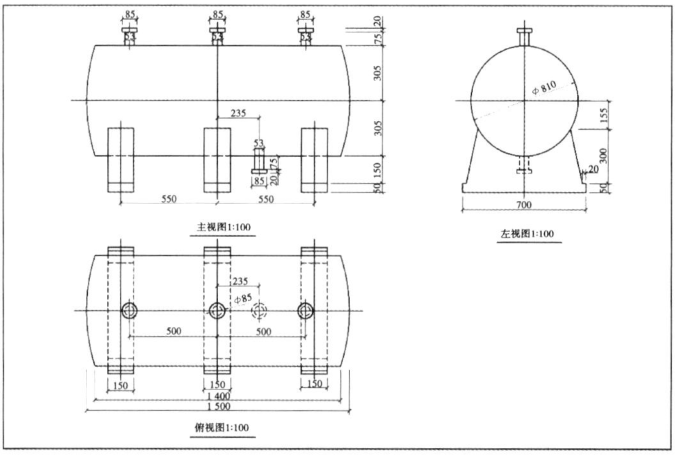

图 2-10　储水箱构件族

2. 任务分析

首先,我们来分析一下储水箱构件族制作的操作流程。如图 2-11 所示,储水箱由箱体、支撑和小构件 3 部分组成。根据这 3 部分的几何构造,可以通过“旋转”命令来创建储水箱箱体;再通过“拉伸”命令来创建 3 个支撑;最后通过“旋转”命令来创建 4 个小构件。

图 2-11 储水箱构件族制作基本流程

3. 任务实施

利用相应的命令完成实体的创建,并写出操作流程。

创建支撑的工作面与复制支撑的方向所在面是垂直的,所以需要解锁面锁定后才能进行工作平面外的复制移动。在创建构件族的过程中,一定要关注到细节,遇到问题要善于分析原因,寻求解决,在以后的工作中也一样要不断地提升技能,提升解决问题的能力。

◆操作流程:

(七)学习任务七:创建气水分离器构件族

1. 任务来源

如图 2-12 所示,本题来源于 2021 年第一期“1+X”建筑信息模型(BIM)职业技能等级考试初级试题。

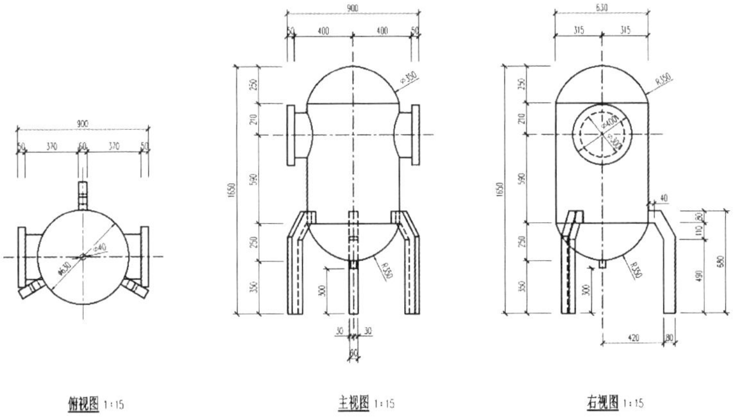

图 2-12 气水分离器构件族

2. 任务分析

首先,我们来分析一下气水分离器构件族制作的操作流程。如图 2-13 所示,观察一下这个气水分离器,主要由下部基脚、上部主体部分(包括下部小构件)和两侧的构件组成。根据这几部分的几何构造,可以通过旋转命令来生成主体部分,包括下部的这个小构件;通过旋转命令来生成两侧的构件;通过拉伸命令来生成底部基脚。

图 2-13　气水分离器构件族制作基本流程

3. 任务实施

利用相应的命令完成实体的创建,并写出操作流程。

巧手成就卓越,匠心创造非凡。在气水分离器构件族创建过程中,要专于心、精于技,融入深思体悟,不断加深对 Revit 构件族创建技能的理解。

♦操作流程:

(八)学习任务八:创建双扇窗参数化族

1. 任务来源

如图 2-14 所示,本题来源于中国图学学会第一期全国 BIM 技能等级考试一级试题。

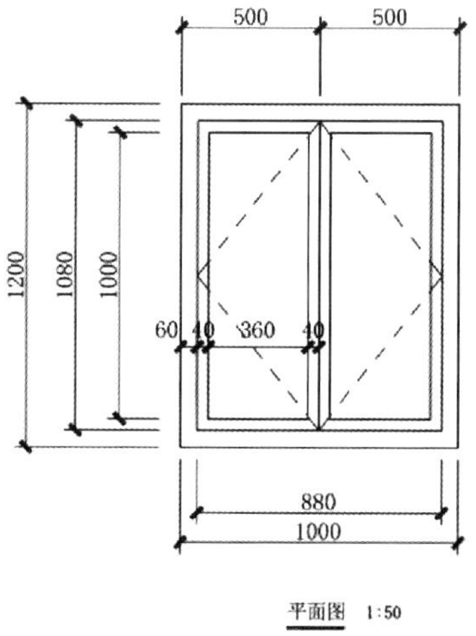

图 2-14　双扇窗参数化族

2. 任务分析

首先,我们来分析一下双扇窗参数化族制作的操作流程。如图 2-15 所示,双扇窗参数化族是用基于墙的公制常规模型样板文件创建的,由窗洞口、窗框、窗扇边框和窗扇玻璃几部分构成。根据这几部分的几何构造,可以通过洞口命令来生成窗洞口,通过拉伸命令来生成窗框、窗扇边框和窗扇玻璃,同时要对窗的各尺寸进行参数化控制及平、立面表达设置。

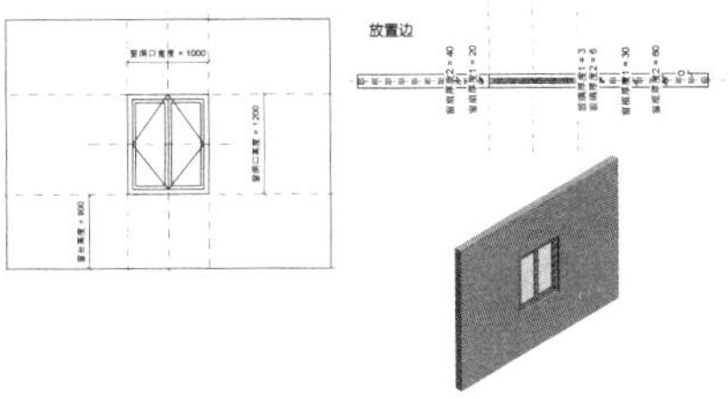

图 2-15　双扇窗参数化族制作基本流程

3. 任务实施

利用相应的命令完成实体的创建,并写出操作流程。

双扇窗参数化族的创建,关键在于参数化设置和对窗尺寸的控制。对锁定功能要熟练掌握,理解参数驱动窗尺寸的内在逻辑。同样,在技能学习过程中,也要找到自己的驱动力,做到技能成才、技能报国,在服务社会、服务人民的过程中实现自身价值。

◆操作流程:

(九)学习任务九:创建户外小品构件族

1. 任务来源

如图 2-16 所示,本题来源于中国图学学会第十八期全国 BIM 技能等级考试一级试题。

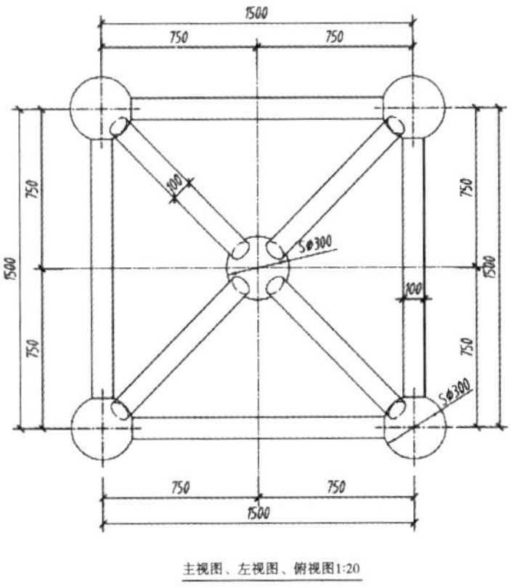

图 2-16　户外小品构件族

2. 任务分析

首先,我们来分析一下户外小品构件族制作的操作流程。如图 2-17 所示,户外小品构件族由球体、连接四周球体的直杆和连接中心球体的斜杆组成。根据户外小品构件族的几何构造和相对位置关系,可以通过旋转命令生成球体,通过旋转命令生成直杆和斜杆。通过复制、移动、旋转等命令生成其他的球体、直杆和斜杆。

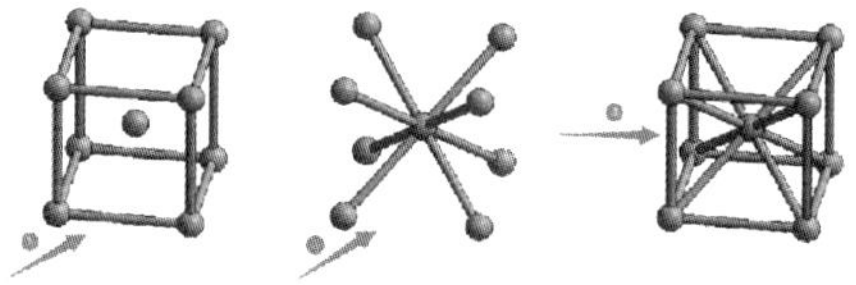

图 2-17　户外小品构件族制作基本流程

3. 任务实施

利用相应的命令完成实体的创建,并写出操作流程。

在户外小品构件族创建的过程中,采用了平面视图、立面视图、三维视图配合操作的方法,便捷顺利地完成了构件族的创建。我们在日常的学习、生活、工作中也要多方面、多角度看待问题,这样才能看到问题的全部,采取合适的措施,得出正确的结论并取得良好的效果。

◆操作流程:

(十)学习任务十:创建空间放样马凳筋参数化族

1. 任务来源

马凳筋作为板的措施,钢筋是必不可少的,因其形状像凳子,故俗称马凳筋,也称撑筋。马凳筋形式多样,这里讲解“几”字形马凳筋参数化族的创建。如图 2-18 所示,本题来源于中国图学学会第八期全国 BIM 技能等级考试二级结构专业试题。但与来源试题不同的是,本节课讲解的是如何采用空间放样创建马凳筋的参数化族。

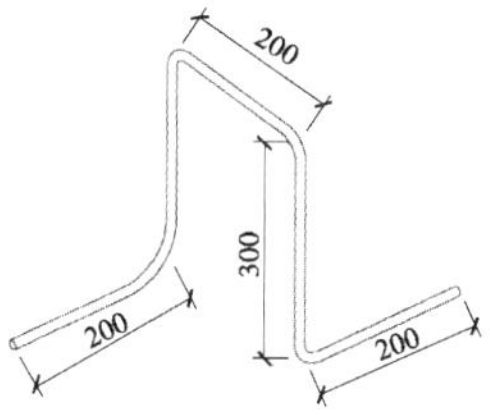

图 2-18　空间放样马凳筋参数化族

2. 任务分析

马凳筋的宽度、高度和支腿长,以及转角、钢筋直径都是可调节的。我们通过模型线来创建马凳筋路径,并通过拾取路径的方式生成放样的三维空间路径,从而完成马凳筋参数化族的创建。

3. 任务实施

利用相应的命令完成实体的创建,并写出操作流程。

在马凳筋参数化族创建的过程中,需要注意的细节有很多,如生成与两条模型线相切的转角,需要两条模型线在同一个工作平面创建,所以高度上的马凳筋模型线需要分成两部分来创建;马凳筋支腿和下部高度范围钢筋的模型线需要转到相应的工作平面上来创建;马凳筋支腿的端点要跟参照平面锁定。注意不到这些细节部分就会导致马凳筋参数化族不能顺利创建。因此,技能学习务必要严谨求实,不能马虎大意,务必要勤练深悟,不能草草了事。

◆操作流程:

四、相关知识点

1. 墩柱构件族

码 2-1　墩柱构件族

2. U 形墩柱构件族

码 2-2　U 形墩柱构件族

3. 交通锥构件族

码 2-3　交通锥构件族

4. 拱桥构件族

码 2-4　拱桥构件族

5. 球形喷口构件族

码 2-5　球形喷口构件族

6. 储水箱构件族

码 2-6　储水箱构件族

7. 气水分离器构件族

码 2-7　气水分离器构件族

8. 双扇窗参数化族

码 2-8　双扇窗参数化族

9. 户外小品构件族

码 2-9　户外小品构件族

10. 空间放样马凳筋参数化族

码 2-10 空间放样马凳筋参数化族

五、评价反馈

班级： 姓名： 学号：

学习任务一：创建墩柱构件族

评价内容	评价标准	分值	自评得分	教师评分
融合、拉伸、空心拉伸	能运用合理的建族操作创建墩柱构件族	10		

学习任务二：创建 U 形墩柱构件族

评价内容	评价标准	分值	自评得分	教师评分
拉伸、空心拉伸、空心放样	能运用合理的建族操作创建 U 形墩柱构件族	10		

学习任务三：创建交通锥构件族

评价内容	评价标准	分值	自评得分	教师评分
放样	能运用合理的建族操作创建交通锥构件族	10		

学习任务四：创建拱桥构件族

评价内容	评价标准	分值	自评得分	教师评分
拉伸、放样	能运用合理的建族操作创建拱桥构件族	10		

学习任务五：创建球形喷口构件族

评价内容	评价标准	分值	自评得分	教师评分
旋转	能运用合理的建族操作创建球形喷口构件族	10		

学习任务六：创建储水箱构件族

评价内容	评价标准	分值	自评得分	教师评分
旋转、拉伸	能运用合理的建族操作创建储水箱构件族	10		

学习任务七:创建气水分离器构件族				
评价内容	评价标准	分值	自评得分	教师评分
旋转、拉伸	能运用合理的建族操作创建气水分离器构件族	10		

学习任务八:创建双扇窗参数化族				
评价内容	评价标准	分值	自评得分	教师评分
拉伸、尺寸参数化、平立面视图表达	能运用合理的建族操作创建双扇窗参数化族	10		

学习任务九:创建户外小品构件族				
评价内容	评价标准	分值	自评得分	教师评分
旋转、斜轴旋转	能运用合理的建族操作创建户外小品构件族	10		

学习任务十:创建空间放样马凳筋参数化族				
评价内容	评价标准	分值	自评得分	教师评分
空间放样、尺寸参数化	能运用合理的建族操作创建空间放样马凳筋参数化族	10		

模块三 Revit别墅案例土建模型创建

一、模块描述

“Revit 别墅案例土建模型创建”模块主要介绍利用 Revit 软件创建别墅土建模型(见图 3-1),主要包括标高和轴网、结构柱、结构梁、结构墙、结构基础、结构楼板、建筑墙体、幕墙、建筑楼板、屋顶、洞口、门窗、楼梯、栏杆扶手、常用构件(坡道、台阶、散水)、场地布设等别墅模型构件的创建。土建模型是建筑物的主体,包括结构构件和建筑构件。结构构件是建筑物的骨架,承担着建筑物的各种荷载,在建筑设计、施工时要遵循客观规律和力学原理,严谨细致,精益求精,保障建筑物的安全。建筑构件是建筑物的外部形象,关系着建筑物的美观,在建筑设计时应勇于探索、敢于创新,设计出符合大众审美的建筑。

请扫码下载 Revit 别墅案例项目文件。

码 3-1 Revit 别墅案例项目文件

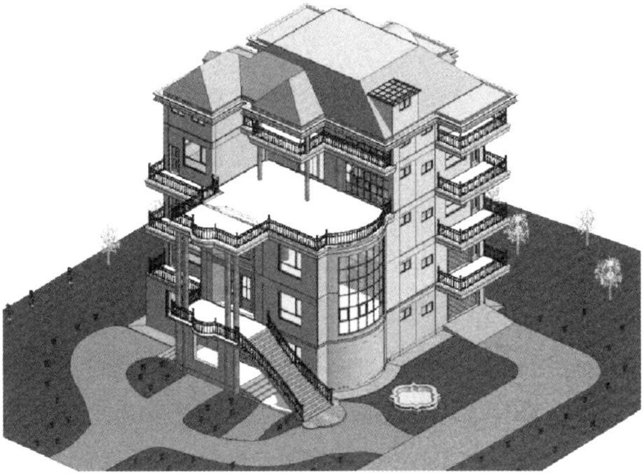

图 3-1 别墅案例土建模型

二、学习目标

(一)技能目标

在老师指导下,能够综合运用 Revit 软件的基本操作,创建别墅案例项目的土建模型。

(二)素质目标

培养严谨求实的工作作风,培育担当意识、安全意识、创新意识、审美意识。

三、学习任务

(一)标高和轴网

1. 标高

“标高”命令必须在立面和剖面视图中才能使用,因此在正式开始项目设计前必须事先打开任意一个立面视图。

在项目浏览器中展开“立面(建筑立面)”项,双击视图名称“东立面”进入东立面视图。调整 2F 标高,将一层与二层之间的层高修改为 3.6 m,同时将标高名称修改为“建施-1 层”。

使用“建筑>基准>标高”工具,可绘制标高(标头为蓝色),同时创建对应的平面视图。如图 3-2、图 3-3 所示,按照图示要求创建对应的建筑标高和结构标高,同时创建对应的平面视图。

图 3-2　别墅案例标高

【拓展】　利用“复制”和“阵列”命令同样可以生成标高,但不会在项目浏览器中自动生成对应的平面视图(标头为黑色),需要使用“建筑>创建>平面视图”工具来创建对应的结构平面或楼层平面视图。

2. 轴网

轴网需要在平面视图中创建。轴网只需要在任意一个平面视图中绘制一次,在其他平面、立面、剖面视图中都将自动显示。在项目浏览器中双击“楼层平面”项下的“室内地坪”视图,打开首层平面视图。绘制第一条垂直轴线,轴号为 1。利用“复制”命令创建 2~8 号轴网。单击选择 1 号轴线,移动光标在 1 号轴线上单击捕捉一点作为复制参考点,然后水平向右移动光标,输入间距值 1 800 后按“Enter”键确认,然后复制生成 2 号轴线。保持光标位于新复制的轴线右侧,分别输入对应的间距值,复制生成其余的轴线,具体尺寸如图 3-4 所示。轴号编号不对的,可以点击轴线

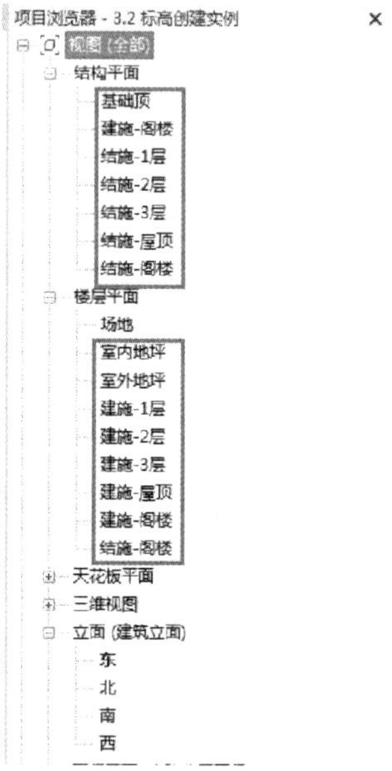

图 3-3　结构和楼层平面视图

编号后输入正确的轴线号。

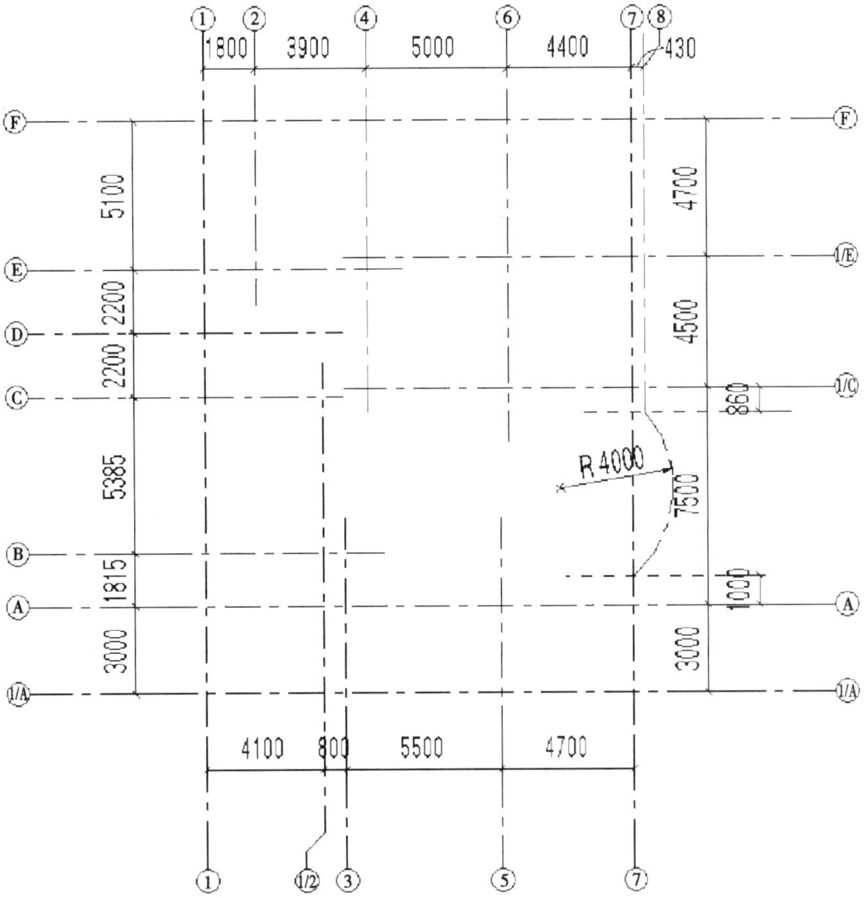

图 3-4　别墅案例轴线

移动光标到视图中 1 号轴线标头左上方位置，单击鼠标左键捕捉一点作为轴线起点，然后从左向右水平移动光标到 8 号轴线右侧一段距离后，再次单击鼠标左键捕捉轴线终点创建第一条水平轴线。选择刚创建的水平轴线，修改标头文字为“A”，创建 A 号轴线。利用“复制”命令，创建其余的水平轴线，具体尺寸如图 3-4 所示。轴号编号不对的，可以点击轴线编号后输入正确的轴线号。

【拓展】 8 号轴线可以利用“多段”命令来连续绘制生成。

(二) 结构柱建模

根据结构柱的形状尺寸，可以采用系统族载入、外建族载入和内建模型 3 种方法来创建。别墅案例项目结构柱采用 3 种方法分别来创建，结构柱平面布置图如图 3-5 所示，结构柱信息及创建方法如表 3-1 所示。

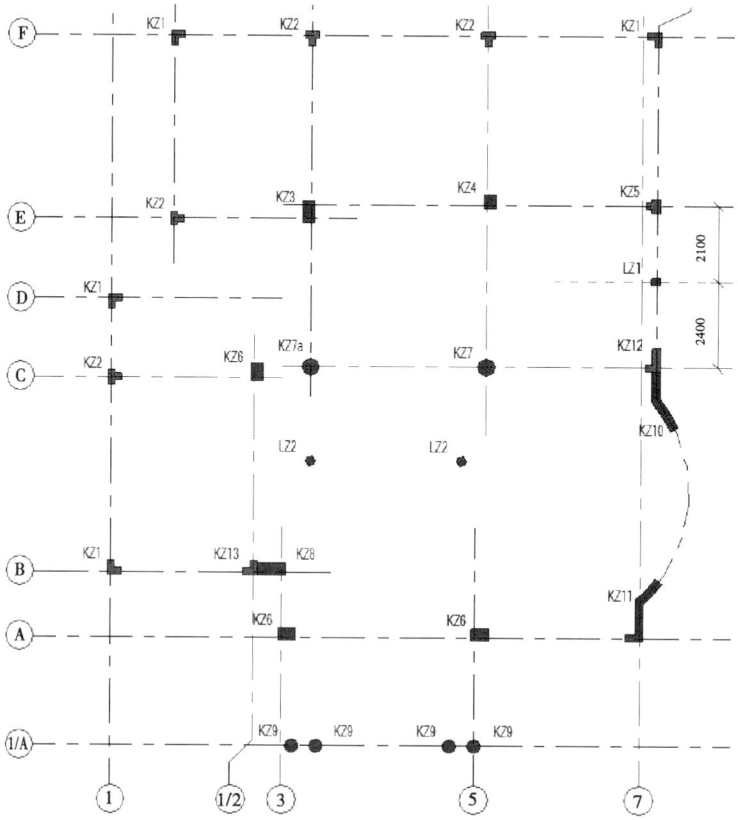

图 3-5　别墅案例结构柱平面布置图

表 3-1　结构柱信息及创建方法

序号	结构柱名称	结构柱尺寸	结构柱材质	结构柱起止标高	创建方法
1	KZ1	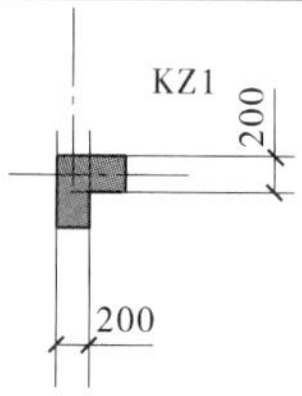	C30 混凝土	基础顶～结施–阁楼	外建族载入
2	KZ2	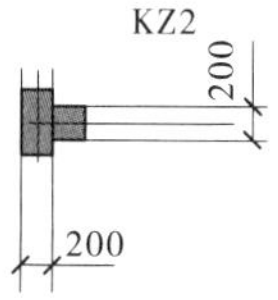	C30 混凝土	基础顶～结施–阁楼	外建族载入
3	KZ3	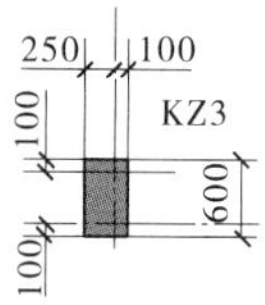	C30 混凝土	基础顶～结施–阁楼	系统族载入

续表 3-1

序号	结构柱名称	结构柱尺寸	结构柱材质	结构柱起止标高	创建方法
4	KZ4	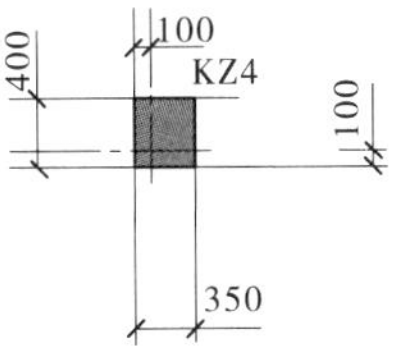	C30 混凝土	基础顶~结施-阁楼	系统族载入
5	KZ5	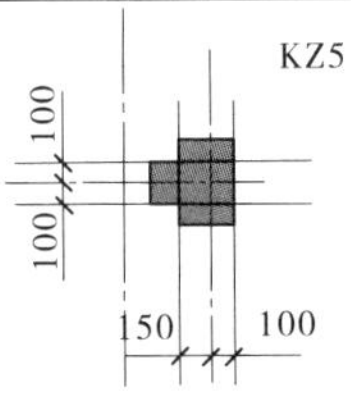	C30 混凝土	基础顶~结施-阁楼	外建族载入
6	KZ6	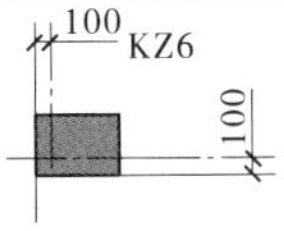	C30 混凝土	基础顶~结施-3 层	系统族载入
7	KZ7	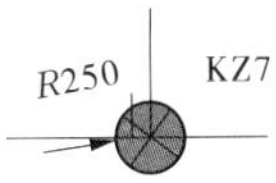	C30 混凝土	基础顶~结施-阁楼	系统族载入
8	KZ7a	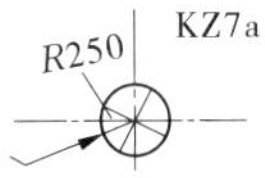	C30 混凝土	基础顶~结施-2 层	系统族载入
9	KZ8	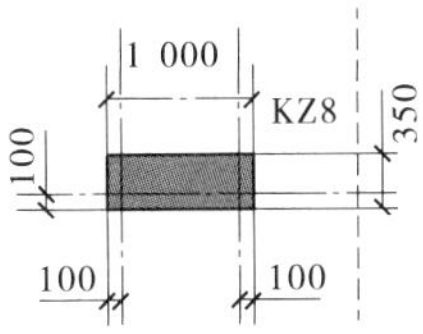	C30 混凝土	基础顶~结施-3 层	系统族载入
10	KZ9	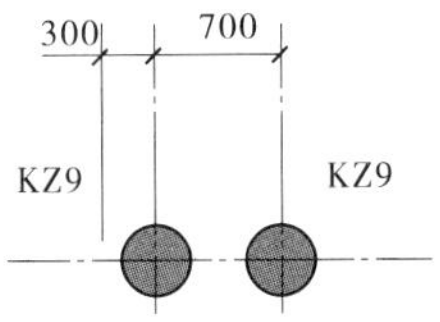	C30 混凝土	基础顶~结施-3 层 向下偏移 100 mm	系统族载入

续表 3-1

序号	结构柱名称	结构柱尺寸	结构柱材质	结构柱起止标高	创建方法
11	KZ10	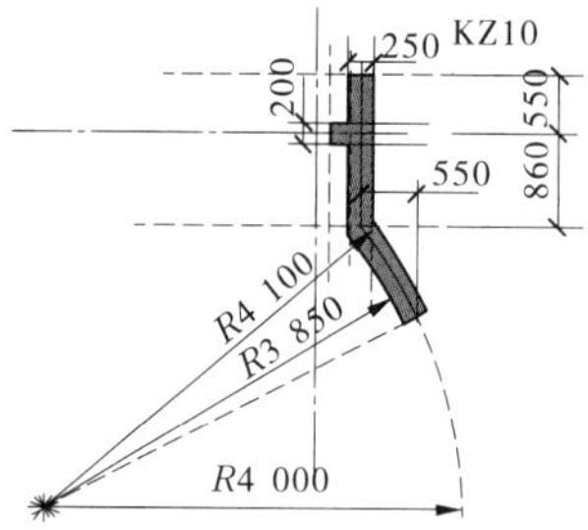	C30 混凝土	基础顶~结施-3 层	内建模型
12	KZ11	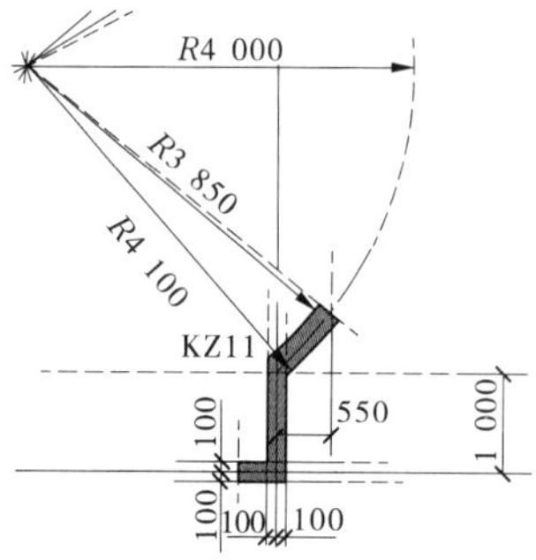	C30 混凝土	基础顶~结施-3 层 向下偏移 100 mm	内建模型
13	LZ1	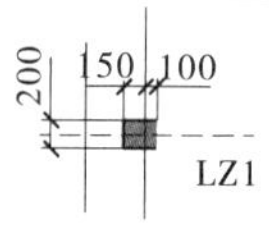	C30 混凝土	基础顶~结施-阁楼	系统族载入
14	LZ2	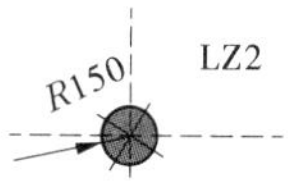	C30 混凝土	结施-3 层~结施-阁楼	系统族载入
15	KZ12	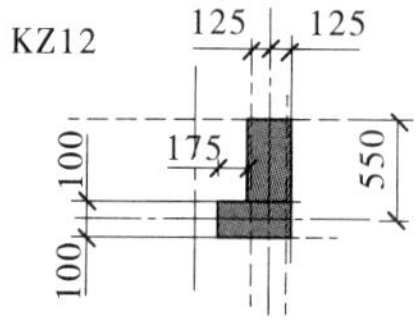	C30 混凝土	结施-3 层~结施-阁楼	外建族载入
16	KZ13	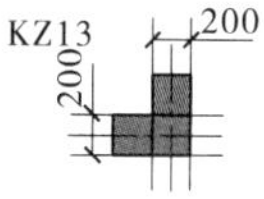	C30 混凝土	结施-3 层~结施-阁楼	外建族载入

1. 系统族载入创建结构柱

矩形结构柱和圆形结构柱在 Revit 软件系统中有相应的族类型，可以直接载入使用。此处以矩形结构柱 KZ3 为例，介绍系统族载入创建结构柱的操作方法。

(1) 激活结构柱绘制命令。进入“基础顶”结构平面视图，使用“结构>结构>柱”或者“建筑>构建>柱 下拉菜单>结构柱”按钮，打开“修改|放置 结构柱”上下文选项卡和对应的选项栏（见图 3-6），默认激活“垂直柱”工具，绘制垂直柱。

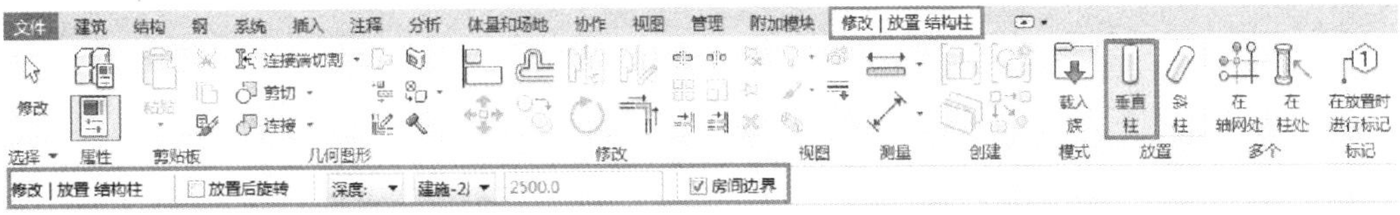

图 3-6　“修改|放置 结构柱”上下文选项卡和选项栏

(2) 载入结构柱族。在属性选项板的“类型”下拉列表中选择结构柱的类型，系统默认的只有“热轧 H 型钢柱”，需要载入其他结构柱类型。单击“修改|放置 结构柱”上下文选项卡“模式”面板中的“载入族”工具按钮，打开“载入族”对话框，选择“China>结构>柱>混凝土”选择“混凝土-矩形-柱. rfa”族文件（见图 3-7）。

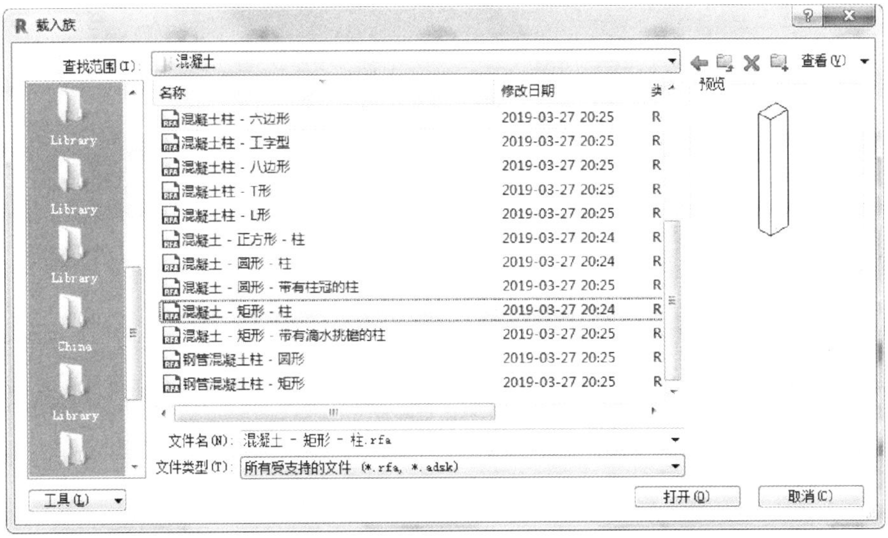

图 3-7　载入结构柱族对话框

(3) 创建结构柱类型。单击“打开”按钮，加载“混凝土-矩形-柱. rfa”族文件，在属性选项板中单击“编辑类型”按钮，打开“类型属性”对话框，单击“复制”按钮，打开“名称”对话框，输入名称为“KZ3”，单击“确定”按钮，返回“类型属性”对话框，更改尺寸标注 b 为 350，h 为 600，其他采用默认设置，单击“确定”按钮，完成 KZ3 类型的创建（见图 3-8）。

(4) 设置结构柱材质。在属性选项板的“结构材质”（见图 3-9）栏中单击，显示 … 并单击此按钮，打开“材质浏览器”对话框（见图 3-10），单击“主视图>AEC 材质>混凝土”节点，显示混凝土材质，选取“混凝土，C30/37”材质，双击将此材质添加到项目材质列表中并选中，单击“确定”按钮，完成材质的设置。

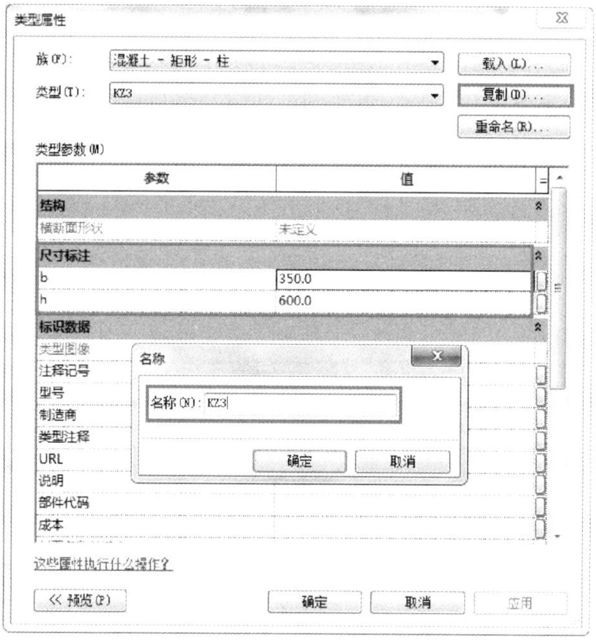

图 3-8 “类型属性”和“名称”对话框

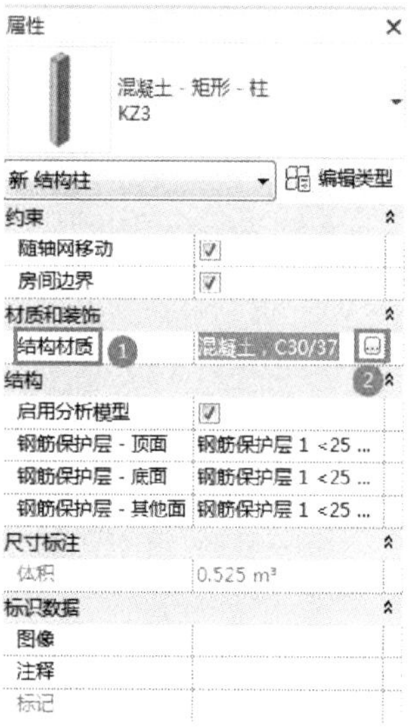

图 3-9 属性选项板设置材质

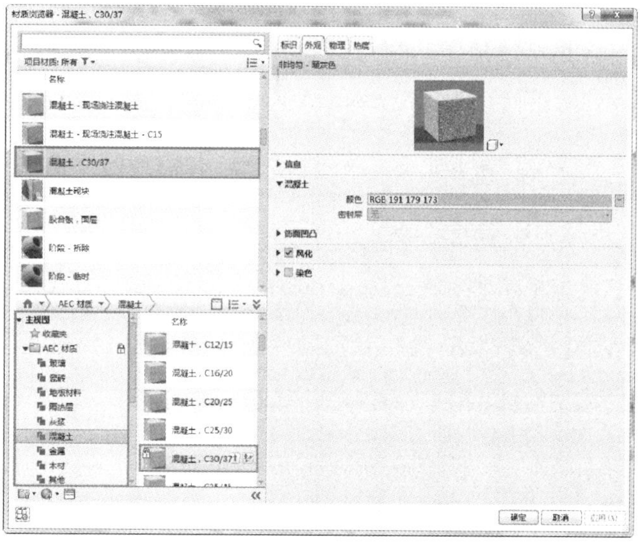

图 3-10 “材质浏览器”对话框

(5)放置结构柱并调整结构柱位置。按照结构柱平面布置图，在轴线 E 和轴线 4 交点处点击放置结构柱。点击选中 KZ3，通过调整临时尺寸标注来调整结构柱的位置(见图 3-11)。

(6)设置结构柱起止标高(见图 3-12)。点击选中 KZ3，在选项栏中设置底部标高为“基础顶”，设置顶部标高为“结构-阁楼”，底部偏移和顶部偏移均为 0，也可以在此时设置或修改结构柱的材质。

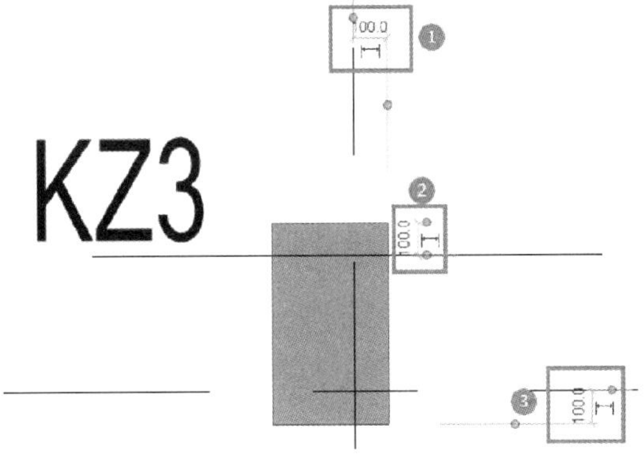

图 3-11　调整结构柱位置

（7）采用相同的办法，可以创建 KZ4、KZ6、KZ7、KZ8、KZ9、LZ1、LZ2。

【拓展 1】建筑柱只能垂直放置，结构柱可以垂直放置，也可以斜放。

【拓展 2】Revit 软件不能直接创建构件，只能通过“复制”重新命名，并修改相关参数来生成新的构件类型。

【拓展 3】放置结构柱时，使用空格键可以更改结构柱的方向。每次按空格键后，结构柱将发生旋转，以便与选定位置的相交轴网对齐。在不存在任何轴网的情况下，按空格键后结构柱会旋转 90°。

2. 外建族载入创建结构柱

T 形结构柱和 L 形结构柱为异形结构柱，可以采用外建族的方式创建结构柱族，然后载入项目使用。此处以 L 形结构柱 KZ1 为例，介绍外建族载入创建结构柱的操作方法。

（1）选择样板文件。点击“新建>族”命令，打开“新族–选择样板文件”对话框（见图 3-13），选择“公制结构柱. rft”为样板文件，单击“打开”按钮进入族编辑器。

（2）利用“拉伸”命令生成结构柱。单击“创建>形状>拉伸”按钮，打开“修改 | 创建拉伸”上下文选项卡，单击“绘制>线”按钮，按照 KZ1 尺寸信息绘制轮廓线（见图 3-14）。单击“模式>完成编辑模式”按钮（见图 3-15），完成拉伸创建。

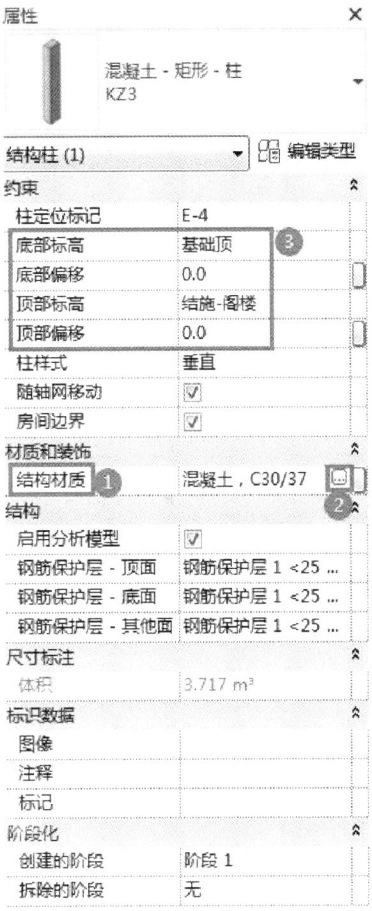

图 3-12　属性选项板设置结构柱起止标高

图 3-13 “新族-选择样板文件”对话框

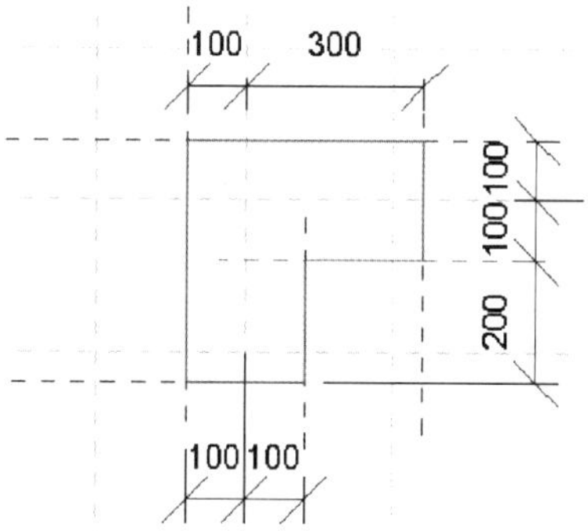

图 3-14 绘制结构柱轮廓线

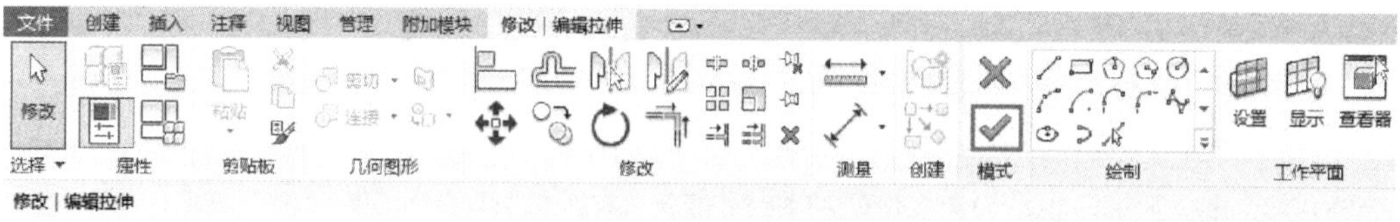

图 3-15 “完成编辑模式”按钮

(3)结构柱材质参数设置。点击“属性”面板“族类型”按钮(见图 3-16),打开“族类型”对话框(见图 3-17)。在“结构材质”栏中单击,显示▭并单击此按钮,打开“材质浏览器”对话框(见图 3-18),单击“主视图>AEC 材质>混凝土”节点,显示混凝土材质,选取“混凝土,C30/37”材质,双击将此材质添加到项目材质列表中并选中,勾选“使用渲染外观”。单击“确定”按钮,完成材质的设置。

图 3-16 “族类型”按钮

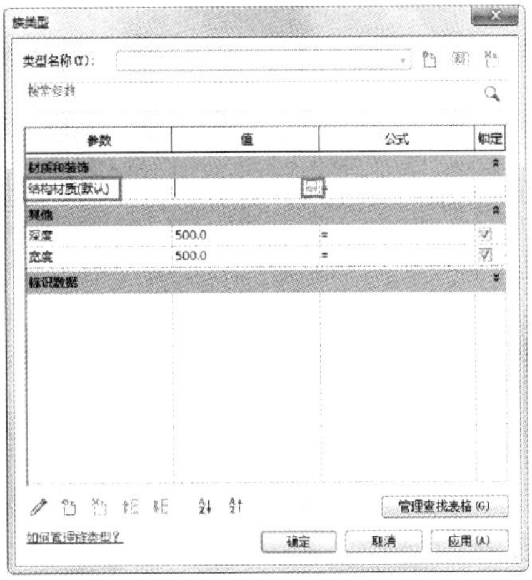

图 3-17　“族类型”对话框

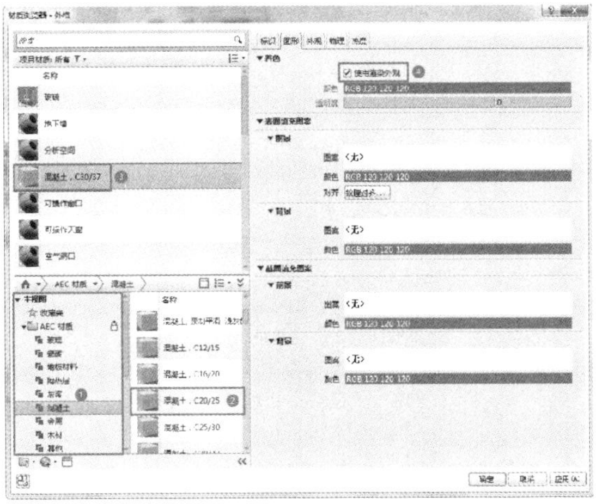

图 3-18　“材质浏览器”对话框

(4)锁定拉伸起止标高。将视图切换到前立面视图,选取拉伸体,拖动拉伸体控制点,使拉伸体上下边分别对齐“高于参照标高”和“低于参照标高”,并点击“创建或删除长度或对齐约束”按钮锁定,保证结构柱族载入项目后可以调节柱的起止标高,从而完成结构柱族 KZ1 的创建(见图 3-19)。

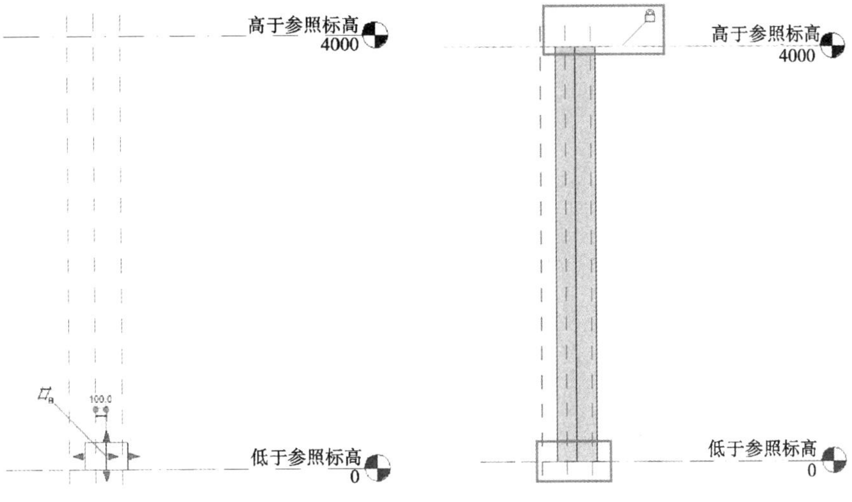

图 3-19　对齐并将拉伸体上下边与标高线锁定

(5)保存族文件。单击快速访问工具栏中的“保存”按钮,打开“另存为”对话框,选择合适路径,输入名称为 KZ1,单击“保存”按钮,保存族文件。

(6)KZ1 的载入。在项目文件中单击“插入>从库中载入>载入族”按钮,打开“载入族”对话框,选择 KZ1 外建族文件载入项目中。

(7)KZ1 的布设。KZ1 的布设同系统族,在此不再赘述。采用相同的方法,可以创建 KZ2、KZ5、KZ12、KZ13 外建族。

3. 内建模型创建结构柱

结构柱 KZ10、KZ11 为不规则的异形结构柱,采用内建模型来创建。此处以 KZ11 为例,介绍内建模型创建结构柱的操作方法。

(1)设置族类别和构件名称。使用“建筑>构建>构件 下拉菜单>内建模型”按钮(见图 3-20),打开“族类别和族参数”对话框(见图 3-21),选择“结构柱”,点击“确定”,打开“名称”对话框(见图 3-22),输入“KZ11”,点击“确定”,进入模型的创建界面。

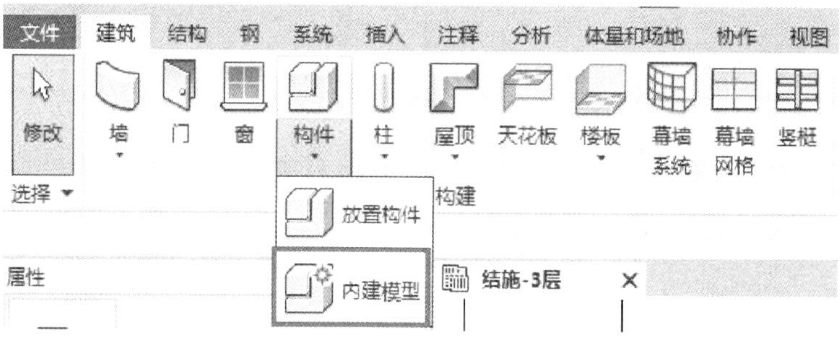

图 3-20 “内建模型”按钮

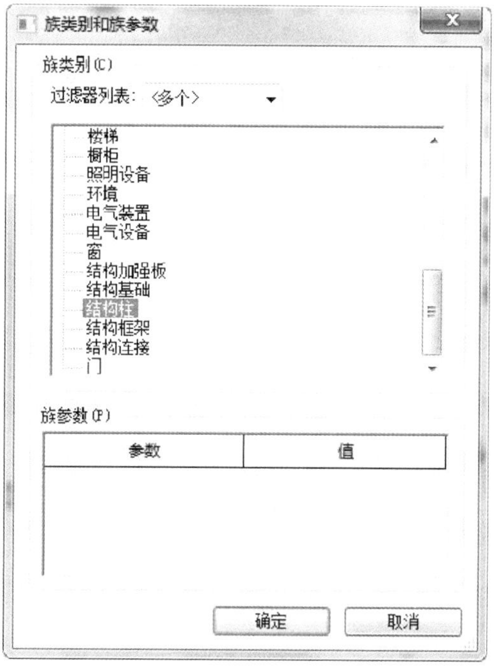

图 3-21 “族类别和族参数”对话框

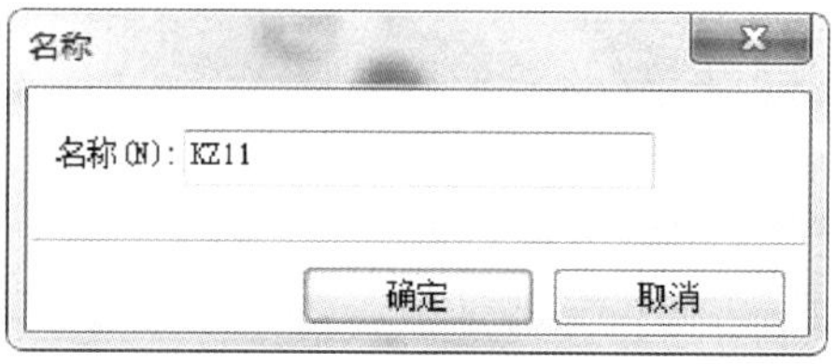

图 3-22 “名称”对话框

(2)绘制结构柱拉伸轮廓。单击“创建>形状>拉伸”按钮,打开“修改|创建拉伸”上下文选项卡和选项栏。单击选择“绘制”面板中的合适工具,按照结构柱平面布置图定位和具体尺寸信息,在平面视图中绘制 KZ11 的拉伸轮廓(见图 3-23)。

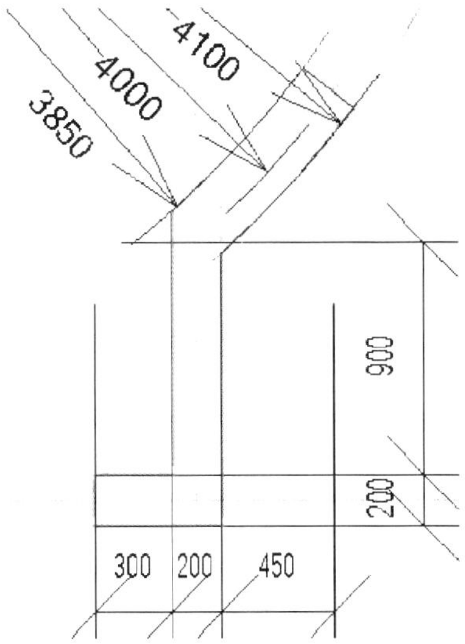

图 3-23　KZ11 拉伸轮廓

(3)设置拉伸起点和终点。根据 KZ11 的起止标高和所在工作平面,在属性选项板中设置拉伸起点和拉伸终点(以“基础顶”为工作平面,则设置拉伸起点为-1100.0,拉伸终点为 10650.0)(见图 3-24)。

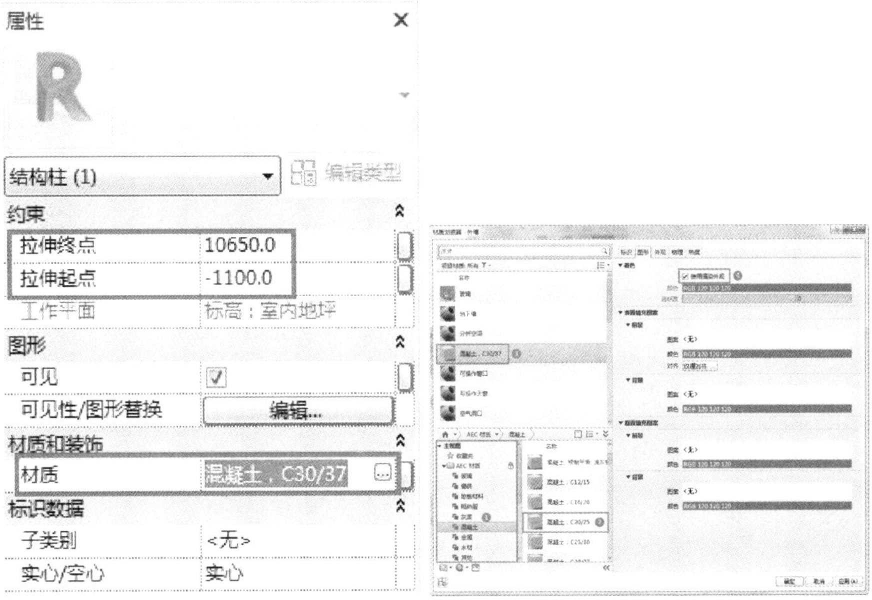

图 3-24　结构柱拉伸与材质参数设置

(4)结构柱材质参数设置。在属性选项板“结构材质”栏中单击，显示...并单击此按钮，打开“材质浏览器”对话框，单击“主视图>AEC 材质>混凝土”节点，显示混凝土材质，选取“混凝土,C30/37”材质，双击将此材质添加到项目材质列表中并选中，勾选“使用渲染外观”。单击“确定”按钮，完成材质的设置。

(5)完成编辑生成结构柱(见图 3-25)。点击“修改|创建拉伸>模式>完成编辑模式”按钮，完成结构柱拉伸，并退回模型的创建界面。点击“在位编辑器>完成模型”按钮，完成结构柱的创建，并退回到项目界面。采用相同的方法，可以创建 KZ10 内建模型族。

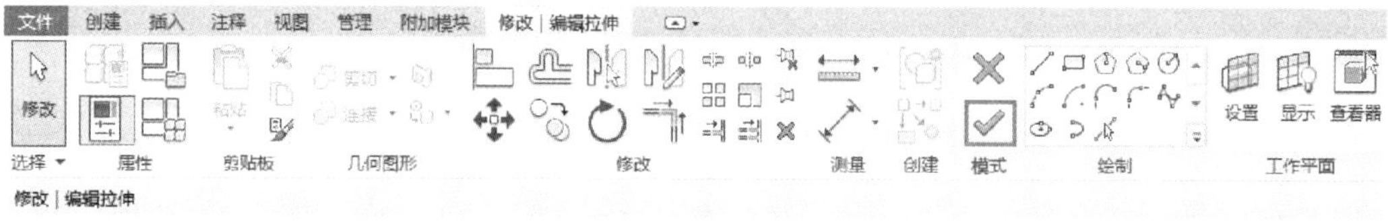

图 3-25 完成编辑生成结构柱

(三)结构梁建模

结构梁包括基础梁和楼层梁。结构梁基本信息如表 3-2 所示，各层视图的结构梁平面布置信息如图 3-26~图 3-30 所示，未标记尺寸信息的结构梁均为相对轴线或参照线居中布置。基础梁梁顶标高均为“基础顶”，一层顶梁中阳台处 KL1-2 梁顶标高比本层结构层标高低 50 mm，A~1/A 轴门厅处 3 根 KL1-3 梁顶标高比本层结构层标高低 100 mm。二层顶梁中阳台处 KL1-2 梁顶标高比本层结构层标高低 50 mm。三层顶梁中阳台处 KL1-2 梁顶标高比本层结构层标高低 50 mm；A-1/A 轴之间 3 根 KL1-3，A 轴及 A~B 轴之间的 2 根 KL1-1，A~1/C 轴之间的 KL1-3、KL1-4、KL3-1 及曲梁 KL1-5 梁顶标高比本层结构层标高低 100 mm。四层顶梁中阳台处 KL1-2 梁顶标高比本层结构层标高低 50 mm。

表 3-2 结构梁基本信息

序号	结构梁名称	截面宽度/mm	截面高度/mm	材质
1	JL1	300	700	C30 混凝土
2	JL2	350	700	C30 混凝土
3	JL3	450	700	C30 混凝土
4	JL4	250	700	C30 混凝土
5	KL1-1	200	500	C30 混凝土
6	KL1-2	200	450	C30 混凝土
7	KL1-3	200	400	C30 混凝土
8	KL1-4	250	500	C30 混凝土
9	KL1-5	250	600	C30 混凝土
10	KL1-6	200	600	C30 混凝土
11	KL3-1	350	500	C30 混凝土

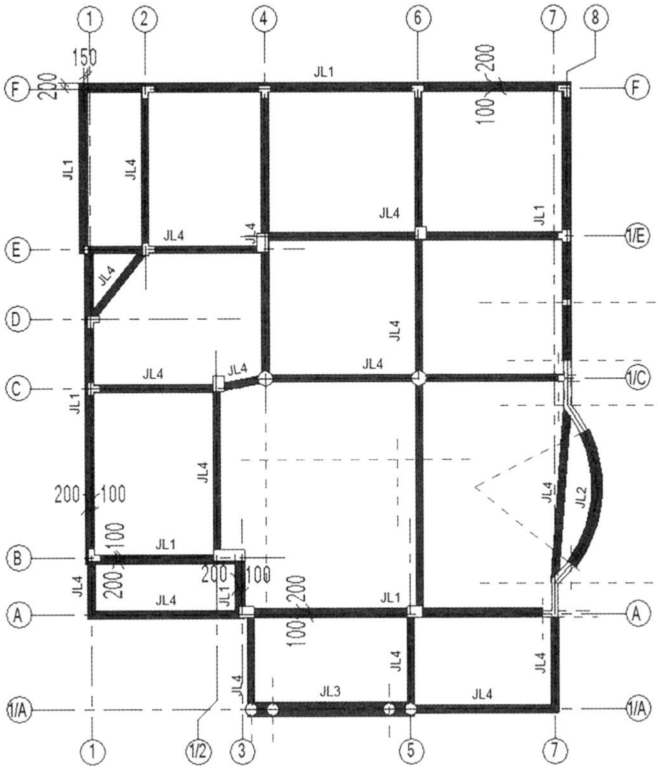

图 3-26 基础梁结构平面布置图

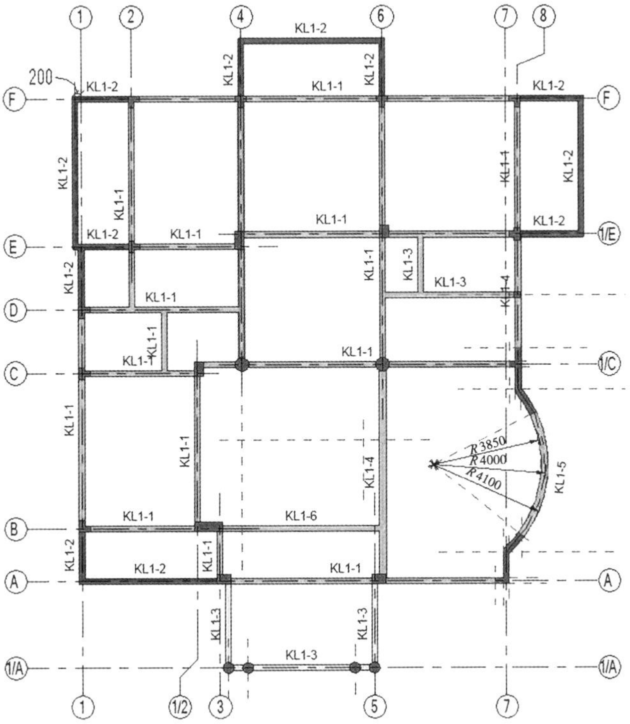

图 3-27 一层顶梁结构平面布置图

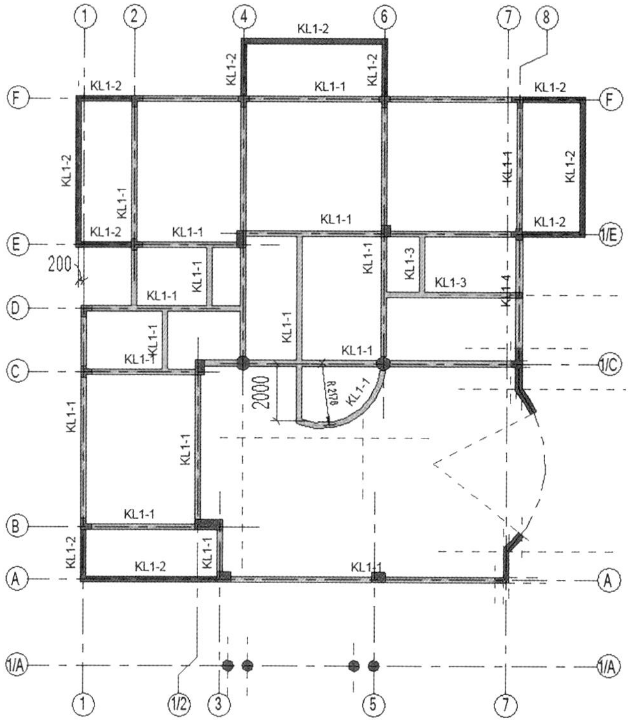

图 3-28　二层顶梁结构平面布置图

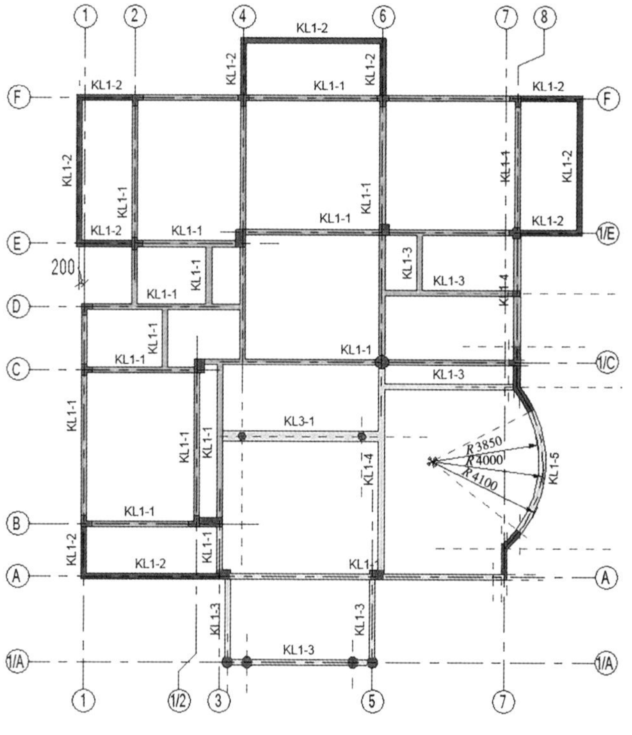

图 3-29　三层顶梁结构平面布置图

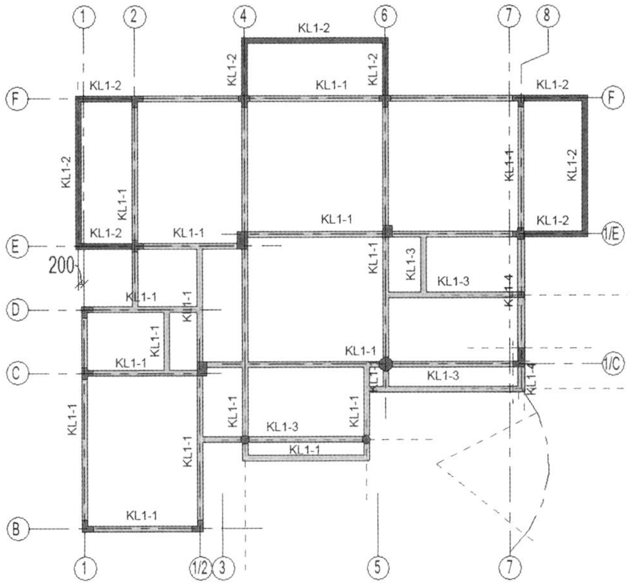

图 3-30 四层顶和阁楼层梁结构平面布置图

基础梁及楼层梁创建方法一致，在此以一层顶 A～1/A 轴线间的楼层梁 KL1-3 为例，介绍结构梁创建的操作方法。

（1）激活结构梁绘制命令。进入结施-1 层结构平面视图，使用“结构>结构>梁”按钮，打开“修改|放置 梁”上下文选项卡和对应的选项栏。

（2）载入结构梁族（见图 3-31）。在属性选项板的“类型”下拉列表中选择结构梁的类型，系统默认的只有“热轧 H 型钢”梁类型，需要载入其他结构梁类型。单击“修改|放置 梁”上下文选项卡“模式”面板中的“载入族”工具按钮，打开“载入族”对话框，选择“China>结构>框架>混凝土”选择“混凝土-矩形梁. rfa”族文件，点击“打开”载入族文件。

图 3-31 载入结构梁族对话框

（3）创建结构梁类型。在属性选项板中选择“混凝土-矩形梁 300×600 mm”类型，单击“编辑类型”按钮，打开“类型属性”对话框（见图 3-32），单击“复制”按钮，打开“名称”

对话框，输入名称为“KL1-3”，单击“确定”按钮，返回“类型属性”对话框，更改尺寸标注 b 为 300，h 为 600，其他采用默认设置，单击“确定”按钮，完成 KL1-3 类型的创建。

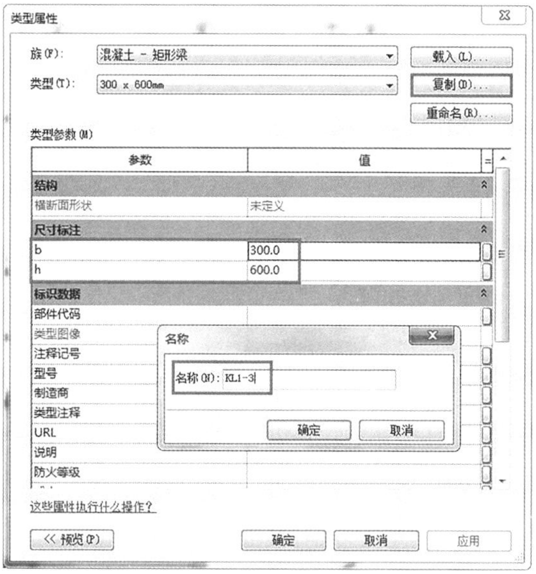

图 3-32 “类型属性”和“名称”对话框

（4）设置结构梁顶标高。在属性选项板的“Z 轴偏移值”栏中输入“-100.0”（见图 3-33），结构梁顶面标高比所在结构层平面视图标高低 100 mm。

（5）设置结构梁材质。在属性选项板的“结构材质”栏中单击，显示 ... 并单击此按钮，打开“材质浏览器”对话框（见图 3-34），单击“主视图>AEC 材质>混凝土”节点，显示混凝土材质，选取“混凝土，C30/37”材质，双击将此材质添加到项目材质列表中并选中，单击“确定”按钮，完成材质的设置。

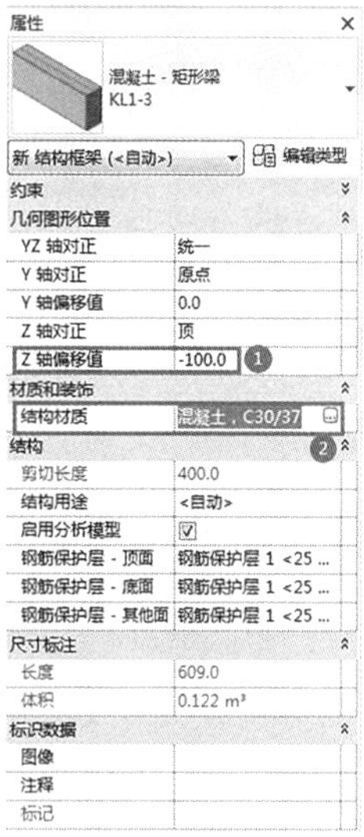

图 3-33 属性选项板

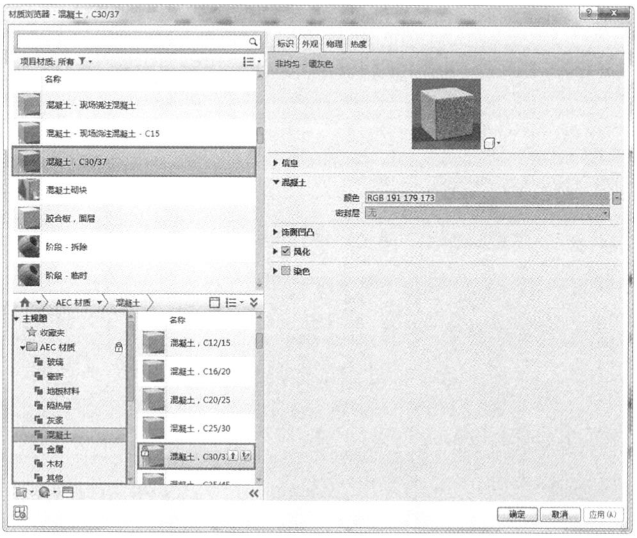

图 3-34 “材质浏览器”对话框

(6)放置结构梁。按照结构梁平面布置图,在 A~1/A 轴线和3~5 轴线之间放置结构梁(见图 3-35)。采用相同的办法,参照各层结构梁平面布置图可以创建其他各类型基础梁和楼层梁。

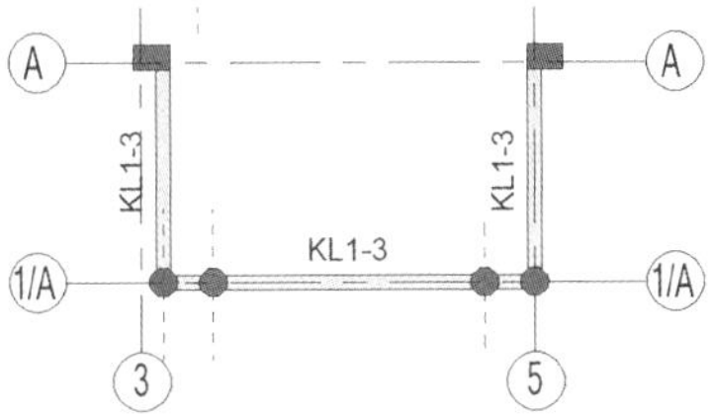

图 3-35　放置结构梁 KL1-3

(四)结构墙建模

结构墙布置在基础梁之上,包括外部门厅的叠层墙和基本墙。叠层墙由两个基本墙叠合组成。结构墙结构层中心与基础梁结构层中心对齐,结构墙体平面布置如图 3-36 所示。

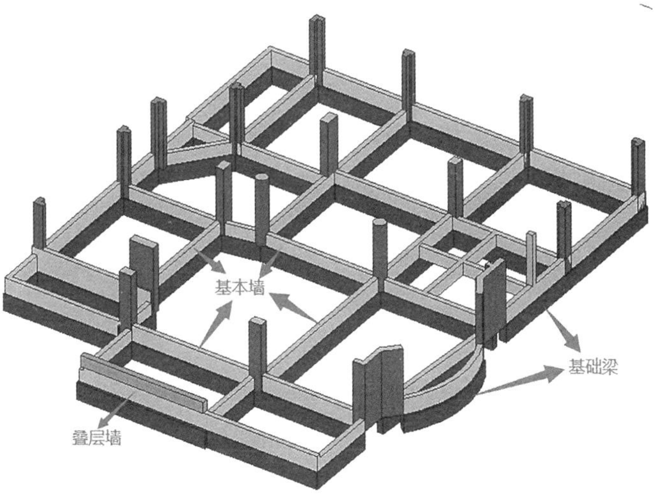

图 3-36　结构墙体布置示意图

(1)创建基本墙。进入"基础顶"结构平面视图,使用"结构>结构>墙下拉菜单>墙:结构"或者"建筑>构建>墙下拉菜单>墙:结构"按钮,打开"修改|放置 结构墙"上下文选项卡和对应的选项栏。在属性选项板的"类型"下拉列表中选择"基本墙>常规-200 mm"结构墙的类型。单击"编辑类型"按钮,打开"类型属性"对话框(见图 3-37),单击"复制"按钮,打开"名称"对话框,输入名称为"JCQ1",单击"确定"按钮,返回"类型属性"对话框。点击"编辑"按钮打开"编辑部件"对话框(见图 3-38),设置材质为"混凝土,C30/37",设置厚度为 200,点击"确定"返回"编辑部件"对话框,点击"确定"完成基本墙 JCQ1 的创建。采用相同的方法创建基本墙 JCQ1a,注意构造层次的变化(见图 3-39)。

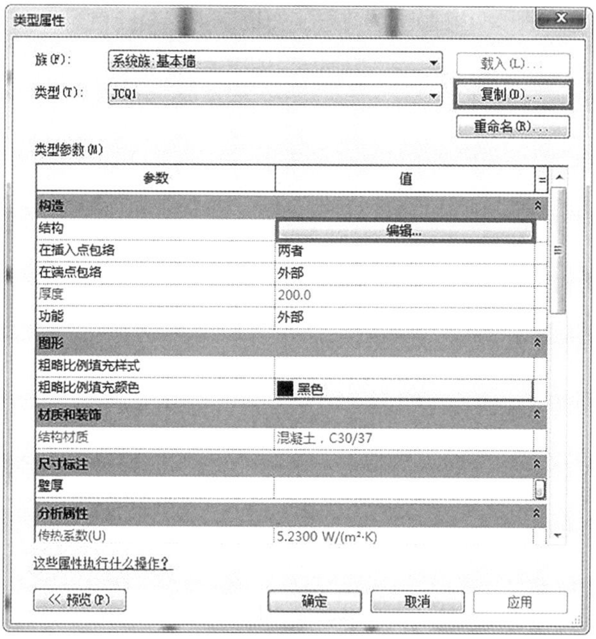

图 3-37　基本墙“类型属性”对话框

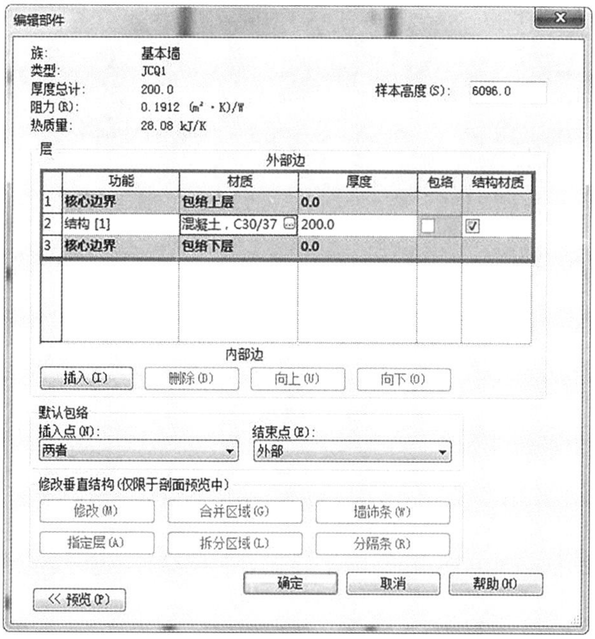

图 3-38　基本墙 JCQ1“编辑部件”对话框

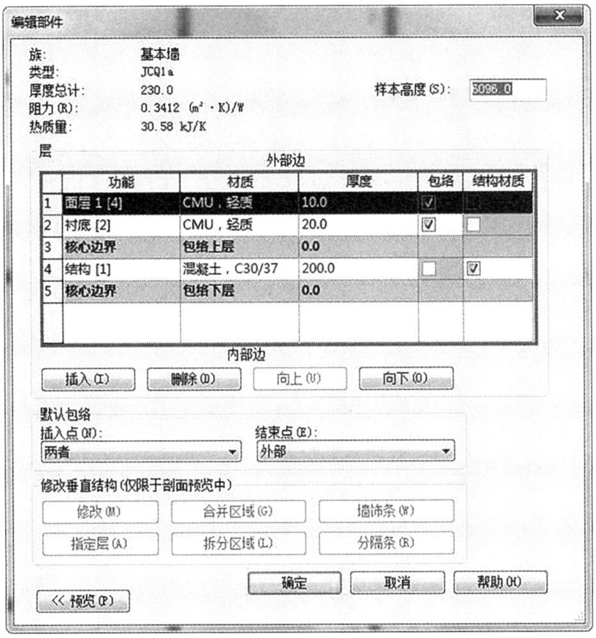

图 3-39　基本墙 JCQ1a“编辑部件”对话框

(2)布置基本墙。在选项栏中，设置为“高度”。在属性选项板的“底部约束”栏中选择“基础顶”标高(见图 3-40)。房屋外墙的基本墙在“顶部约束”栏中选择“室外地坪”标高；门厅部分的基本墙在“顶部约束”栏中选择“室内地坪”标高，并在“顶部偏移”栏输入“-100 mm”；其余部分的基本墙在“顶部约束”栏中选择“室内地坪”，并在“顶部偏移”栏输入“-50 mm”。按照结构墙平面布置图，选用合适的绘制工具布置直线形和弧线形基本墙。

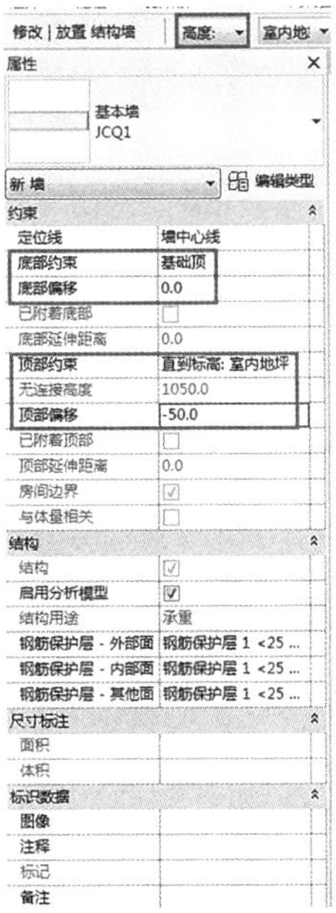

图 3-40　基本墙 JCQ1 约束属性设置

（3）创建叠层墙。在属性选项板的“类型”下拉列表中选择“叠层墙>外部-砌块勒脚砖墙”结构墙的类型。单击“编辑类型”按钮，打开“类型属性”对话框，单击“复制”按钮，打开“名称”对话框，输入名称为“JCQ2”（见图3-41），单击“确定”按钮，返回“类型属性”对话框。点击“编辑”按钮打开“编辑部件”对话框，分别选择JCQ1和JCQ1a作为组成叠层墙的基本墙，其中JCQ1固定高度650，放置在下层，JCQ1a设置为可变高度，放置在上层（见图3-42）。点击“确定”按钮，退回到“类型属性”对话框，再点击“确定”按钮，退回到放置结构墙界面。

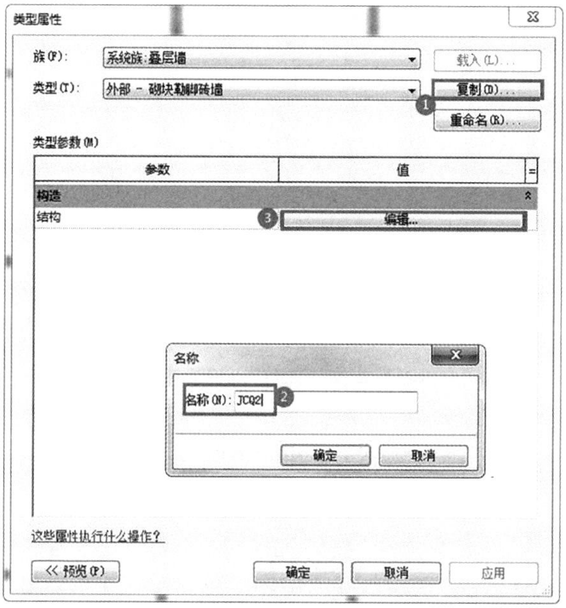

图3-41　叠层墙“类型属性”对话框

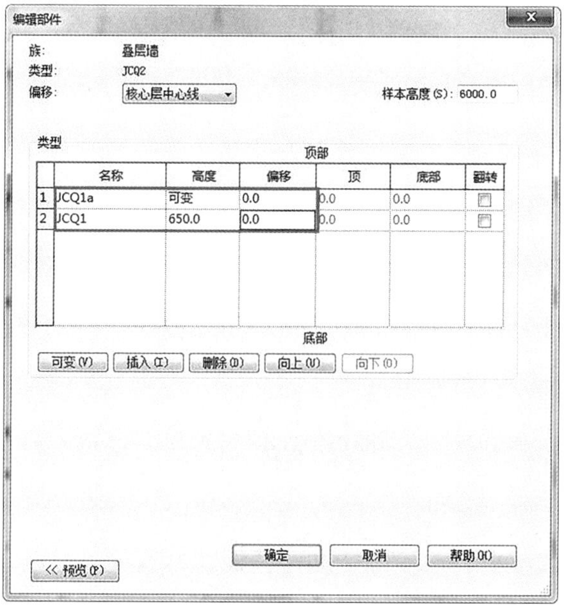

图3-42　叠层墙“编辑部件”对话框

(4)布置叠层墙。在选项栏中,设置为“高度”(见图 3-43)。在属性选项板的“底部约束”栏中选择“基础顶”标高,在“顶部约束”栏中选择“室内地坪”标高。按照结构墙平面布置图,选用合适的绘制工具布置直线形叠层墙。

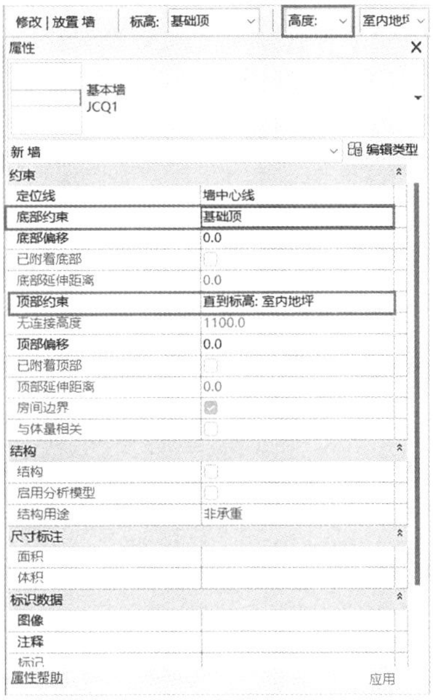

图 3-43　叠层墙 JCQ1 约束属性设置

(五)结构基础建模

别墅案例项目结构基础包括独立基础、条形基础、板式基础和灌注桩基础。各类型基础的平面布置及平面尺寸如图 3-44 所示,板式基础的厚度为 400 mm,独立基础竖向尺寸如图 3-45 所示,灌注桩基础竖向尺寸如图 3-46 所示,条形基础竖向尺寸如图 3-47 所示。

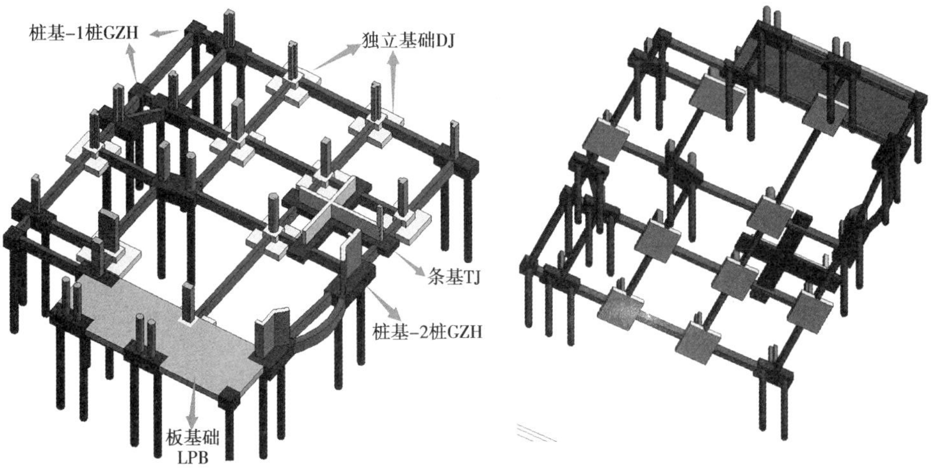

(a)　　　　(b)

图 3-44　各类型基础平面布置及平面尺寸图

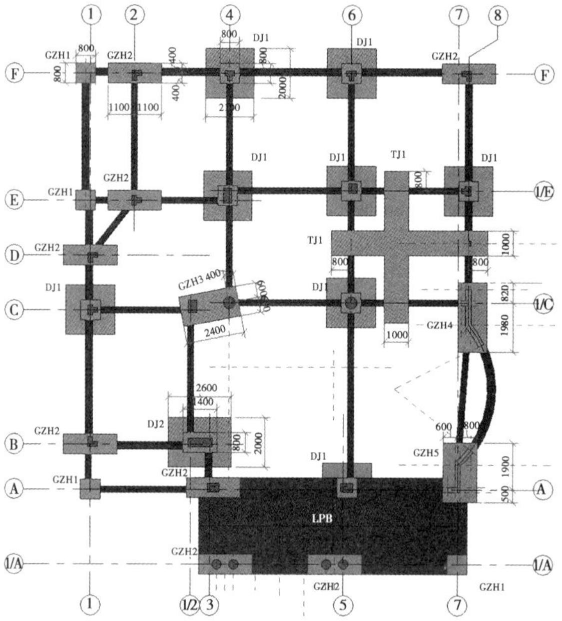

（c）

续图 3-44

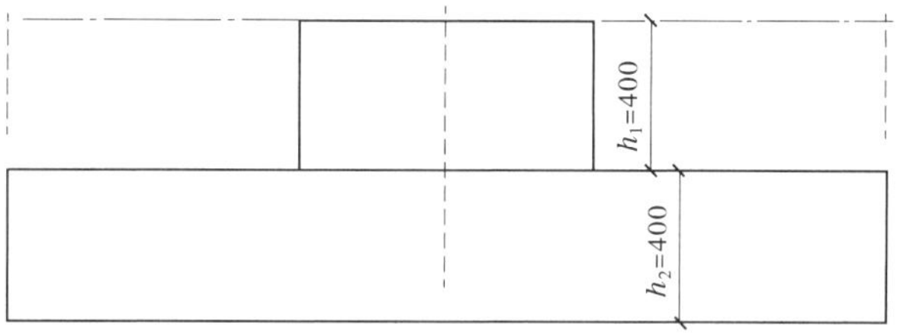

图 3-45　独立基础 DJ1、DJ2 竖向尺寸

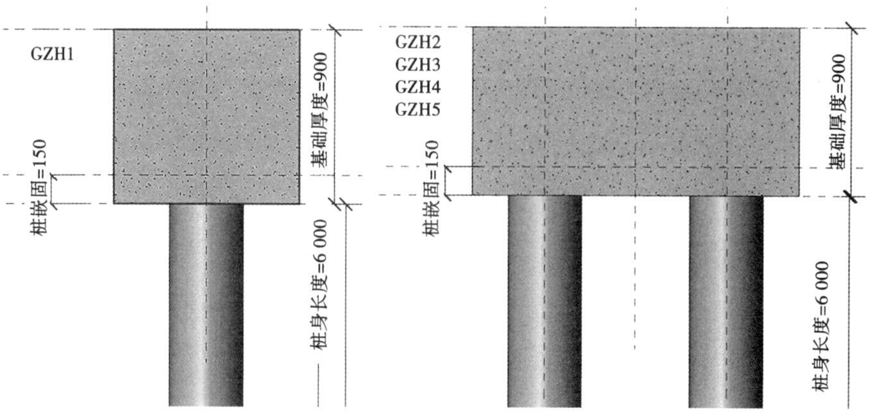

图 3-46　灌注桩基础竖向尺寸

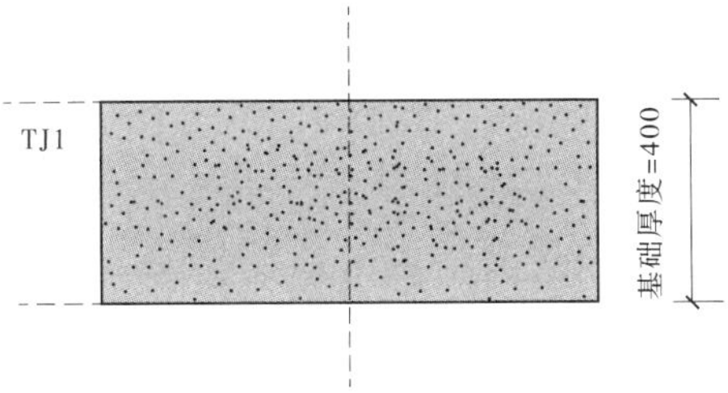

图 3-47　条形基础竖向尺寸信息

1. 独立基础建模

别墅案例项目独立基础为二阶独立基础，Revit 软件独立基础中默认只有三阶独立基础和坡形独立基础，所以首先需要外建二阶独立基础族，然后载入项目中应用。

（1）选定族样板文件。点击“文件程序菜单>新建>族”命令，打开“新族-选择样板文件”对话框。选择“公制结构基础. rft”族样板文件，点击“打开”，进入族编辑器界面（见图 3-48）。

图 3-48　选择“公制结构基础”族样板文件

（2）设置尺寸参数。依据独立基础平面和竖向尺寸，绘制独立基础水平和竖向参照平面，并标注尺寸。选中标注的尺寸，打开“修改|尺寸标注”（见图 3-49）上下文选项卡，单击“标签尺寸标注>创建参数”按钮，打开“参数属性”对话框，在“名称”栏输入“b1”，点击“确定”，“b1”参数创建完毕（见图 3-50）。按此方法，可依次创建尺寸参数 b2、B1、B2、h1、h2（见图 3-51）。

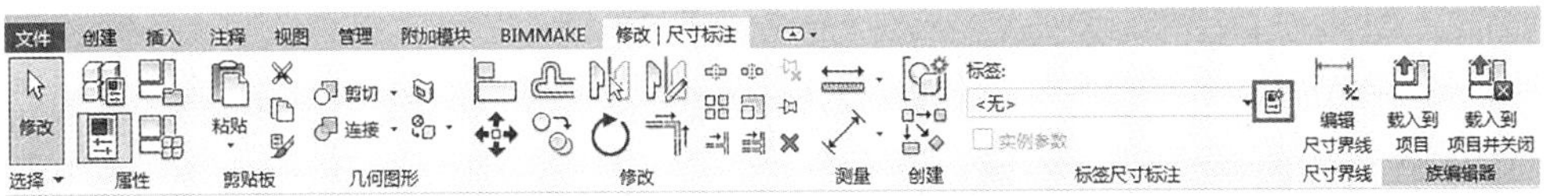

图 3-49　“修改|尺寸标注”选项卡

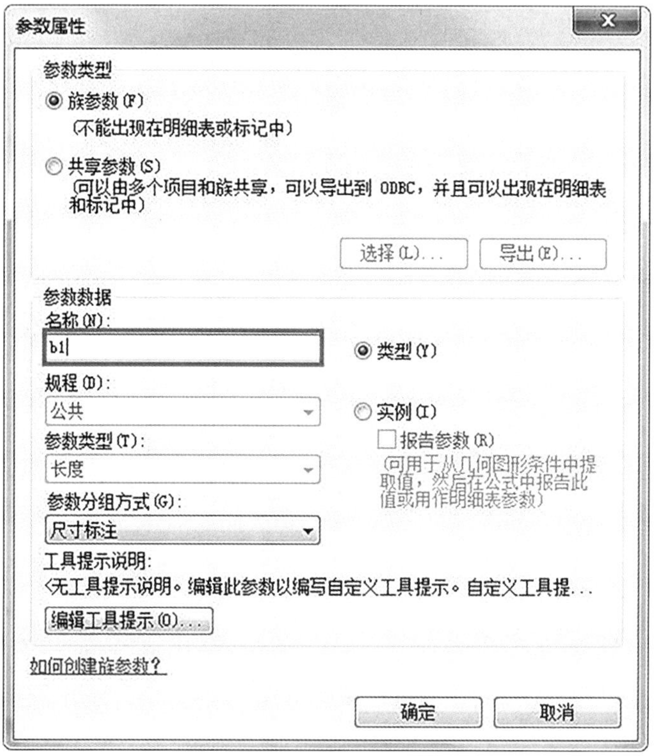

图 3-50　创建“b1”尺寸参数

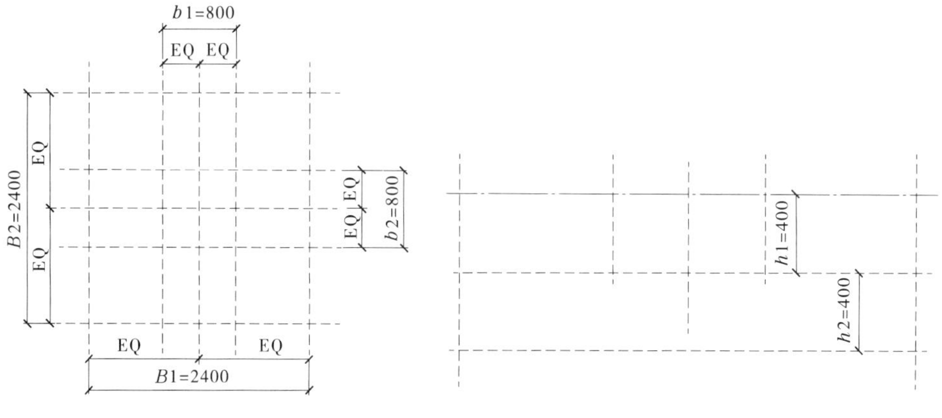

图 3-51　设置独立基础尺寸参数

(3)绘制上阶拉伸轮廓。点击“创建>形状>拉伸”按钮,依据参照平面绘制上阶拉伸平面,并与参照平面锁定(见图 3-52)。

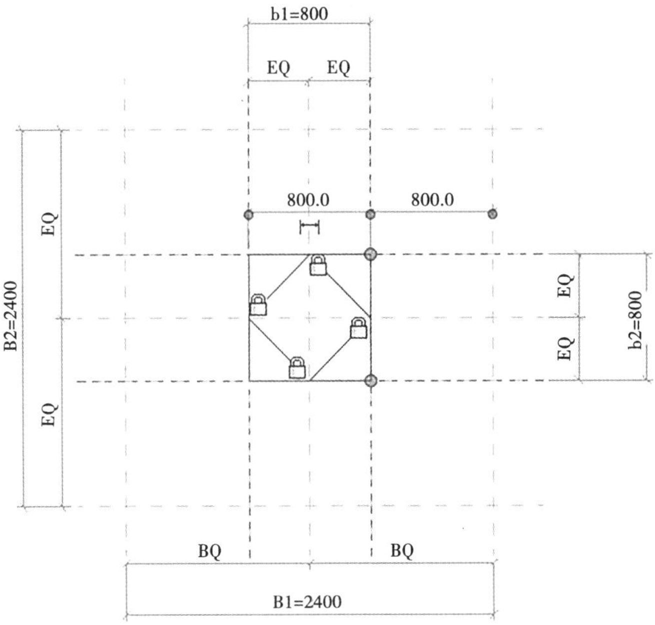

图 3-52 设置独立基础尺寸参数

(4)设置上阶拉伸起点和终点。在属性选项板中“约束”栏中,设置拉伸起点为“0”,设置拉伸终点为“-400”(见图 3-53)。

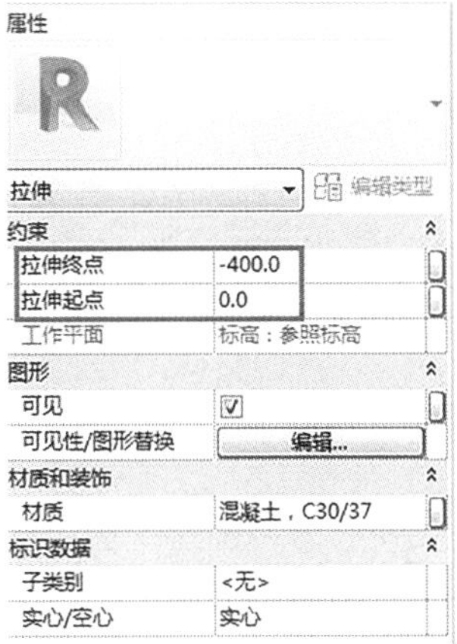

图 3-53 属性选项板设置拉伸起点和终点

(5)设置上阶拉伸材质参数(见图 3-54)。属性选项板中“材质和装饰>材质”栏中单击,显示[...]并单击此按钮,打开“材质浏览器”对话框,单击“主视图>AEC 材质>混凝土”节点,显示混凝土材质,选取“混凝土,C30/37”材质,双击将此材质添加到项目材质列表中并选中,单击“确定”按钮,完成材质的设置。点击“材质”栏后面的“关联族参数”按钮▯,打开“关联族参数”对话框,选中已有的“结构材质”参数,点击“确定”完成材质参数关联,返回属性选项栏,“关联族参数”按钮上出现一个“=”,同时“材质”栏灰显,表示创建的拉伸模型载入项目文件后，“结构材质”参数默认为“混凝土，C30/37”，同时可以在项目文件中更改该材质参数。

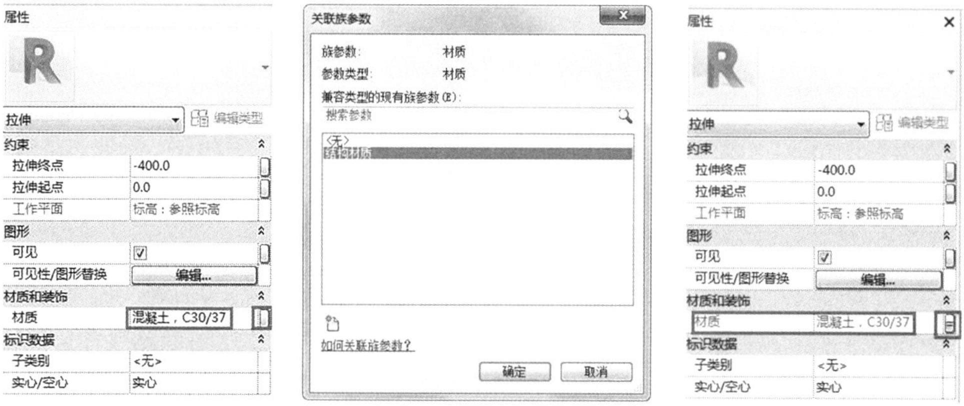

图 3-54 设置拉伸材质参数

（6）完成上阶拉伸。返回族编辑器界面，点击“修改 | 创建拉伸>模式>完成编辑模式”按钮，完成独立基础上阶模型的创建。

（7）创建下阶拉伸。按照上阶模型的创建方法，可以创建下阶模型。拉伸轮廓为下阶模型水平尺寸（注意轮廓要与参照平面锁定），设置拉伸起点为“-400”，拉伸终点为“-800”；设置模型默认材质为“混凝土，C30/37”材质，并关联“结构材质”族参数。

（8）外建独立基础族的保存与载入（见图 3-55）。点击快速访问工具栏中的“保存”按钮，输入文件名为“DJ1”，选择合适路径保存族文件。返回族编辑器，单击“族编辑器>载入到项目”按钮，将族文件载入别墅案例项目；或者在别墅案例项目中，单击“插入>从库中载入>载入族”按钮，找到保存的族文件，点击“打开”载入项目文件。

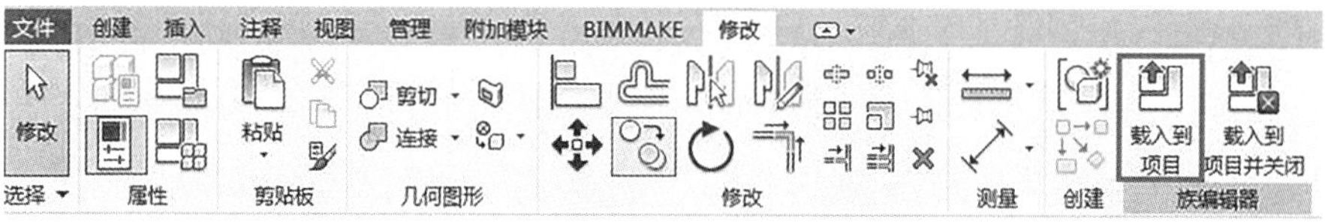

图 3-55 独立基础族载入到项目

（9）独立基础 DJ1 的布置。进入项目文件“基础顶”结构平面视图，单击“结构>基础>独立”按钮，在属性选项板“类型”下拉列表中选择“独立基础 DJ1”，在“约束”栏中设置标高为“基础顶”（见图 3-56），在绘图区按照基础结构平面布置图布置 DJ1。

（10）独立基础 DJ2 的创建和布置。进入项目文件“基础顶”结构平面视图，单击“结构>基础>独立”按钮，在属性选项板“类型”下拉列表中选择“独立基础 DJ1”，单击“编辑类型”，打开“类型属性”对话框，点击“复制”，输入名称“DJ2”，点击“确定”返回“类型属性”对话框，根据 DJ2 的平面定位和尺寸信息输入 DJ2 各个参数值，点击“确定”创建完成。在属性选项板的“约束”栏中设置标高为“基础顶”（见图 3-57），在绘图区按照基础结构平面布置图布置 DJ2。

图 3-56　独立基础 DJ1 约束设置

图 3-57　独立基础 DJ2 的创建及约束设置

2. 灌注桩基础建模

别墅案例项目灌注桩基础包括 1 桩和 2 桩两种规格，2 桩基础包括 4 种类型。别墅案例项目灌注桩基础包括 GZH1～GZH5，共计 5 种类型，其创建方法基本类似，在此以 GZH1 为例，介绍灌注桩基础的创建方法。

（1）载入桩类型。别墅案例项目灌注桩基础由混凝土桩和承台两部分组成，Revit 软件默认的灌注桩基础的桩是钢管桩，且没有混凝土桩，需要先行载入后更正。进入“基础顶”结构平面视图，点击“结构>基础>独立”按钮，打开“修改|放置 独立基础”上下文选项卡和选项栏，点击“模式>载入族”按钮，点击“China>结构>基础”，选择“桩-混凝土圆形

桩. rfa”(见图 3-58),点击“打开”载入族文件。同理,可以载入“桩基承台-1 根桩. rfa”和“桩基承台-2 根桩. rfa”族文件。

图 3-58　载入桩类型

(2)创建灌注桩基础 GZH1。在属性选项板“类型”下拉列表中选择“桩基承台-1 根桩 1000×1000×900 mm”,单击“编辑类型”,打开“类型属性”对话框,点击“复制”,输入名称“GZH1”,点击“确定”返回“类型属性”对话框。在“桩类型”栏中选择“桩-混凝土圆形桩:400 mm 直径”,在“尺寸标注”栏根据 GZH1 的尺寸信息输入 GZH1 各个参数值,点击“确定”创建完成(见图 3-59)。

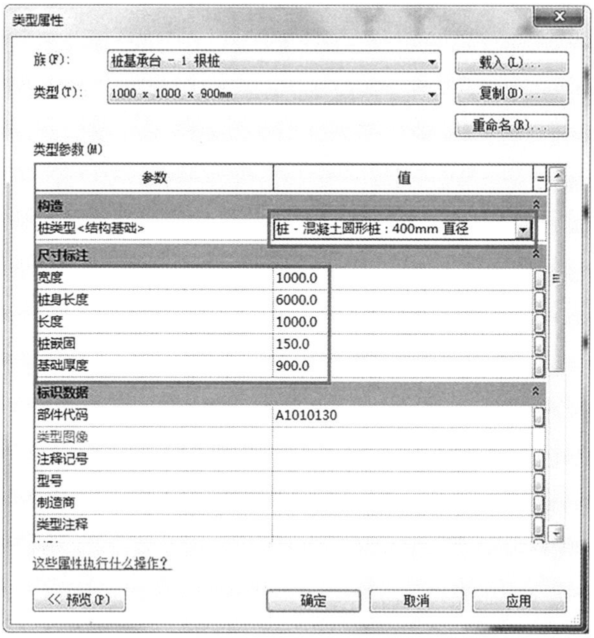

图 3-59　灌注桩 GZH1“类型属性”设置

(3)设置灌注桩标高和结构材质。在属性选项板的“约束”栏中设置标高为“基础顶”(见图 3-60)。在属性选项板的“结构材质”栏中单击,显示 … 并单击此按钮,打开“材质浏览器”对话框，单击“主视图>AEC 材质>混凝土”节点，显示混凝土材质，选取“混凝土，C30/37”材质，双击将此材质添加到项目材质列表中并选中，单击“确定”按钮，完成材质的设置。

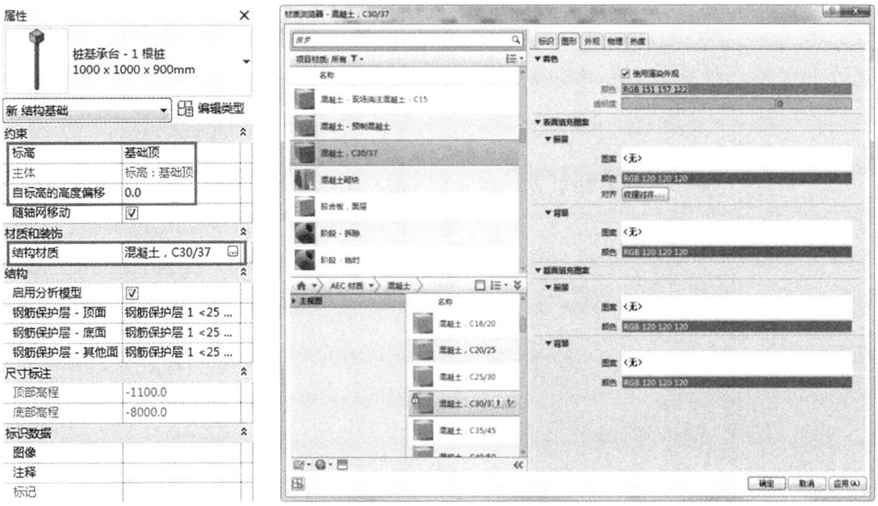

图 3-60 设置灌注桩标高和结构材质

（4）布置灌注桩 GZH1。在绘图区按照基础结构平面布置图布置 GZH1。采用同样的方法，可以创建并布置灌注桩 GZH2、GZH3、GZH4、GZH5。

3. 条形基础建模

条形基础是以墙体为主体的基础，通过拾取墙体在墙下生成条形基础。

（1）创建条形基础 TJ1。进入“基础顶”结构平面视图，点击“结构>基础>墙”按钮，打开“修改|放置 条形基础”上下文选项卡。在属性选项板“类型”下拉列表中选择“条形基础 连续基脚”，单击“编辑类型”，打开“类型属性”对话框，点击“复制”，输入名称“TJ1”（见图 3-61），点击“确定”返回“类型属性”对话框。在“结构材质”栏中单击，显示...并单击此按钮，打开“材质浏览器”对话框，单击“主视图>AEC 材质>混凝土”节点，显示混凝土材质，选取“混凝土，C30/37”材质，双击将此材质添加到项目材质列表中并选中，单击“确定”按钮，完成材质的设置。在“尺寸标注”栏根据 TJ1 的尺寸信息输入 TJ1 各个参数值，点击“确定”创建完成。

（2）布置条形基础 TJ1。在绘图区按照基础结构平面布置图，点击选择对应的墙体，在墙体下自动生成条形基础 TJ1。条形基础 TJ1 的顶面标高与该墙体的底面标高一致。

4. 板式基础建模

（1）创建板式基础 LPB。进入“基础顶”结构平面视图，点击“结构>基础>板”按钮，打开“修改|创建楼层边界”上下文选项卡和选项栏。在属性选项板“类型”下拉列表中选择“基础底板 1”，单击“编辑类型”，打开“类型属性”对话框，点击“复制”，输入名称“LPB”，点击“确定”返回“类型属性”对话框。在“结构”栏中点击“编辑”按钮，打开“编辑部件”对话框，设置板式基础 LPB 的层次，在“材质”栏中单击，显示...并单击此按钮，打开“材质浏览器”对话框，单击“主视图>AEC 材质>混凝土”节点，显示混凝土材质，选

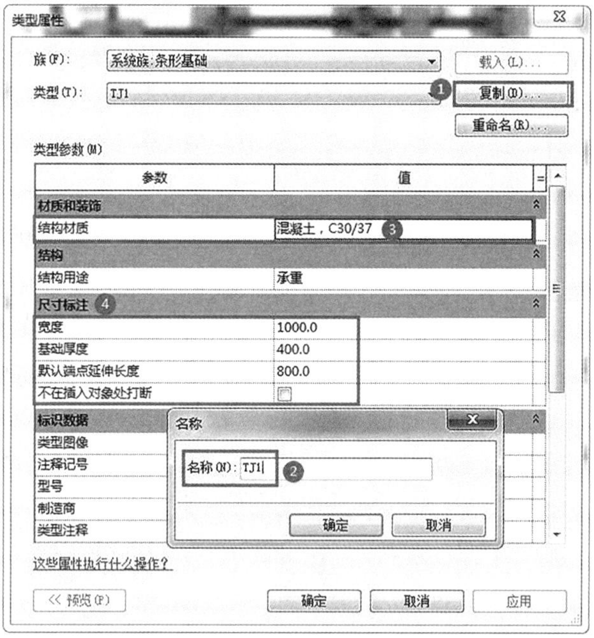

图 3-61　条形基础 TJ1“类型属性”设置

取“混凝土,C30/37”材质,双击将此材质添加到项目材质列表中并选中,单击“确定”按钮,完成材质的设置。在“厚度”栏中输入“400”,点击“确定”返回“类型属性”对话框,再单击“确定”完成板式基础 LPB 的创建(见图 3-62)。

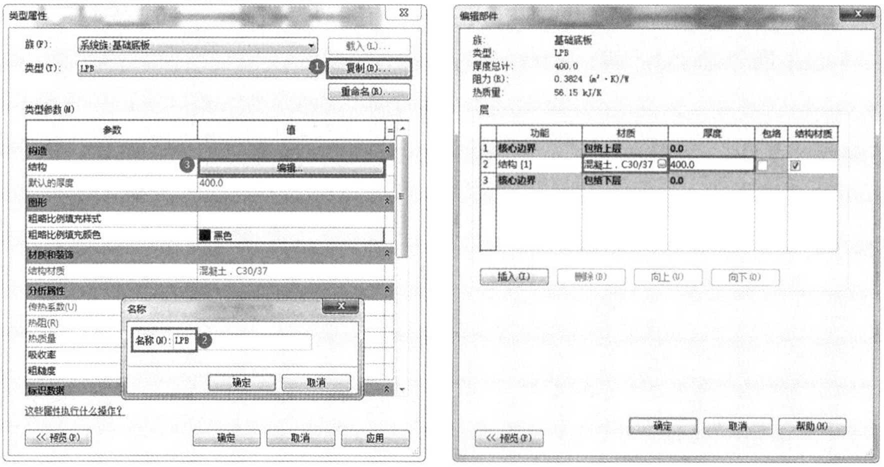

图 3-62　板式基础 LPB 的创建

(2)板式基础 LPB 的布置。在绘图区按照基础结构平面布置图,采用直线工具绘制板式基础 LPB 的封闭轮廓,单击“模式>完成编辑模式”按钮,完成板式基础 LPB 的布置。

(六)结构楼板建模

别墅案例项目结构楼板均为 C30 混凝土板,厚度有 90 mm、100 mm、120 mm、130 mm 和 150 mm 5 种类型,其在各结构层的分布及相对该结构层标高见图 3-63~图 3-68。各类型结构楼板的创建方法基本相同,在此仅以室内地坪层 3~5 轴、1/A~A 轴之间的室外门斗结构板为例，介绍结构楼板的创建。

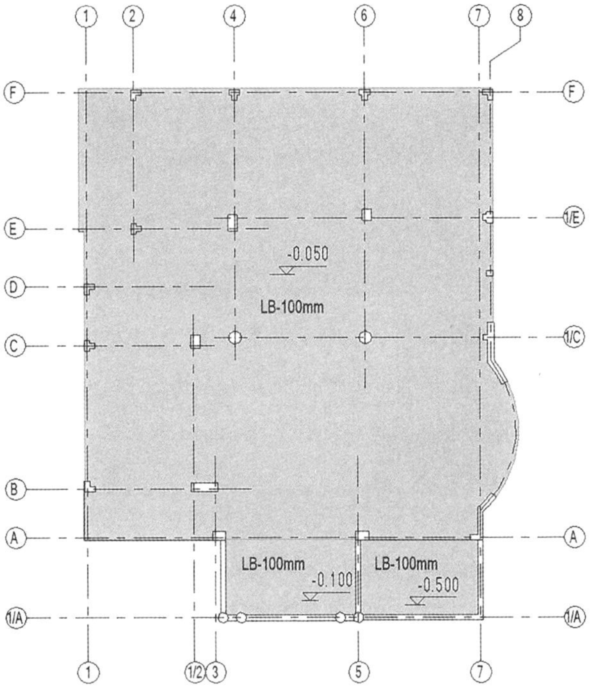

图 3-63　室内地坪层结构楼板分布

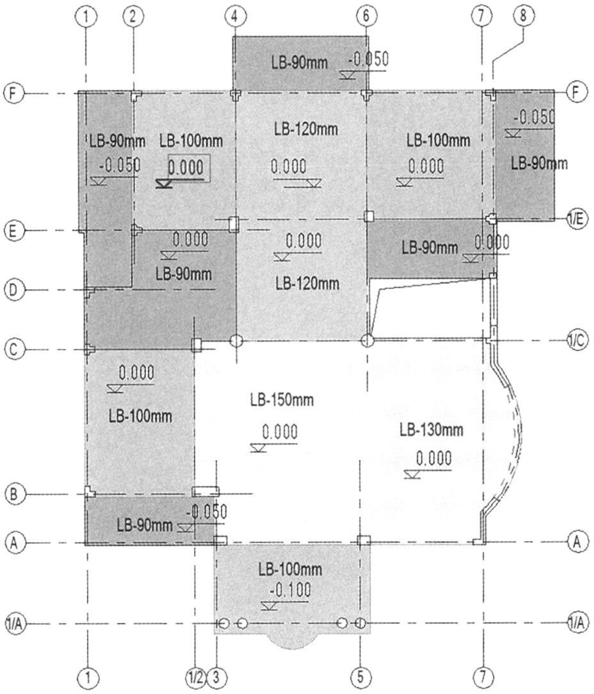

图 3-64　结施-1 层结构楼板分布

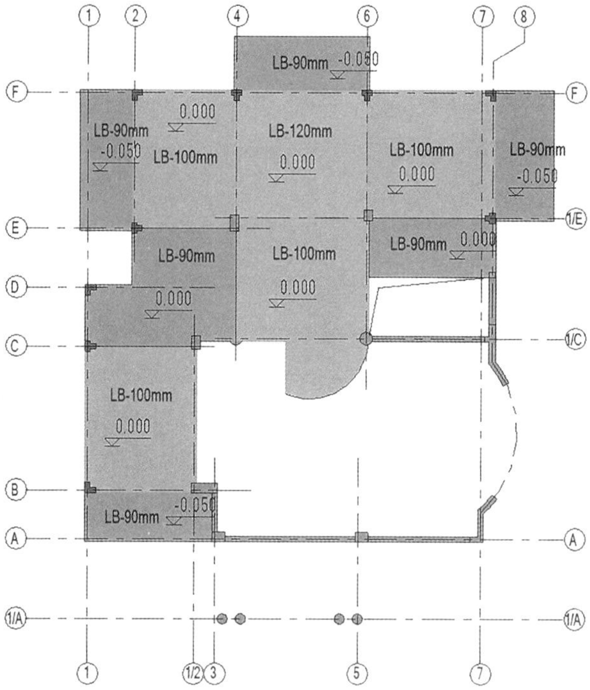

图 3-65　结施-2 层结构楼板分布

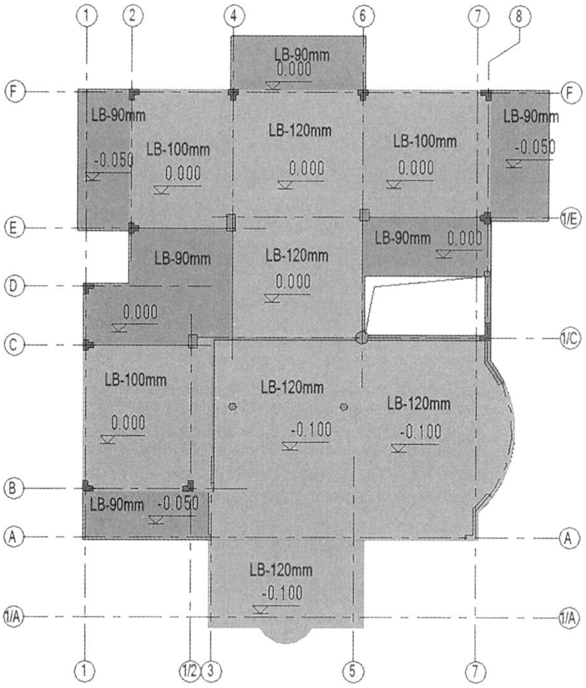

图 3-66　结施-3 层结构楼板分布

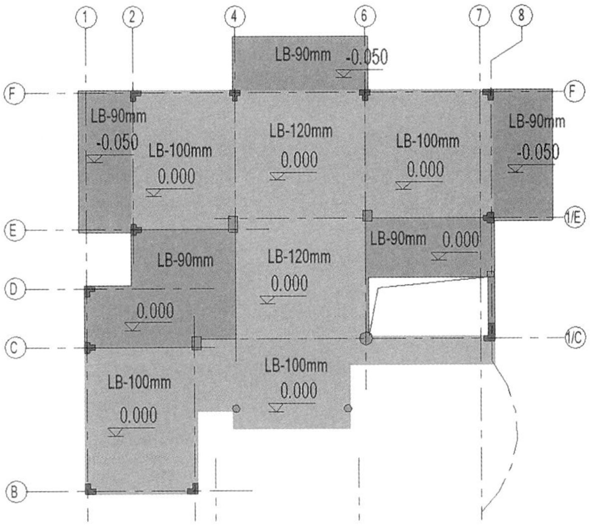

图 3-67　结施-4 层结构楼板分布

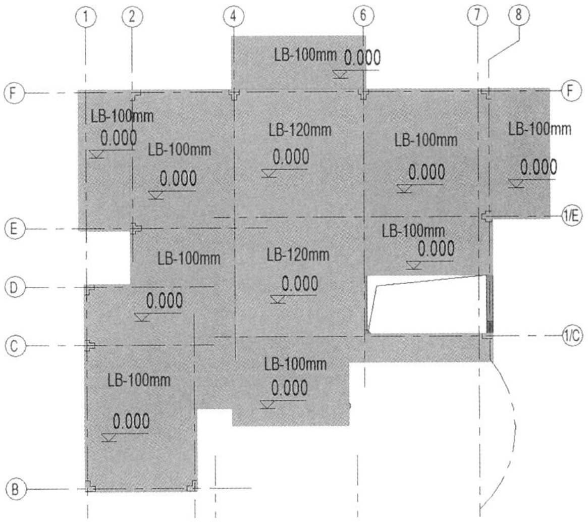

图 3-68　结施-阁楼层结构楼板分布

(1)激活结构楼板绘制功能。进入“室内地坪”结构平面视图,点击“结构>结构>楼板 下拉菜单>楼板:结构”或者“建筑>构建>楼板 下拉菜单>楼板:结构”按钮,打开“修改|创建楼层边界”选项卡和选项栏(见图 3-69)。

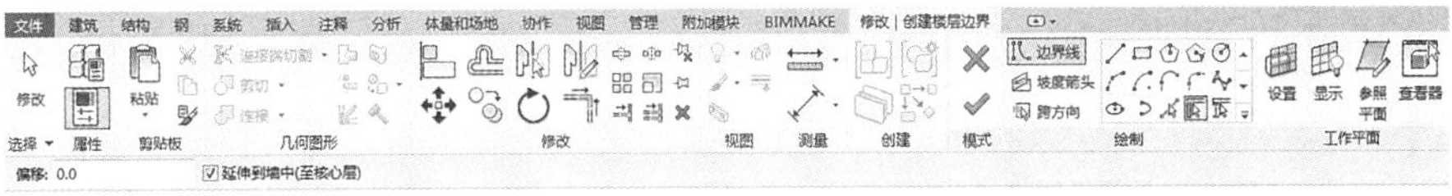

图 3-69　“修改|创建楼层边界”选项卡和选项栏

(2)创建楼板类型。在属性选项板中选择“楼板 常规-90 mm”类型,单击“编辑类型”按钮,打开“类型属性”对话框。单击“复制”按钮,打开“名称”对话框,输入名称为“LB-100 mm”(见图 3-70),单击“确定”按钮返回“类型属性”对话框。单击“结构”栏中

“编辑”按钮,打开“编辑部件”对话框,只设置“结构[1]”层次,“厚度”栏输入 100.0(见图 3-71),单击“材质”栏,显示 并单击此按钮,打开“材质浏览器”对话框,单击“主视图>AEC 材质>混凝土”节点,显示混凝土材质,选取“混凝土,C30/37”材质,双击将此材质添加到项目材质列表中并选中,单击“确定”按钮,完成材质的设置。单击“确定”按钮返回“类型属性”对话框,单击“确定”完成结构楼板类型的创建。

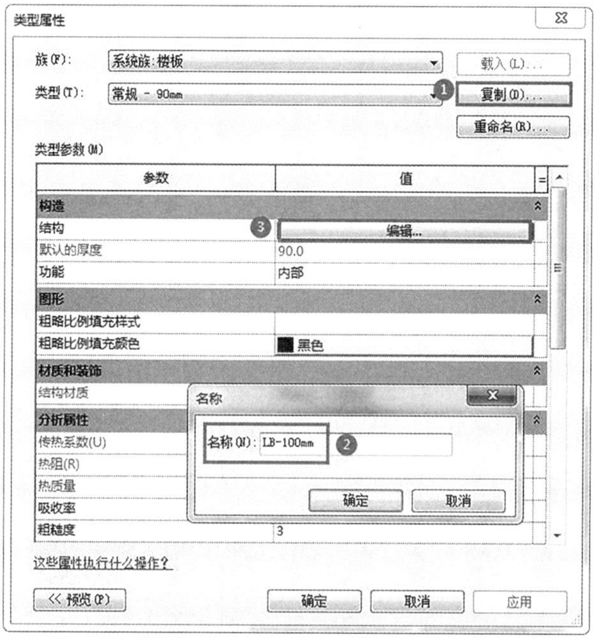

图 3-70　结构楼板“类型属性”对话框

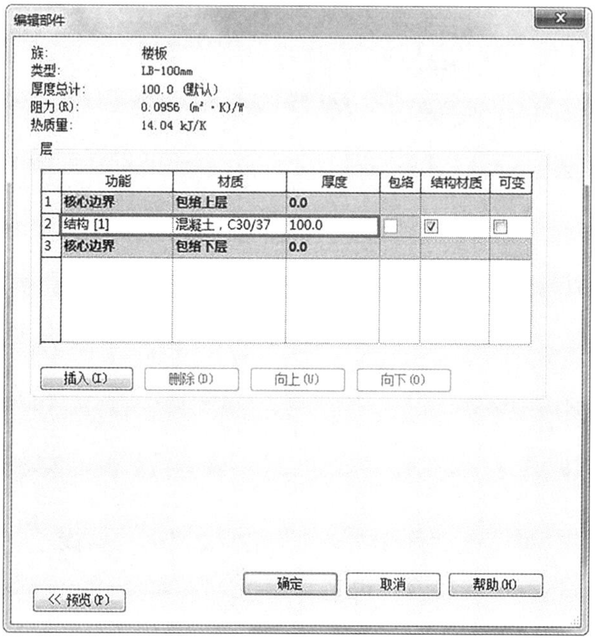

图 3-71　结构楼板“编辑部件”对话框

(3)结构楼板标高确定。在属性选项板中“约束”栏中,“标高”处选择“室内地坪”,“自标高的高度偏移”处输入“-100.0”(见图 3-72)。

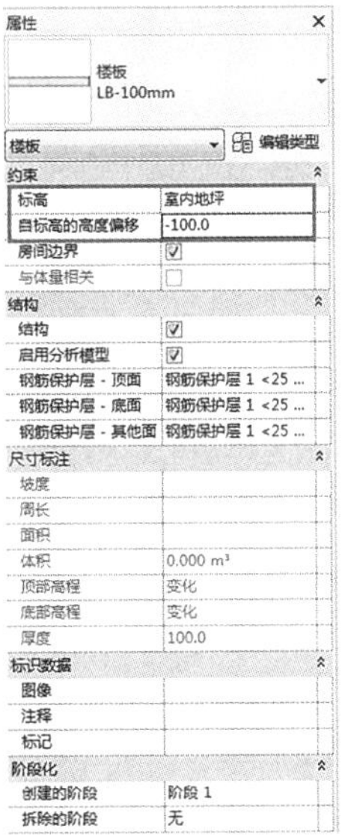

图 3-72　结构楼板约束条件

(4)结构楼板的绘制。在“绘制”面板中,选用合适的工具,按照结构楼板平面布置图,绘制结构楼板封闭轮廓(见图 3-73),单击“模式>完成编辑模式”按钮 ✔,完成门斗处 LB-100 mm 楼板的创建。

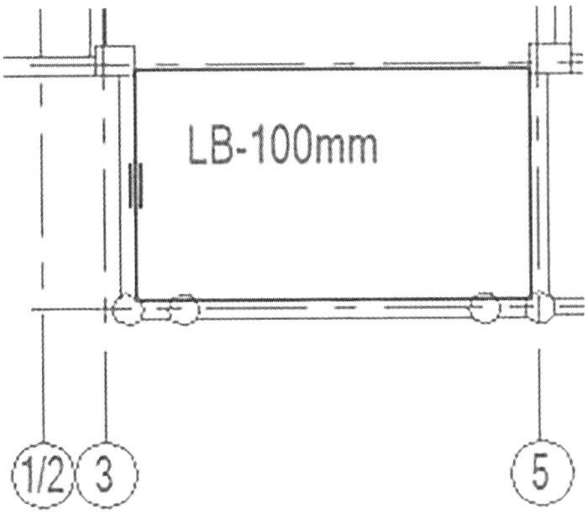

图 3-73　结构楼板封闭轮廓

(七)建筑墙体建模

别墅案例项目的建筑墙体包括文化石外墙、褐色面砖外墙、内墙、老虎窗墙体 4 种类型。各类型墙体的层次构造如图 3-74~图 3-77 所示。各楼层建筑墙体的平面布置如图 3-78~图 3-82 所示。建筑外立面如图 3-83~图 3-87 所示。

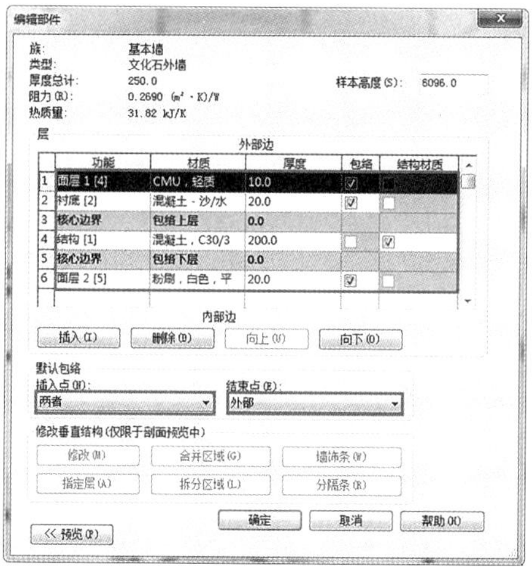

图 3-74　文化石外墙层次构造

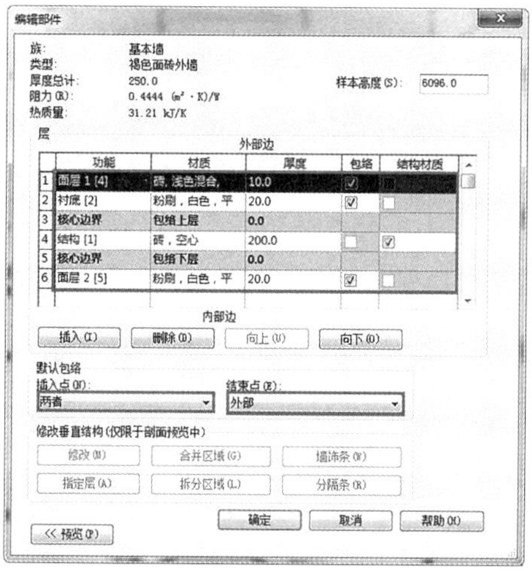

图 3-75　褐色面砖外墙层次构造

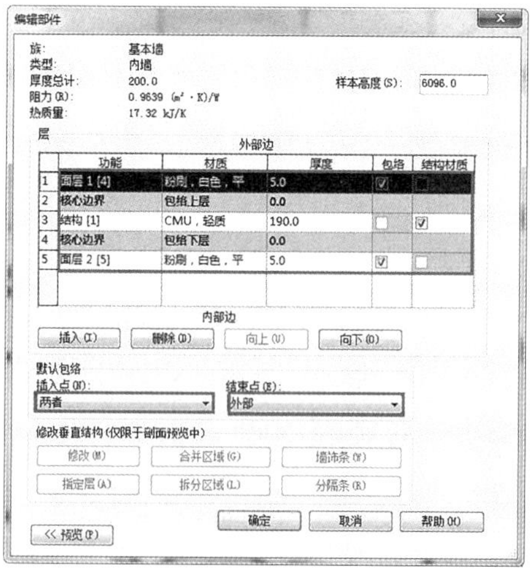

图 3-76　内墙层次构造

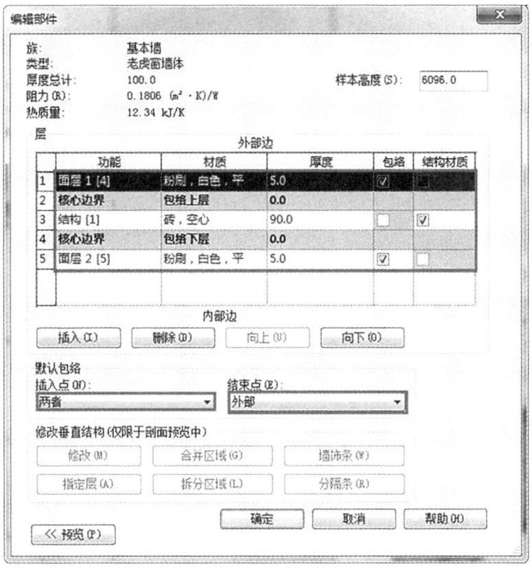

图 3-77 老虎窗墙体层次构造

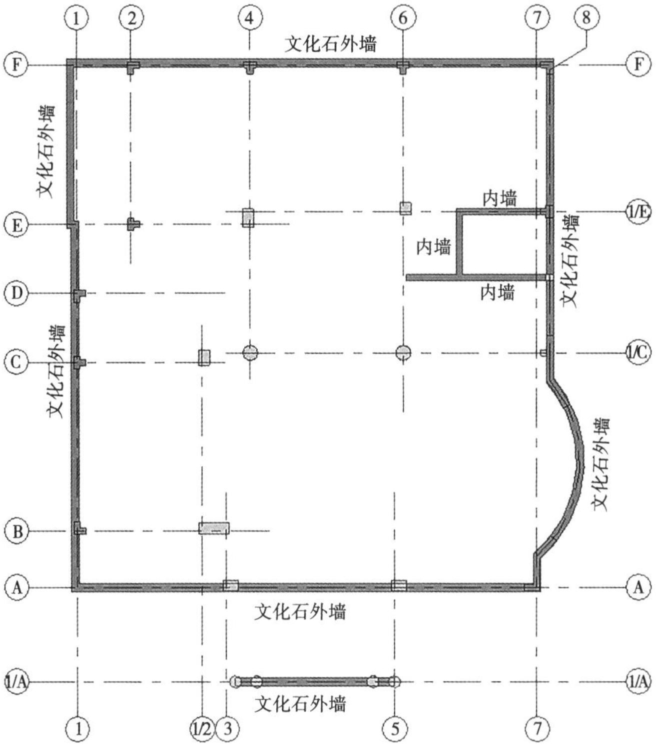

图 3-78 室内地坪层墙体平面布置

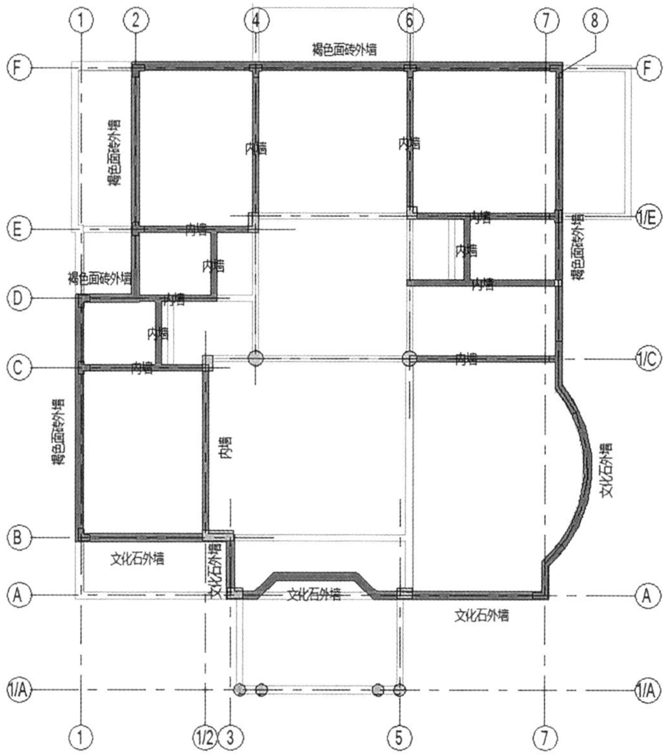

图 3-79　建施-1 层墙体平面布置

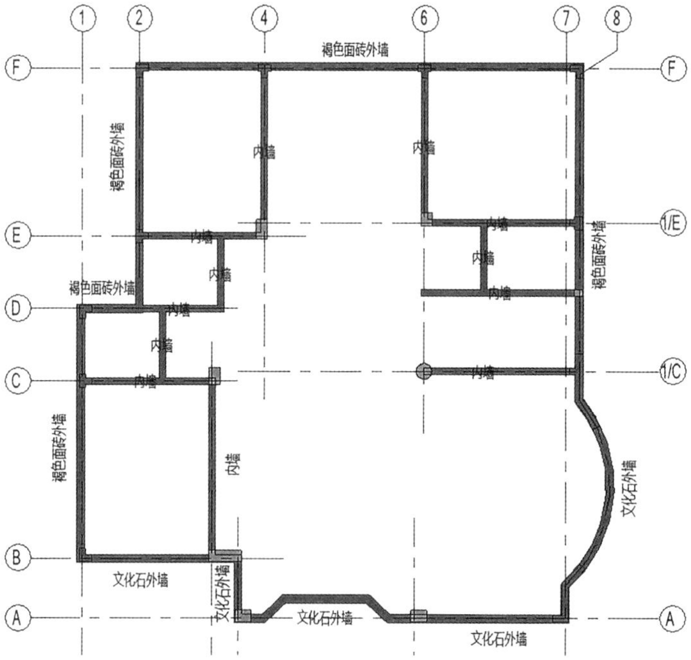

图 3-80　建施-2 层墙体平面布置

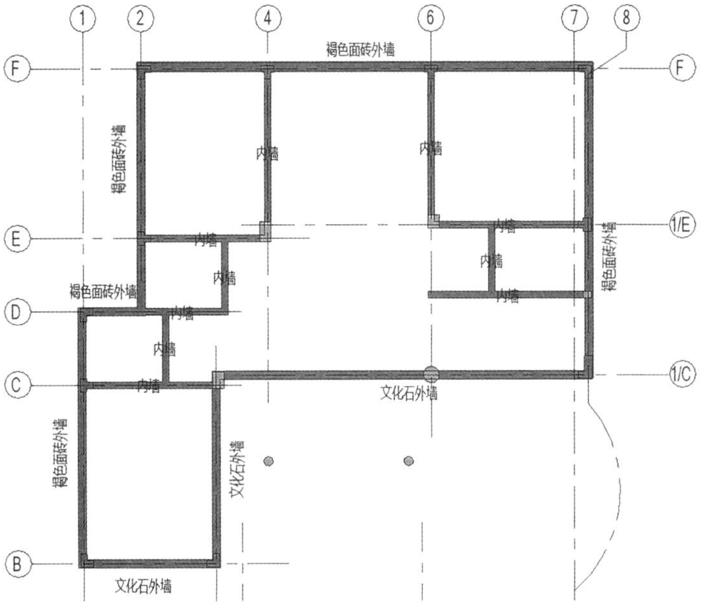

图 3-81　建施-3 层墙体平面布置

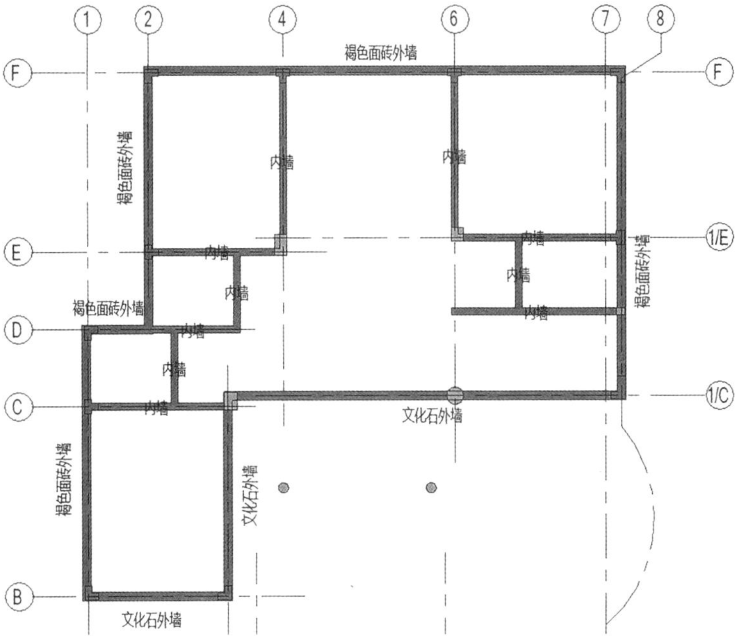

图 3-82　建施-4 层墙体平面布置

1. 建筑墙体的创建

建筑墙体的创建与结构墙体基本一致，进入对应的楼层平面视图，使用“建筑>构建>墙下拉菜单>墙:建筑”或者“结构>结构>墙下拉菜单>墙:建筑”按钮，打开“修改|放置建筑墙”上下文选项卡和对应的选项栏，之后可以按照结构墙创建的方法创建需要的建筑墙。根据图 3-74～图 3-87 中各类型、各楼层建筑墙体的构造和布置情况，创建相应的建筑墙体，此处不再赘述。

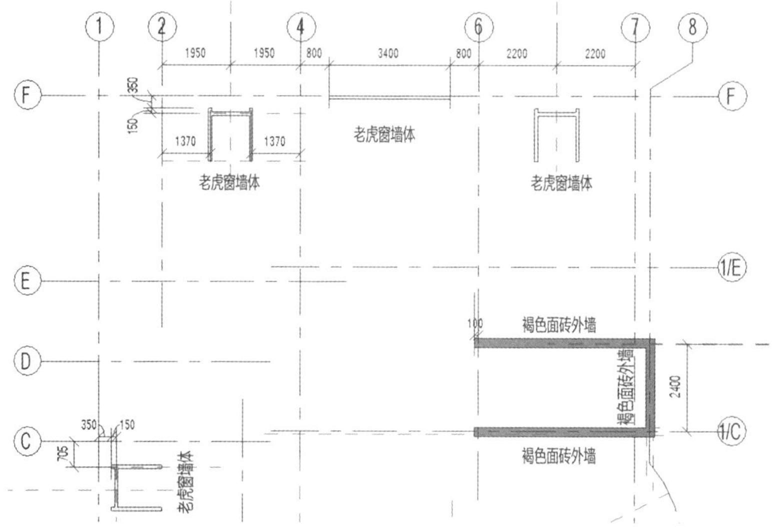

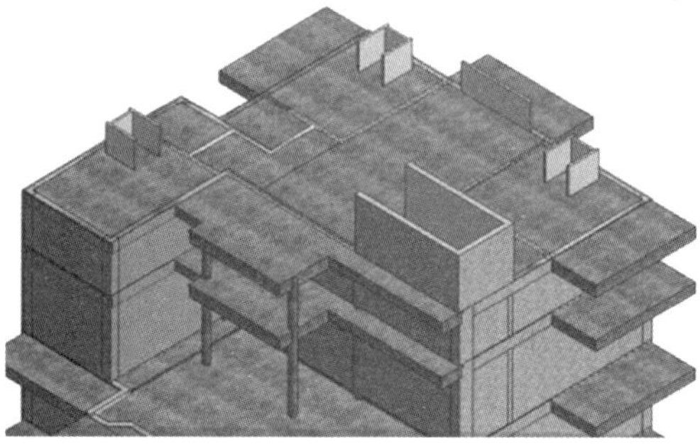

图 3-83　建施-阁楼层墙体布置图

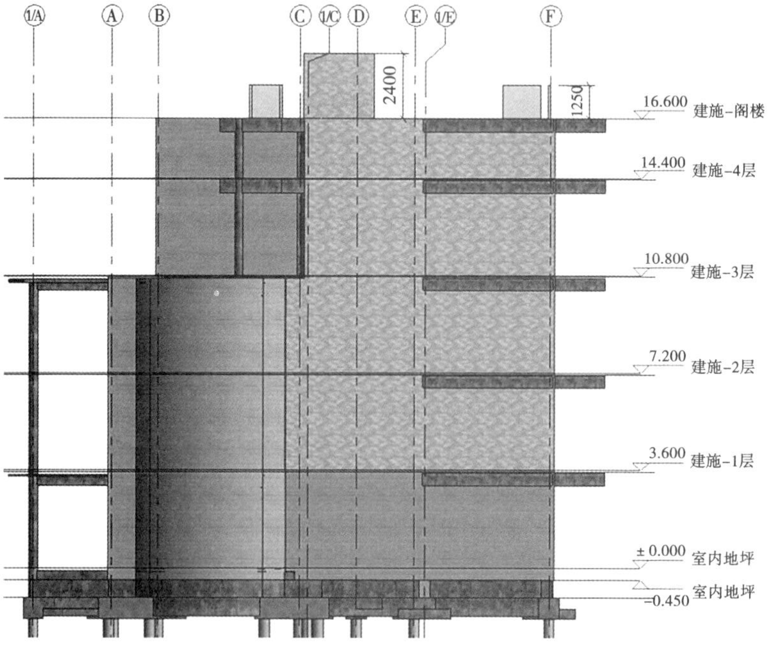

图 3-84　建筑东立面图

【拓展 1】墙体层次构造中，涂膜层厚度始终为 0，其他层次不能为 0，但最小厚度不能小于 0.8 mm。

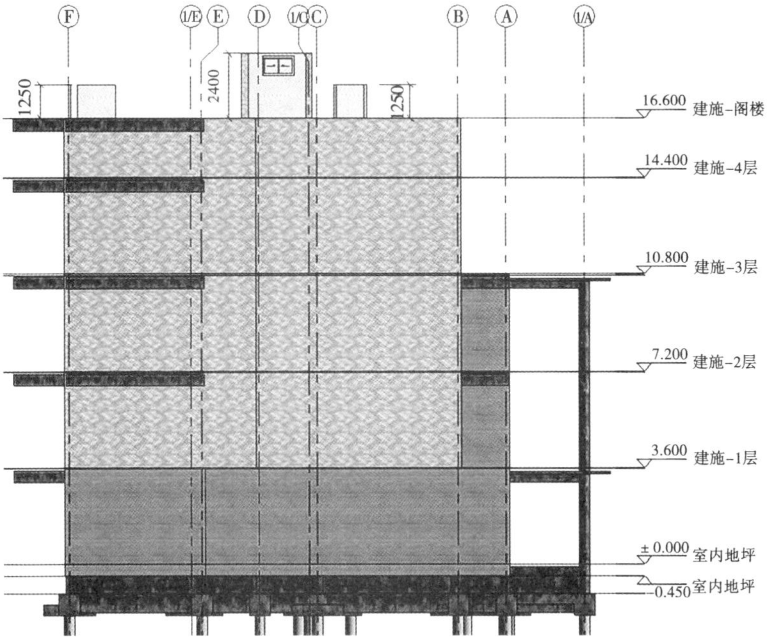

图 3-85　建筑西立面图

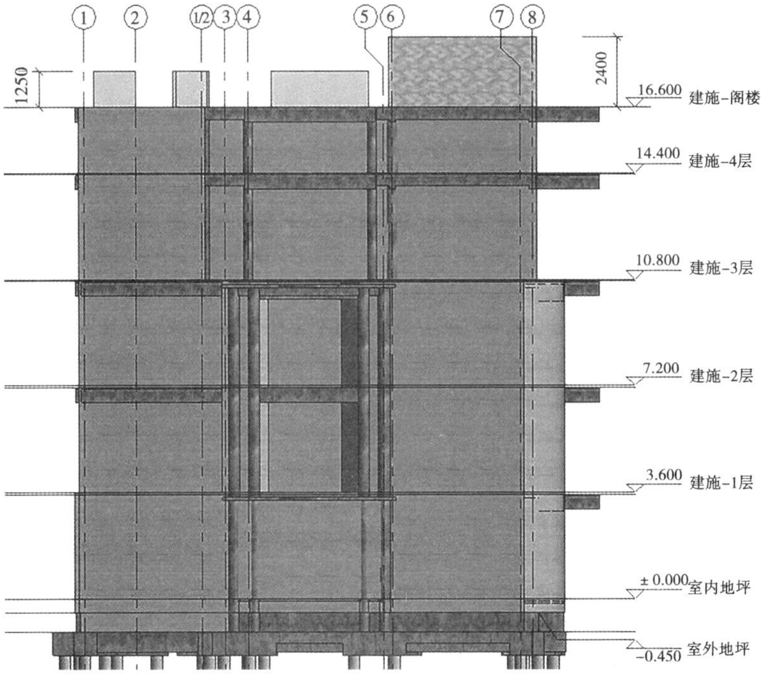

图 3-86　建筑南立面图

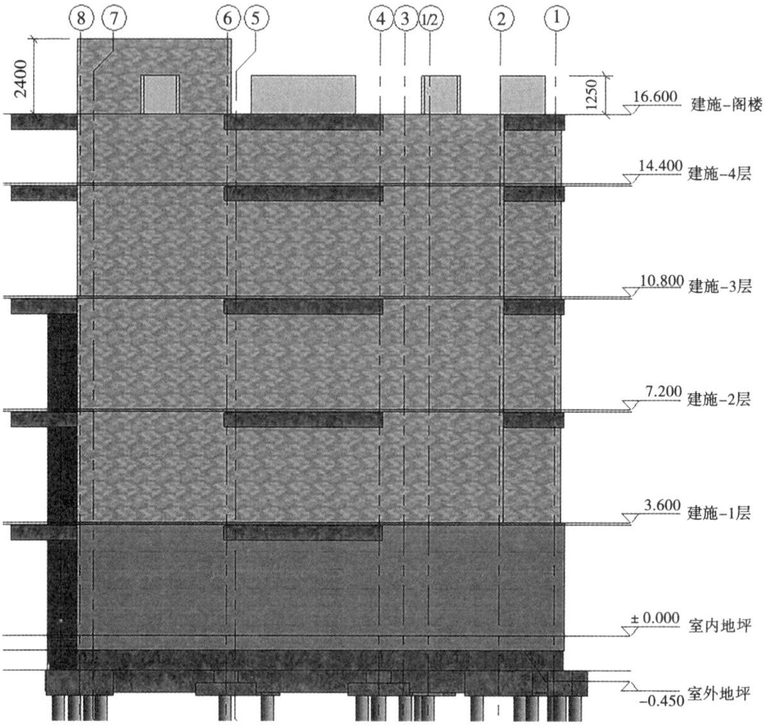

图 3-87　**建筑北立面图**

【拓展 2】在墙体层次构造中,层功能优先级应从核心边界向外部降序排列(优先级序号为升序,优先级序号越大,优先级越低)。核心边界内部没有优先级。

【拓展 3】核心层(两个核心边界内部)不能单独指定为涂膜层。

【拓展 4】按照顺时针绘制墙体,确保墙体内外层方向正确。如果相反,则可以选中墙体后单击翻转符号⇅或者点击空格键翻转墙体内外层次。

【拓展 5】对于直墙,单击选中进入“修改|墙”上下文选项卡,单击“模式>编辑轮廓”按钮(见图 3-88),编辑墙体轮廓,生成不规则轮廓形状的墙体,或在墙上开洞口。

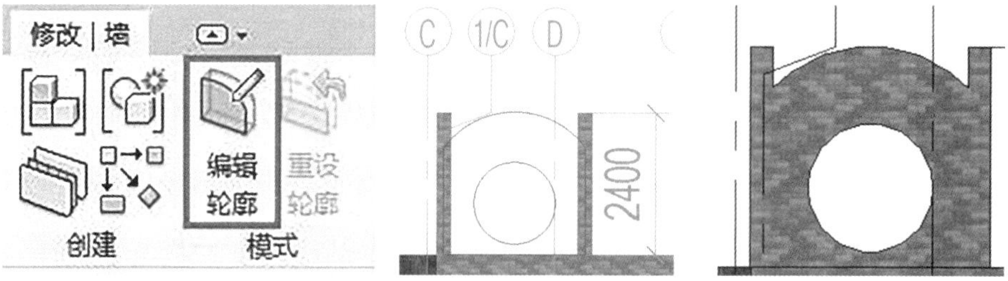

图 3-88　**编辑直墙墙体轮廓**

2. 墙饰条的创建

(1)绘制墙饰条轮廓族。单击“文件>新建>族”命令,打开“新族-选择样板文件”对话框(见图 3-89),选择“公制轮廓. rft”样板文件,单击“打开”按钮,进入轮廓族创建族编辑器界面。

图 3-89　“新族-选择样板文件”对话框

(2)绘制墙饰条轮廓族。单击“创建>详图>线”按钮，打开“修改|放置线”选项卡，选择“绘制”面板中的合适工具，绘制墙饰条轮廓(见图 3-90)。

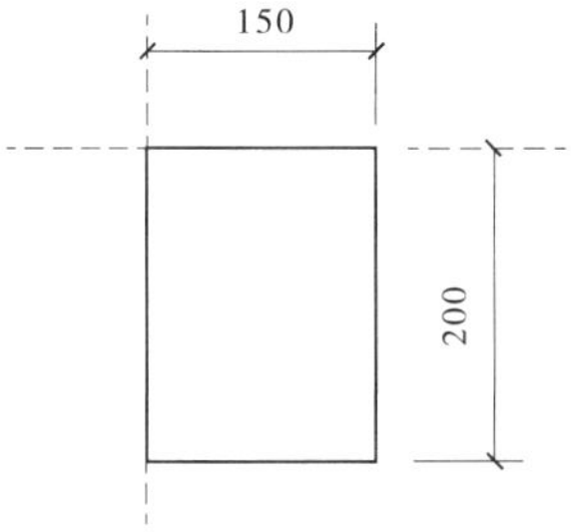

图 3-90　墙饰条轮廓

(3)保存并载入墙饰条轮廓族。单击快速访问工具栏中的“保存”按钮，打开“另存为”对话框，输入文件名为“墙饰条轮廓”，单击“保存”按钮，保存绘制的轮廓。单击“族编辑器”面板中的“载入到项目并关闭”按钮，选择别墅案例文件，载入轮廓族。

(4)打开墙饰条放置命令。进入别墅案例项目三维视图界面，单击“建筑>构建>墙下拉列表>墙：饰条”，打开“修改|放置 墙饰条”选项卡(见图 3-91)，单击“放置>水平”按钮。

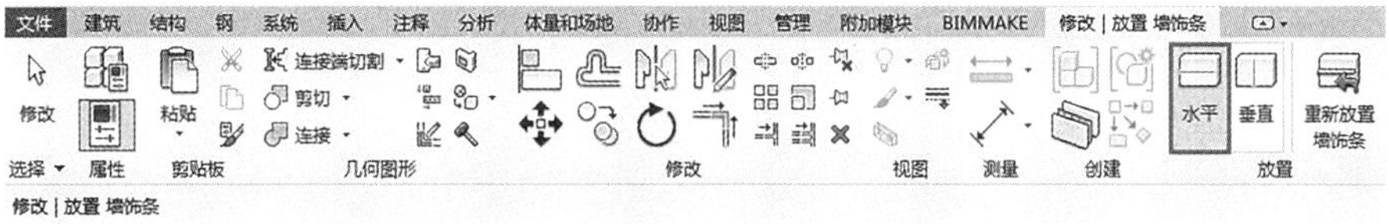

图 3-91　“修改|放置 墙饰条”选项卡

(5)设置墙饰条类型属性。在属性选项板“类型选择器”中选择“墙饰条-贴面”类型，单击“编辑类型”按钮，打开“类型属性”对话框(见图 3-92)，在“轮廓”栏中选择上面创建的“墙饰条轮廓：墙饰条轮廓”选项，在“材质”栏中单击，显示并单击此按钮，打开“材质浏览器”对话框，选择“粉刷，茶色，织纹”材质，单击“确定”按钮，返回“类型属性”对话框，单击“确定”按钮，完成墙饰条类型属性的设置。

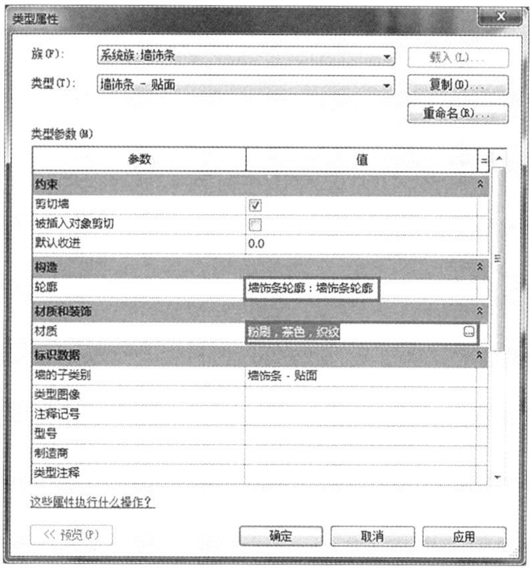

图 3-92　墙饰条“类型属性”对话框

(6)放置墙饰条。将光标放在墙上高亮显示墙饰条的位置,连续单击一圈首层外墙顶部,在墙体四周生成闭合的墙饰条(见图 3-93)。

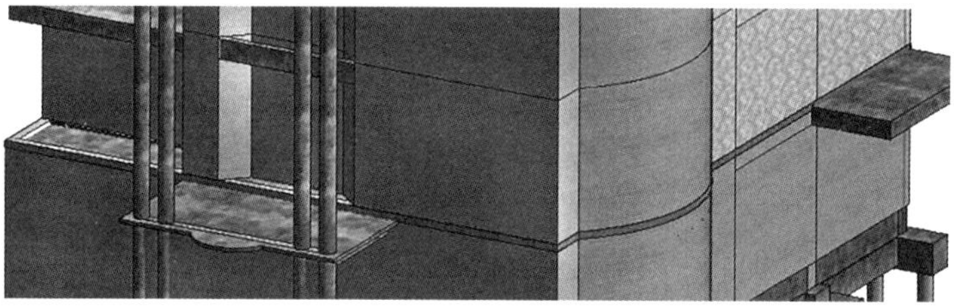

图 3-93　放置一圈墙饰条

(7)编辑墙饰条的约束条件(见图 3-94)。选中墙饰条,在属性选项板中“约束”栏中,设置“标高”为“建施-1 层”,“相对标高的偏移”输入“0”。

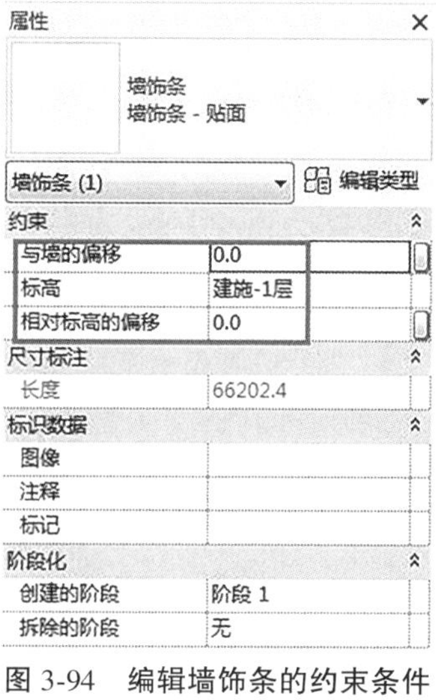

图 3-94　编辑墙饰条的约束条件

（8）墙饰条拆分与调整（见图 3-95、图 3-96）。因墙饰条沿墙体只能整体连续生成，所以在阳台处和露台处也出现了墙饰条，需要调整。单击“修改>修改>拆分图元”按钮，在阳台边和露台边进行拆分。选中墙饰条，单击“修改 | 墙饰条>墙饰条>添加/删除墙”按钮，单击不需要的墙饰条将其删除。选取墙饰条，可以拖拽操纵柄来调整其长度与阳台边和露台边对齐。

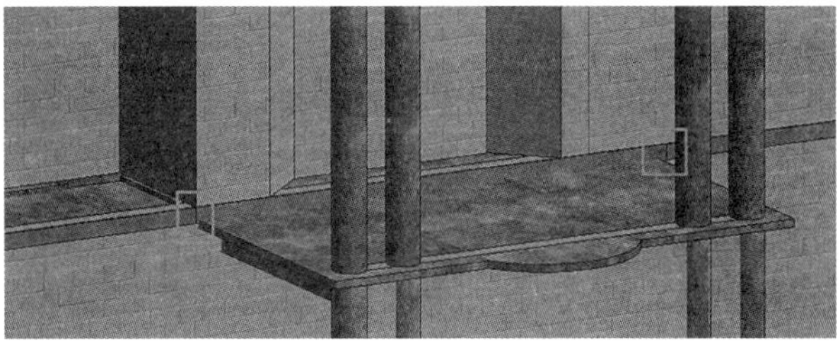

图 3-95　拆分墙饰条

图 3-96　调整墙饰条

【拓展 1】若要在不同位置放置墙饰条，则需要单击“放置>重新放置墙饰条”按钮，将光标移到墙上所需位置单击即可。

【拓展 2】墙饰条“类型属性”中“被插入对象剪切”（见图 3-97）是指门和窗等插入墙体的对象从墙饰条中剪切掉几何图形的特性。若不勾选，则墙饰条会被门和窗等插入对象完全剪切掉［见图 3-98（a）］。若勾选，则只剪切掉与插入对象重叠的部分［见图 3-98（b）］。

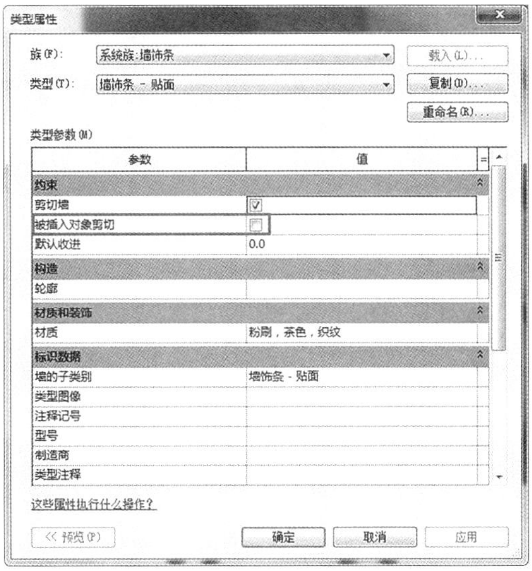

图 3-97　“被插入对象剪切”对话框

(a)不勾选“被插入对象剪切”　　(b)勾选“被插入对象剪切”

图 3-98　“被插入对象剪切”功能区别

(八)幕墙建模

别墅案例项目目前包括弧形幕墙和直线形幕墙两种,具体位置如图 3-99 所示。

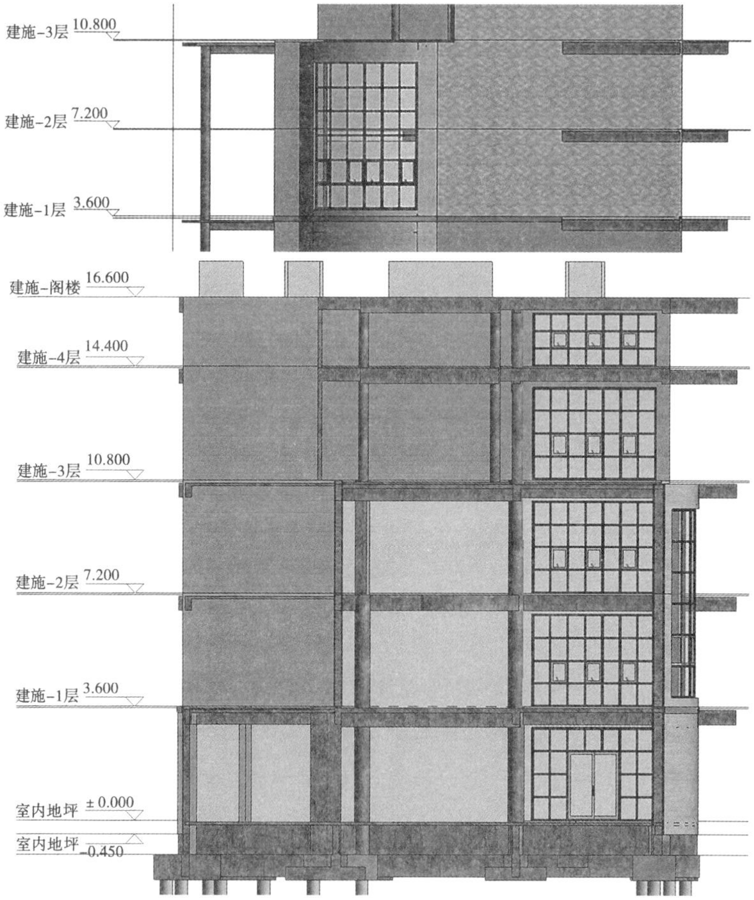

图 3-99　幕墙所在位置

1. 弧形幕墙创建

(1)选择弧形幕墙类型。进入“建施-1 层”楼层平面视图,单击“建筑>构建>墙”按钮,打开“修改|放置 墙”选项卡和选项栏。从属性选项板的“类型选择器”下拉列表中选择“幕墙>幕墙”类型。

(2)弧形幕墙类型属性设定。单击“编辑类型”按钮,单击“复制”按钮,打开“名称”对话框,输入名称为“幕墙 1”,单击“确定”按钮返回“类型属性”对话框。按照图 3-100 设置幕墙 1 的参数,点击“确定”完成弧形幕墙类型属性设定。

(3)弧形幕墙实例属性设定。在属性选项板中设置“底部约束”为“建施-1 层”,“底部偏移”输入“300”。“顶部约束”设为“直到标高:建施-3 层”,“顶部偏移”输入“-900”。“垂直网格>编号”输入“5”,“水平网格>编号”输入“5”(见图 3-101)。

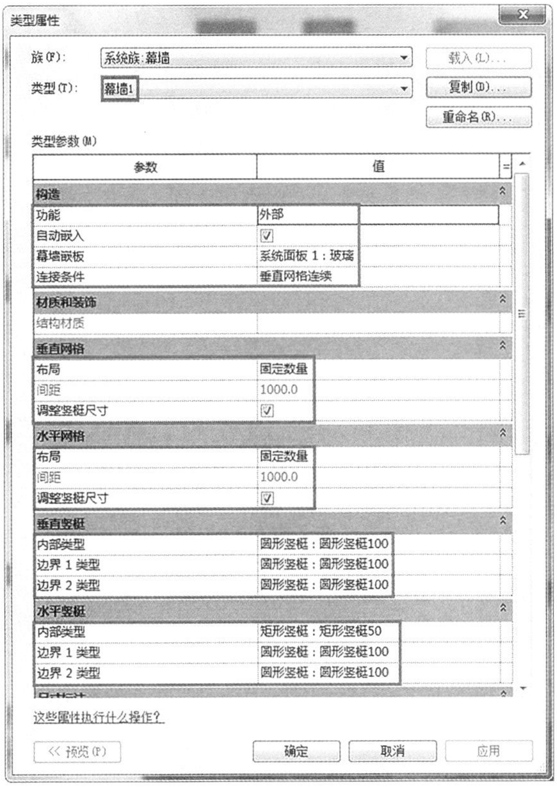

图 3-100　幕墙 1 类型属性设定

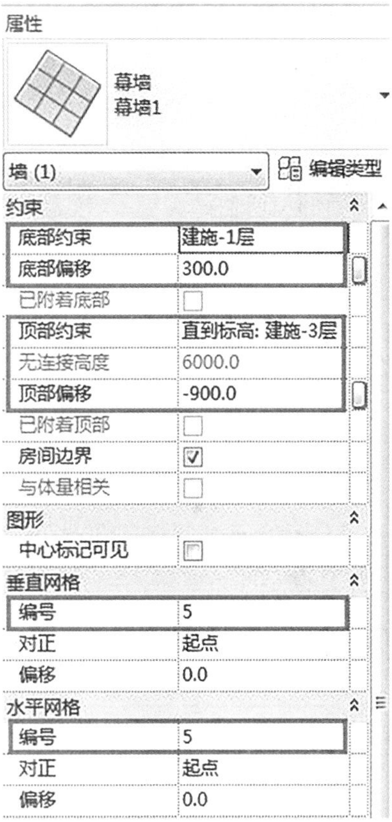

图 3-101　幕墙 1 实例属性设定

(4)绘制弧形幕墙。单击“绘制>起点-终点-半径弧”按钮,分别捕捉弧形幕墙核心层中心线与柱的交点作为起点和终点,捕捉弧形墙体的核心层中心线上任意一点,绘制完成弧形幕墙(见图 3-102)。

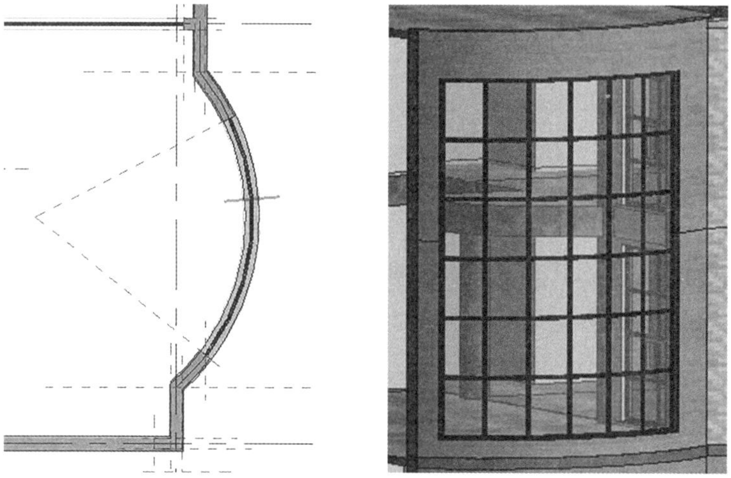

图 3-102　绘制完成弧形幕墙

（5）创建幕墙嵌板窗。选中幕墙上要设置窗户的玻璃嵌板，在属性选项板的“类型选择器”点击下拉菜单，选择“窗嵌板 _ 上悬无框铝窗”（见图 3-103），则幕墙上该玻璃嵌板更换为嵌板窗。采用同样的方法，可以创建其他的嵌板窗（见图 3-104）。

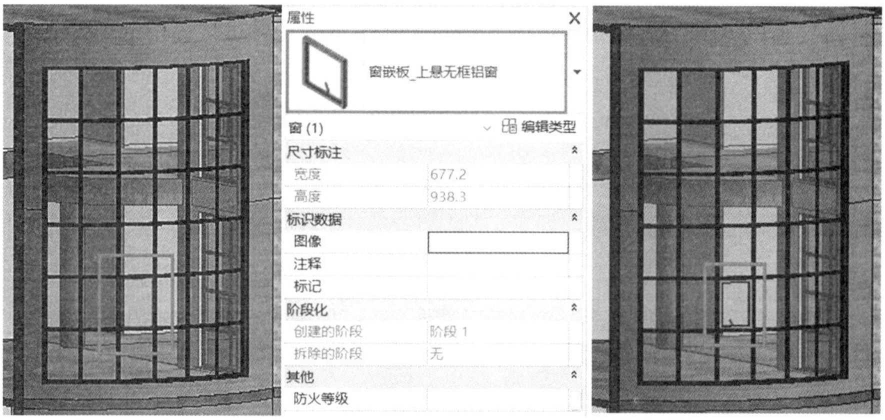

图 3-103　创建幕墙嵌板窗

【拓展】如果“族类型选择器”下拉菜单中没有合适的窗嵌板，则可以单击“插入>从库中载入>载入族”，打开“China>建筑>幕墙>门窗嵌板”，选择合适的嵌板族载入项目文件使用。

2. 直线形幕墙创建

直线形幕墙的创建方法与弧形幕墙创建方法一致，可以采用相同的操作流程，按照直线形幕墙的属性参数创建直线形幕墙。

（1）1~4 层直线形幕墙实例属性参数。1~4 层直线形幕墙“底部约束”分别为“室内地坪”“建施-1 层”“建施-2 层”“建施-3 层”；“底部偏移”均输入“0”，“顶部约束”分别输入“建施-1 层”“建施-2 层”“建施-3 层”“建施-4 层”，“顶部偏移”输入“-600”。“垂直网格>编号”均输入“6”，“水平网格>编号”均输入“3”（见图 3-105）。

图 3-104　幕墙嵌板窗

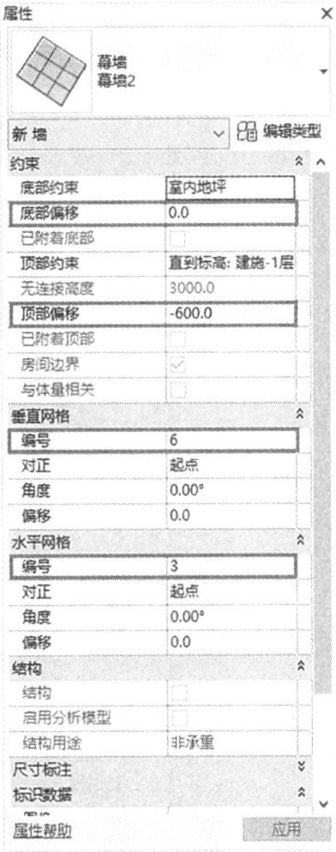

图 3-105　1~4 层直线形幕墙实例属性参数设置

（2）阁楼层直线形幕墙实例属性参数。阁楼层直线形幕墙“底部约束”为“建施-4层”，“底部偏移”输入“0”；“顶部约束”为“建施-阁楼层”，“顶部偏移”输入“-500”。“垂直网格>编号”输入“6”，“水平网格>编号”输入“2”（见图 3-106）。

（3）直线形幕墙类型属性参数。各楼层直线形幕墙的类型属性参数均相同，如图 3-107所示。

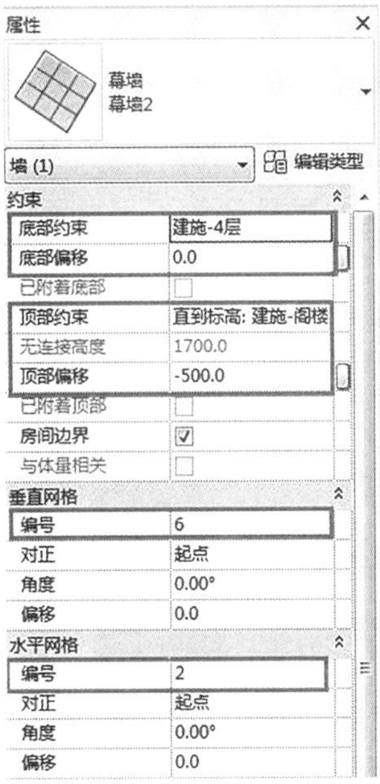

图 3-106　阁楼层直线形幕墙实例属性参数设置

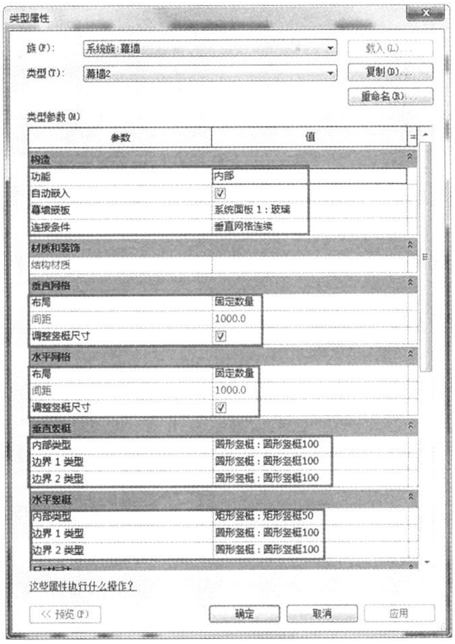

图 3-107　各楼层直线形幕墙类型属性参数设置

(4)直线形幕墙嵌板门窗的创建。嵌板窗的创建同弧形幕墙,这里不再赘述,下面介绍首层幕墙嵌板门的创建。

首先,选中拟创建嵌板门区域内部的竖梃,并点击“锁定”按钮解锁,按“Delete”键删除选中的竖梃(见图 3-108)。

图 3-108 删除竖梃

其次,选中区域内任意一条网格线,打开“修改|幕墙网格”选项卡,单击“幕墙网格>添加/删除线段”按钮,分别点击网格线各段(图 3-109 选中竖向网格线分为 3 段),点击空白处,则完成删除区域内的网格线段,依次删除其余网格线。

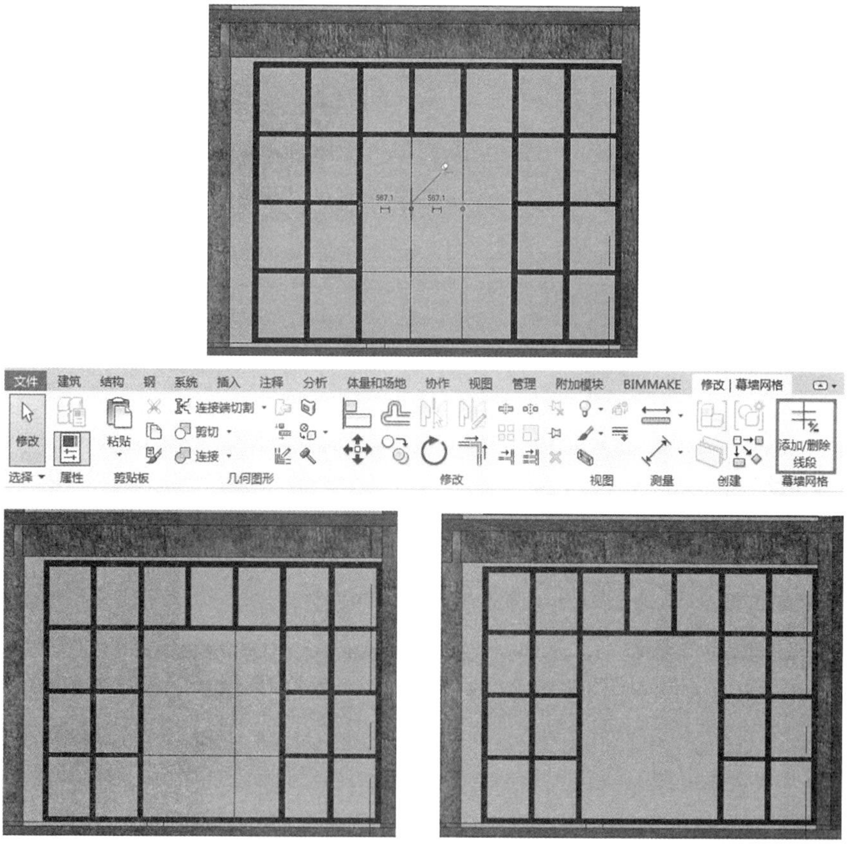

图 3-109 删除网格线

最后，点击选中区域内的玻璃嵌板，并点击“锁定”按钮解锁，在属性选项板的“类型选择器”点击下拉菜单，选择“门嵌板_双扇推拉无框铝门 无横档”，则幕墙上该玻璃嵌板更换为嵌板门(见图 3-110~图 3-112)。

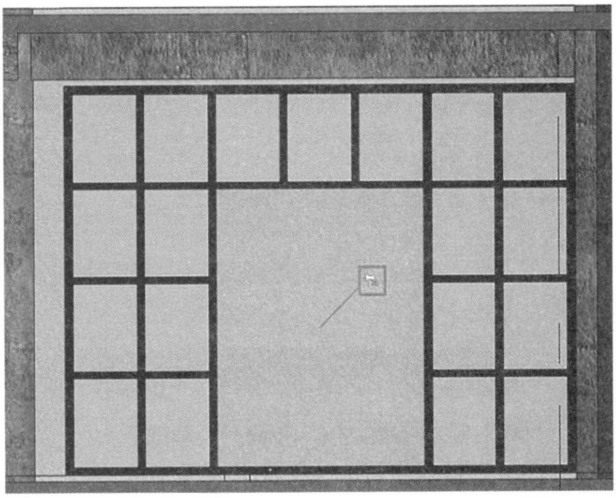

图 3-110　选中玻璃嵌板并解锁

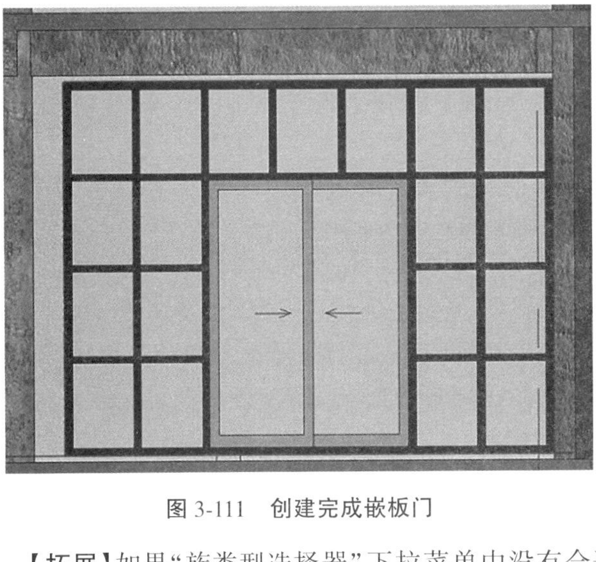

图 3-111　创建完成嵌板门

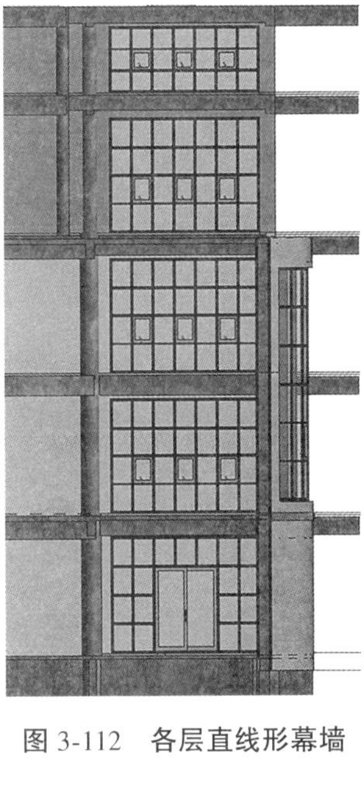

图 3-112　各层直线形幕墙

【拓展】如果“族类型选择器”下拉菜单中没有合适的门嵌板，则可以单击“插入>从库中载入>载入族”，打开“China>建筑>幕墙>门窗嵌板”，选择合适的嵌板族载入项目文件使用。

(九)建筑楼板建模

1. 创建建筑楼板

建筑楼板是楼地面层中的面层，是室内装修中的地面装饰层，其构建方法与结构楼板相同，只是层次构造不同。别墅案例项目的建筑楼板包括地坪层水磨石地面、客厅瓷砖地面、卧室地板地面、卫生间厨房瓷砖地面 4 种类型，其厚度均为 50 mm，布置在结构楼板上面。建模过程中可按照各类型建筑楼板的层次构造(见图 3-113～图 3-116)创建建筑楼板类型。然后，根据各楼层、各类型楼板的平面布置创建别墅案例项目的建筑楼板(见图 3-117～图 3-121)。

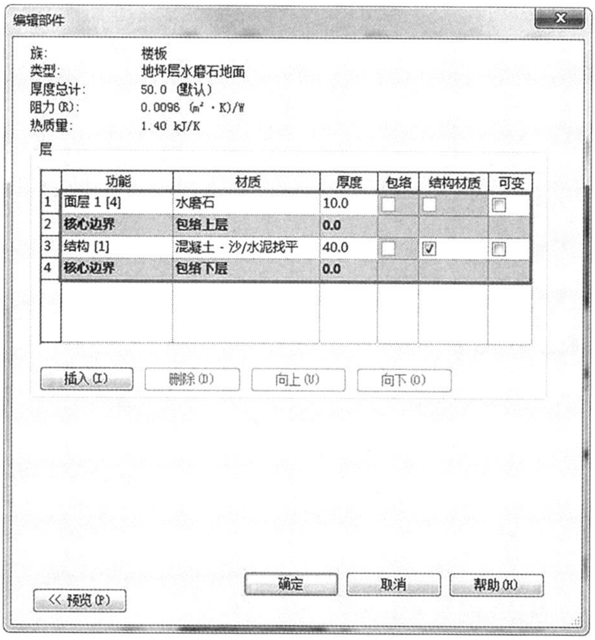

图 3-113　地坪层水磨石地面层次构造

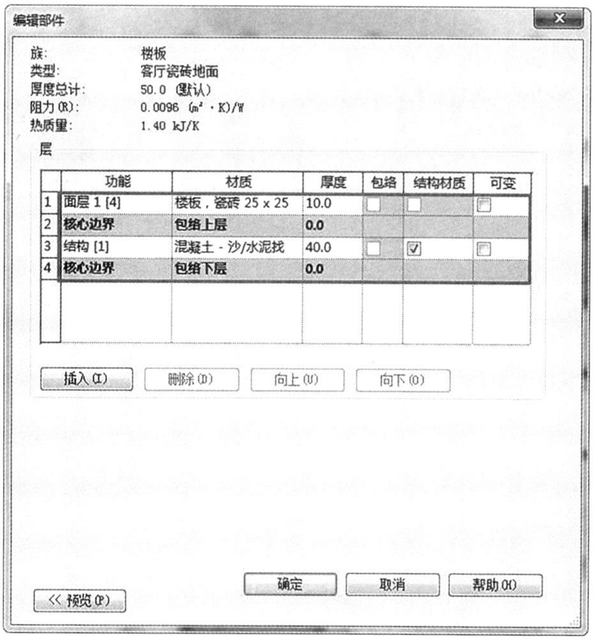

图 3-114　客厅瓷砖地面层次构造

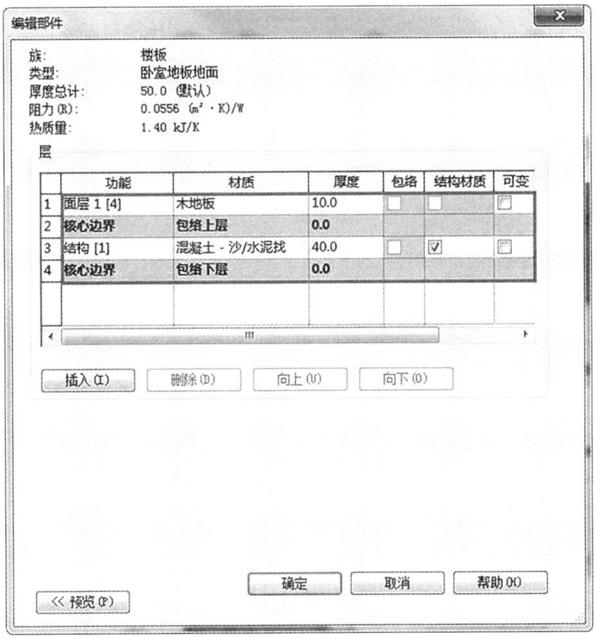

图 3-115 卧室地板地面层次构造

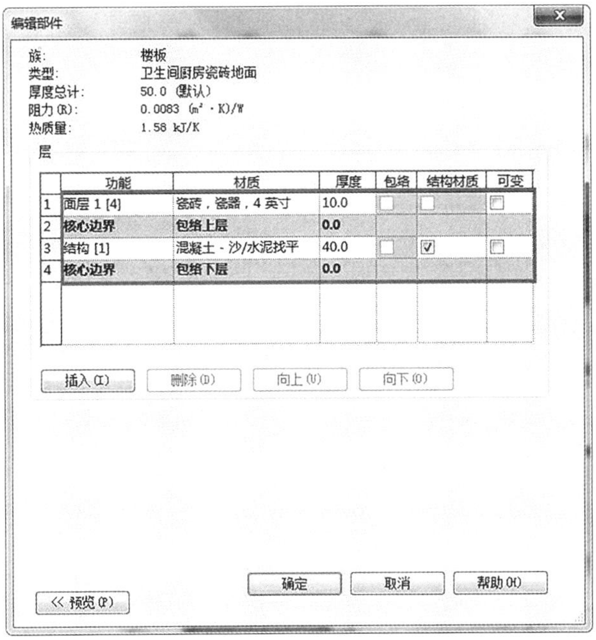

图 3-116 卫生间厨房瓷砖地面层次构造

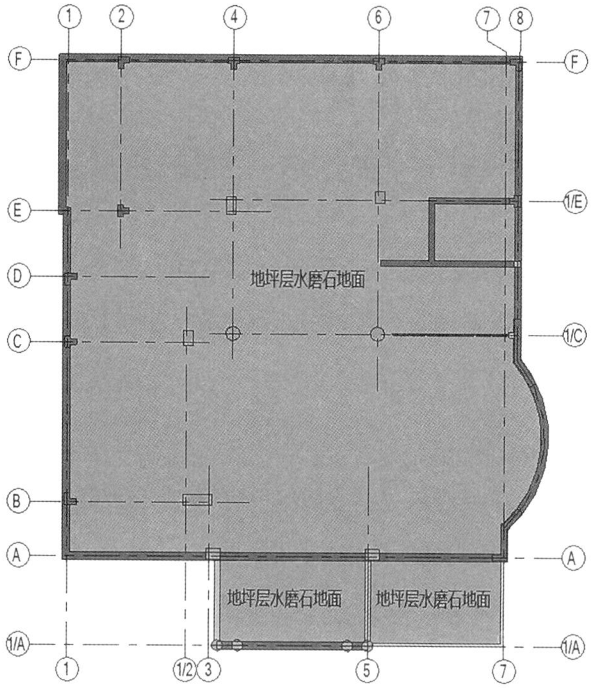

图 3-117 “室内地坪”建筑地面平面布置

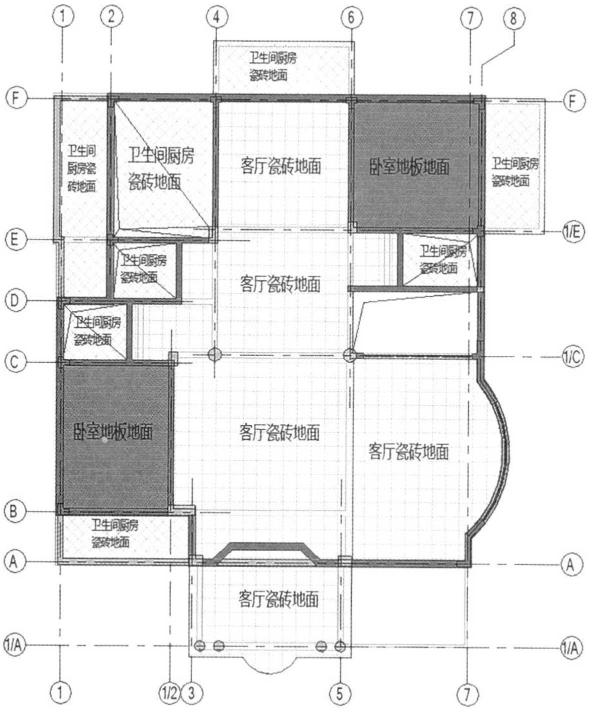

图 3-118 “建施-1 层”建筑地面平面布置

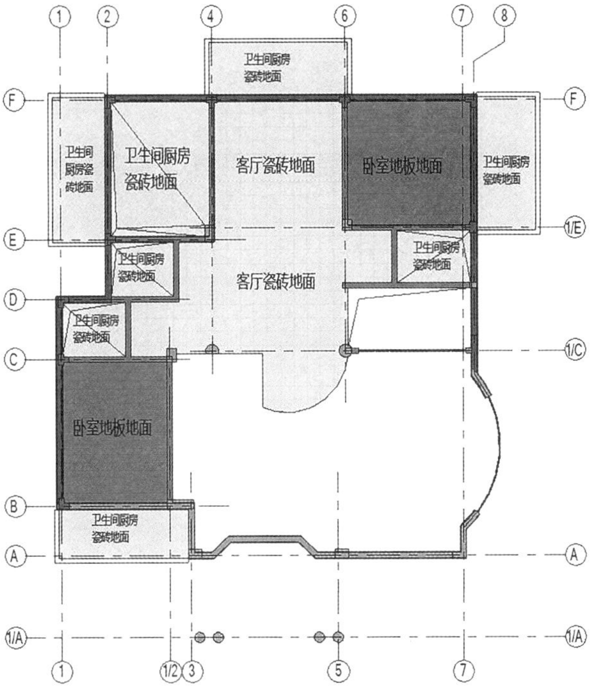

图 3-119　“建施-2 层”建筑地面平面布置

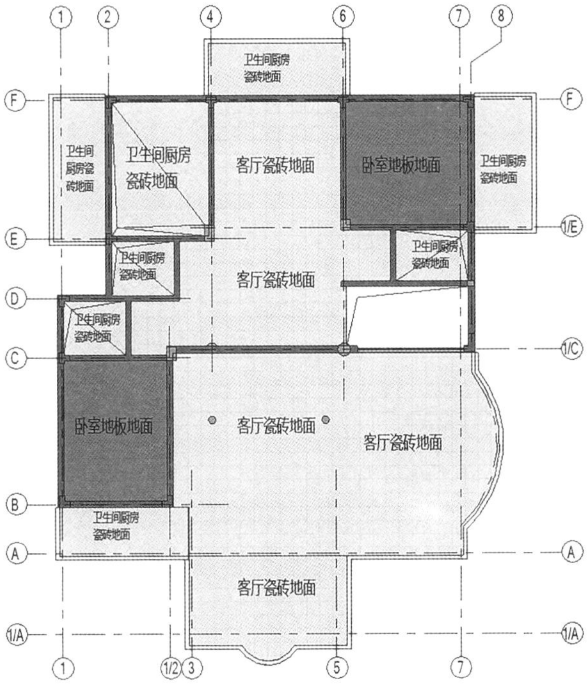

图 3-120　“建施-3 层”建筑地面平面布置

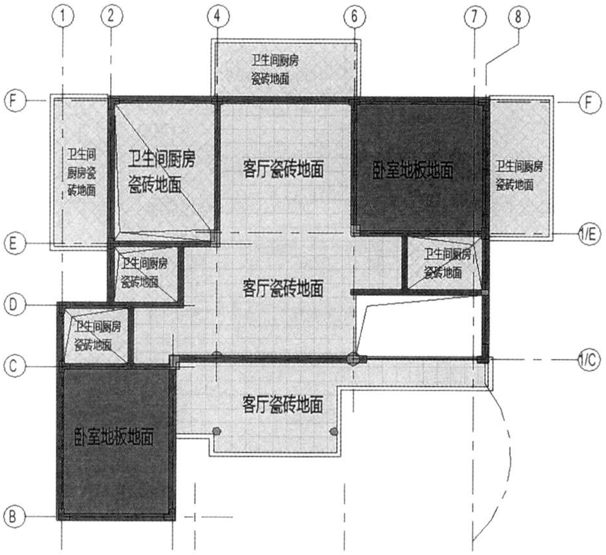

图 3-121 “建施-4 层”建筑地面平面布置

2. 创建楼板边

可以通过选取楼板边的水平边缘或模型线来添加楼板边,可以将楼板边放置在平面或剖面视图中,也可以放置在三维视图中。

1)绘制楼板边轮廓族

(1)选择族样板。单击“文件>新建>族”命令,打开“新族-选择样板文件”对话框。选择“公制轮廓.rft”族样板文件(见图 3-122),点击“打开”,进入轮廓族编辑器界面。

图 3-122 选择“公制轮廓”族样板文件

(2)绘制楼板边轮廓。单击“创建>详图>线”按钮,打开“修改|放置线”选项卡,单击“绘制>线”按钮,绘制楼板边轮廓,楼板边轮廓族尺寸如图 3-123 所示。

(3)保存族文件。单击快速访问工具栏中的“保存”按钮,打开“另存为”对话框,输入文件名为“楼板边轮廓”,单击“保存”按钮,保存楼板边轮廓族。

(4)载入项目文件。单击“族编辑器>载入到项目并关闭”按钮,将轮廓族文件载入到别墅案例项目文件中应用(见图 3-124)。

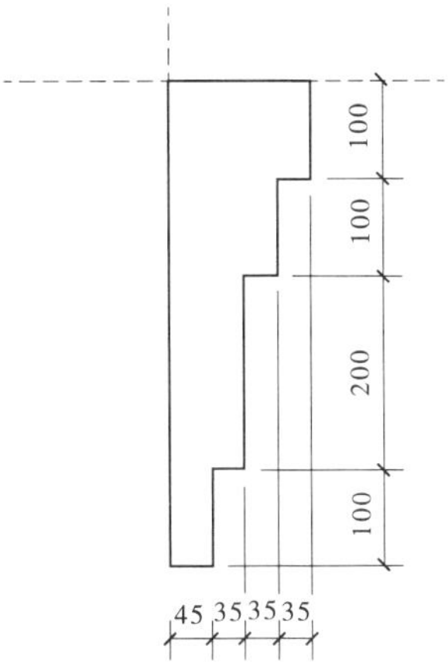

图 3-123　楼板边轮廓族尺寸

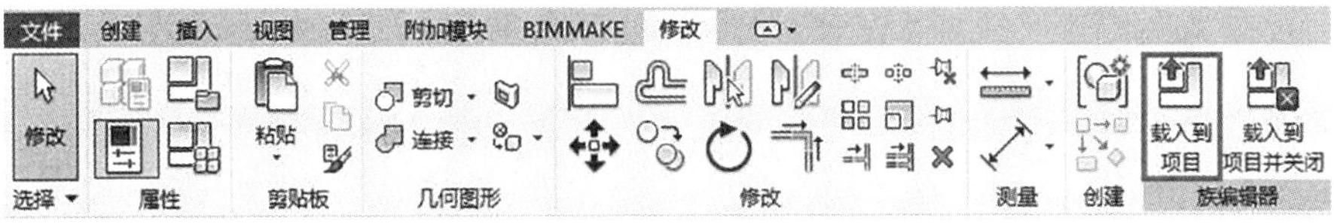

图 3-124　楼板边轮廓族载入到项目

2) 生成楼板边

(1) 进入三维视图,单击“建筑>构建>楼板下拉菜单>楼板:楼板边”按钮,打开“修改|放置楼板边缘”选项卡。

(2) 设置楼板边缘类型属性。在属性选项板中单击“编辑类型”按钮,打开“类型属性”对话框,在“轮廓”下拉列表中选择“楼板边轮廓:楼板边轮廓”选项,在“材质”栏中单击显示 并单击此按钮,打开“材质浏览器”对话框,选择“粉刷,白色,平滑”材质(见图 3-125),单击“确定”按钮,返回“类型属性”对话框,单击“5 确定”完成楼板边缘类型属性的设置。

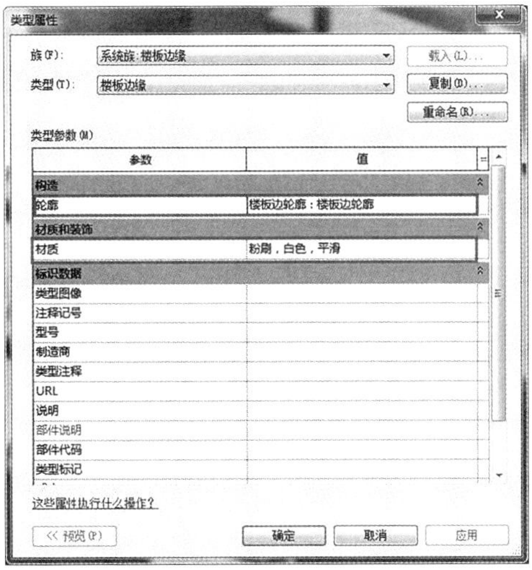

图 3-125　楼板边缘“类型属性”设置

(3) 放置楼板边。选取悬挑阳台和露台建筑楼板上边线，自动生成楼板边（见图 3-126）。若楼板边上下或里外反向，可单击翻转轮廓按钮⇅、⇆进行上下或水平翻转轮廓。

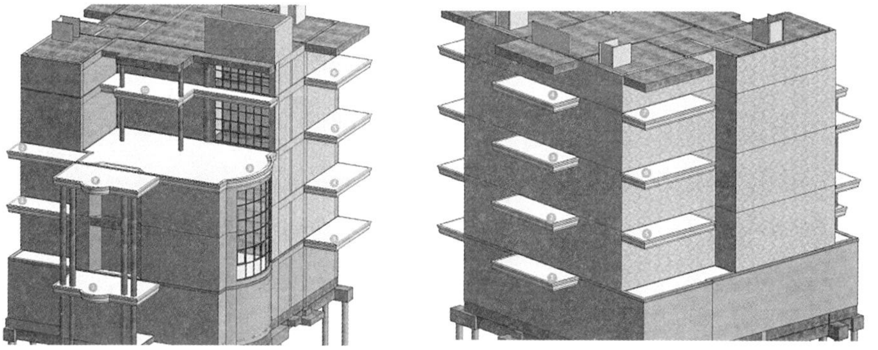

图 3-126　生成悬挑阳台和露台楼板边

(4) 调整楼板边。如图 3-127 所示，"建施-3 层"标高处露台楼板边与模型构建有冲突，应进行调整。选取露台楼板边，拖动楼板边端点调整楼板边的长度到合适位置（见图 3-128）。

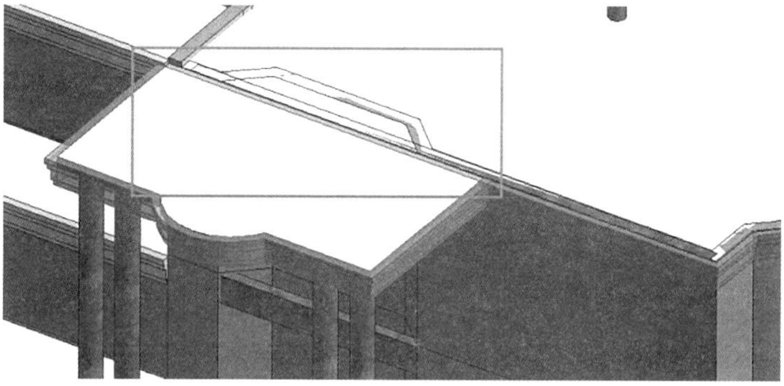

图 3-127　露台楼板边过长

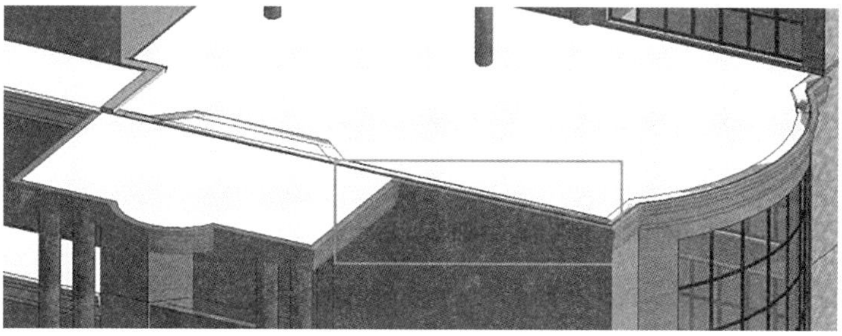

图 3-128　调整后的露台楼板边

【拓展】若要在不同的位置放置另一个独立的楼板边，则需要单击"修改 | 放置楼板边缘>放置>重新放置楼板边缘"按钮（见图 3-129），将光标移动到所需楼板的边线位置，单击生成另一个独立的楼板边。

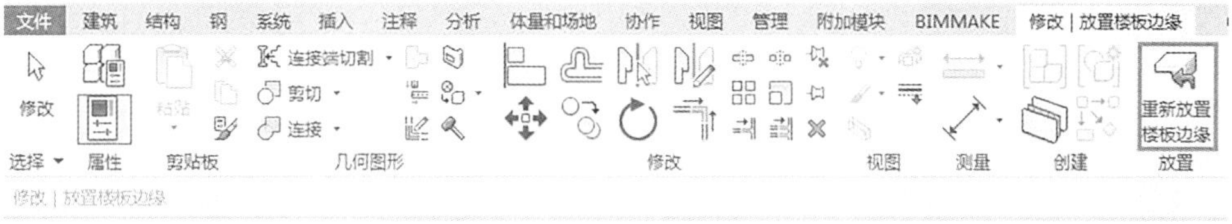

图 3-129　重新放置楼板边缘

(十) 屋顶建模

别墅案例项目的屋顶包括平屋顶、坡屋顶、玻璃斜窗屋顶 3 种类型。各类型屋顶的分布情况如图 3-130 所示。

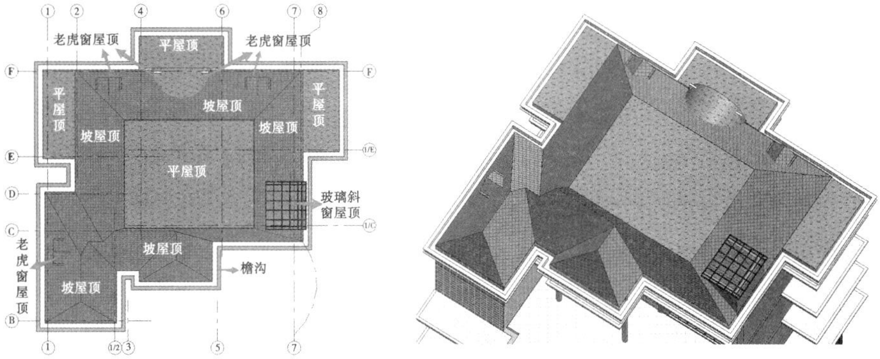

图 3-130　各类型屋顶平面分布

1. 坡屋顶的创建

(1) 进入“建施-阁楼”楼层平面视图，单击“建筑>构建>屋顶下拉菜单>迹线屋顶”按钮，打开“修改|创建屋顶迹线”选项卡（见图 3-131）。

图 3-131　打开“修改|创建屋顶迹线”选项卡

(2) 创建坡屋顶类型。在属性选项板“类型选择器”下拉列表中选择“基本屋顶>常规-125 mm”类型，单击“编辑类型”打开“类型属性”对话框（见图 3-132）。单击“复制”按钮，打开“名称”对话框，输入“坡屋顶”，单击“确定”返回“类型属性”对话框。单击“编辑”按钮，打开“编辑部件”对话框，按照图 3-133 设置坡屋顶层次构造，单击“确定”返回“类型属性”对话框，单击“确定”完成坡屋顶类型创建。

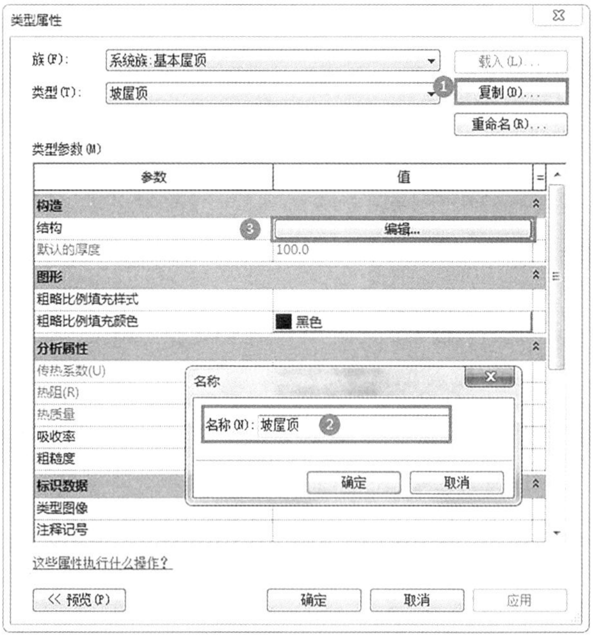

图 3-132　基本屋顶“类型属性”对话框

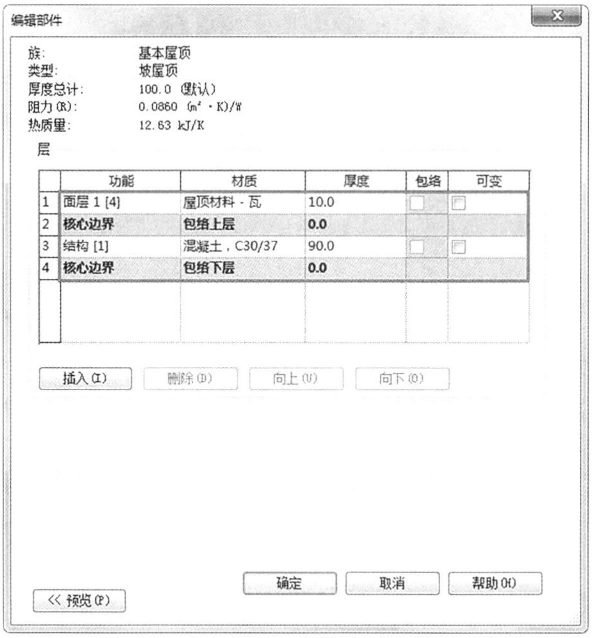

图 3-133　坡屋顶层次构造

(3)坡屋顶实例属性设置。在属性选项板“约束”栏中，在“底部标高”栏下拉菜单中选择“建施-阁楼”标高，在“自标高的底部偏移”栏输入“0”，在“截断标高”栏下拉菜单中选择“建施-阁楼”标高，在“截断偏移”栏输入“3000”，完成坡屋顶实例属性设置(见图 3-134)。

图 3-134　坡屋顶实例属性设置

(4)绘制坡屋顶迹线轮廓。在“绘制”面板中,选用合适的绘制工具,沿外墙外边绘制坡屋顶迹线封闭轮廓。绘制完毕后,依次单击选择各条迹线,在属性选项板中勾选“定义屋顶坡度”,“悬挑”栏输入为“0”,“尺寸标注>坡度”栏中按照图 3-135 中起坡坡度输入具体值(见图 3-136)。

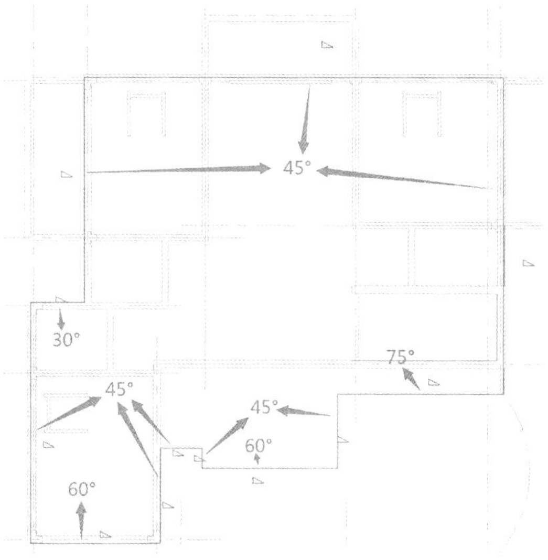

图 3-135　坡屋顶迹线轮廓和起坡坡度

图 3-136　坡屋顶起坡坡度设置

(5)完成坡屋顶创建。点击“模式>完成编辑模式”按钮,完成坡屋顶的创建(见图 3-137)。

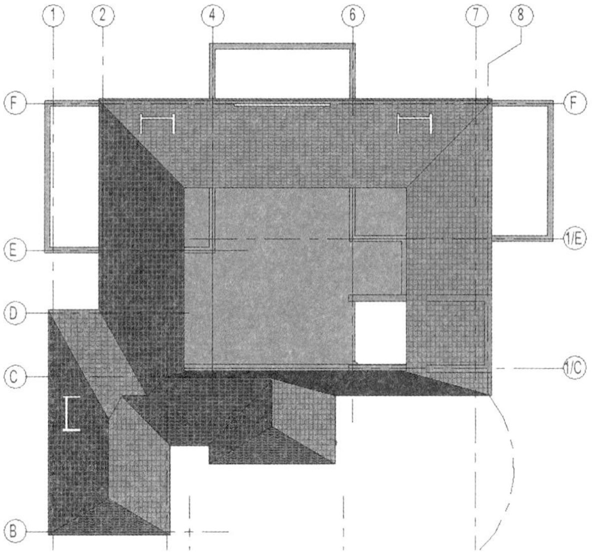

图 3-137　坡屋顶创建完成

【拓展】对于迹线坡屋顶的生成,也可以按照如下思路创建。

(1)按前面介绍,沿墙边线绘制坡屋顶迹线轮廓,生成没有中空的坡屋顶。

(2)进入“建施-阁楼”楼层平面视图,点击“属性选项板>范围>视图范围>编辑”按钮,打开“视图范围”对话框,按图 3-138 设置“视图范围”参数,点击“确定”退出。此时视图剖切面会剖切坡屋顶,视觉上形成内部空心区域。

(3)单击“建筑>模型>模型线”按钮,选用合适工具沿着坡屋顶内部空心区域边线绘

图 3-138 设置“视图范围”参数

制轮廓。

(4)单击选中坡屋顶,打开“修改|屋顶”选项卡(见图 3-139),单击“模式>编辑迹线”按钮,打开“修改|屋顶>编辑迹线”选项卡(见图 3-140),在“绘制”面板中选用合适工具拾取模型线绘制坡屋顶内部空心区域的迹线轮廓。

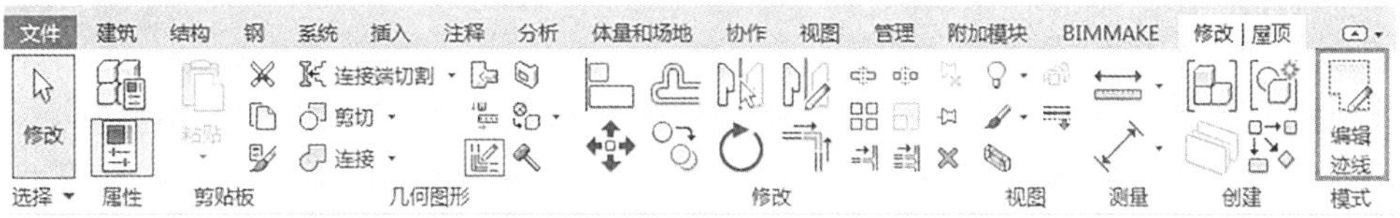

图 3-139 “修改|屋顶”选项卡

图 3-140 “修改|屋顶>编辑迹线”选项卡

(5)在属性选项板“约束”栏中,在“底部标高”下拉列表中选择“建施-阁楼”标高,在“自标高的底部偏移”栏中输入“3000”(见图 3-141)。单击“建筑>模式>完成编辑模式”按钮,完成坡屋顶的创建。

2. 平屋顶的创建

别墅案例项目平屋顶包括东侧、西侧、北侧突出平台部分和坡屋顶截断空心区域部分。

1)坡屋顶截断空心区域平屋顶创建

(1)进入“建施-阁楼”楼层平面视图,单击“建筑>构建>屋顶下拉菜单>迹线屋顶”按钮,打开“修改|创建屋顶迹线”选项卡。

(2)创建平屋顶类型。在属性选项板“类型选择器”下拉列表中选择“基本屋顶>常规-125 mm”类型,单击“编辑类型”打开“类型属性”对话框。单击“复制”按钮,打开“名称”对话框,输入“平屋顶”,单击“确定”返回“类型属性”对话框(见图 3-142)。单击“编辑”按钮,打开“编辑部件”对话框,按照图 3-143 设置坡屋顶层次构造,单击“确定”返回“类型属性”对话框,单击“确定”完成坡屋顶类型创建。

图 3-141　属性选项板“约束”属性设置

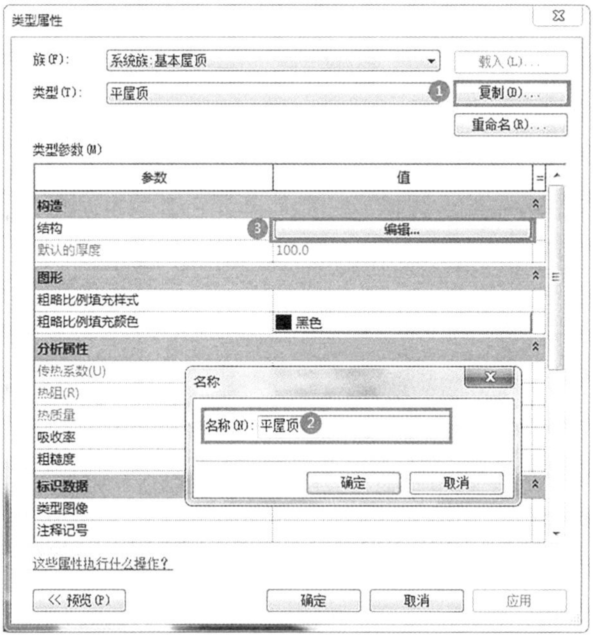

图 3-142　基本屋顶“类型属性”对话框

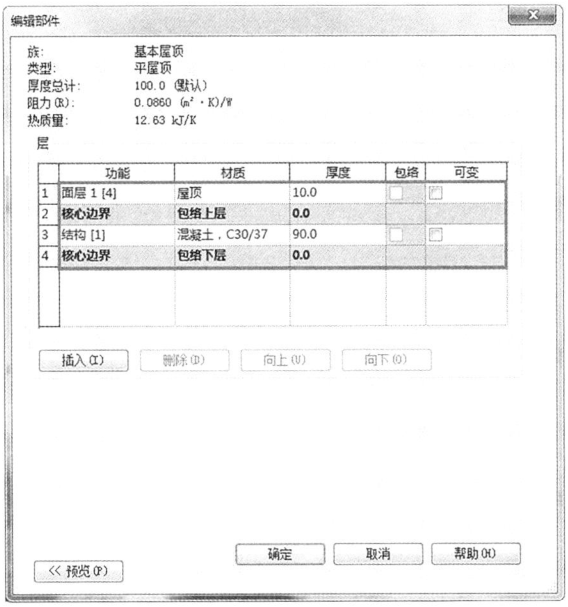

图 3-143　平屋顶层次构造

(3)平屋顶实例属性设置。在属性选项板“约束”栏中,在“底部标高”栏下拉菜单中选择“建施-阁楼”标高,在“自标高的底部偏移”栏输入“3000”(见图 3-144),完成平屋顶实例属性设置。

图 3-144　平屋顶实例属性设置

(4)绘制平屋顶迹线轮廓。在“绘制”面板中,选用合适的绘制工具,取消勾选选项栏“定义坡度”,沿坡屋顶内空心区域边线绘制平屋顶迹线封闭轮廓(见图3-145)。

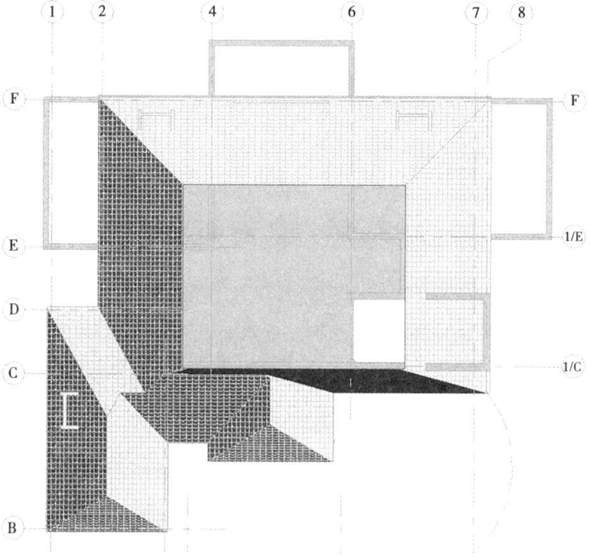

图3-145　平屋顶迹线轮廓

(5)完成平屋顶创建。点击“模式>完成编辑模式”按钮,完成平屋顶的创建(见图3-146)。

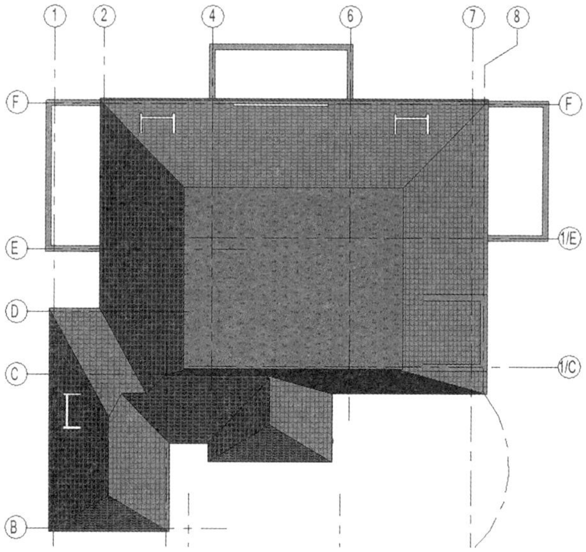

图3-146　坡屋顶截断空心区域平屋顶创建完成

2)突出平台部分平屋顶创建

别墅案例项目东侧、西侧、北侧突出平台部分平屋顶(见图3-147)与坡屋顶截断空心区域部分平屋顶的类型均为“基本屋顶 平屋顶”,其创建方法也一致,在此不再赘述。

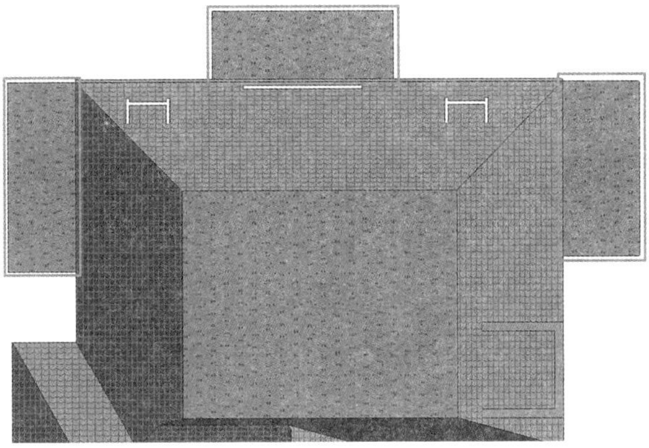

图 3-147 突出平台部分平屋顶

3. 老虎窗屋顶的创建

别墅案例项目老虎窗屋顶包括北侧两个双坡屋顶和一个圆弧形屋顶，西侧一个双坡屋顶，其尺寸和定位信息如图 3-148 ~ 图 3-150 所示。3 个双坡屋顶的尺寸构造一致，屋顶类型均为“基本屋顶 坡屋顶”。圆弧形屋顶的类型为“基本屋顶 平屋顶”。4 个老虎窗屋顶均采用迹线屋顶的方法创建，在此仅以北侧一个老虎窗屋顶为例，介绍老虎窗屋顶的创建方法。

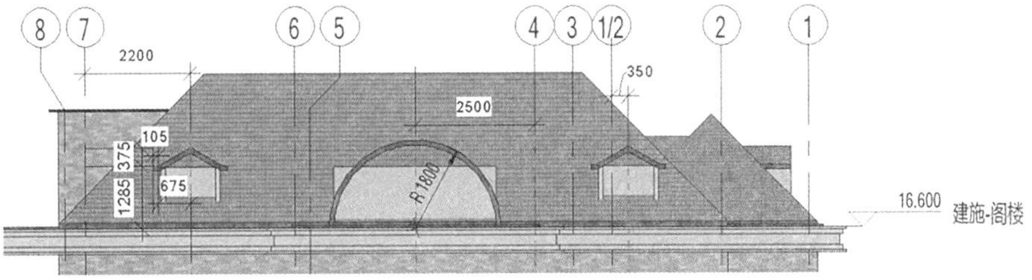

图 3-148 北侧老虎窗屋顶定位尺寸

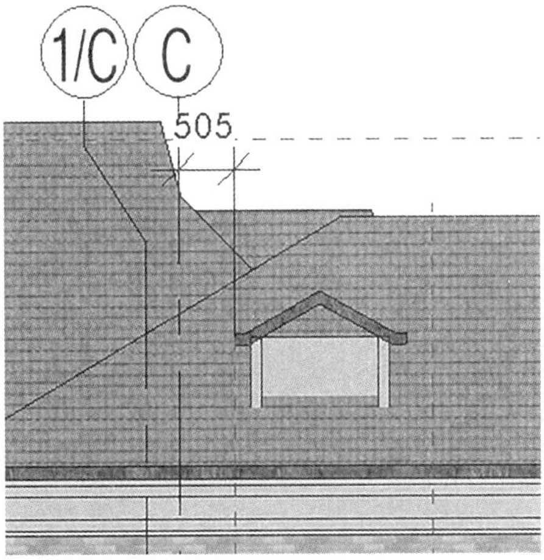

图 3-149 西侧老虎窗屋顶定位尺寸

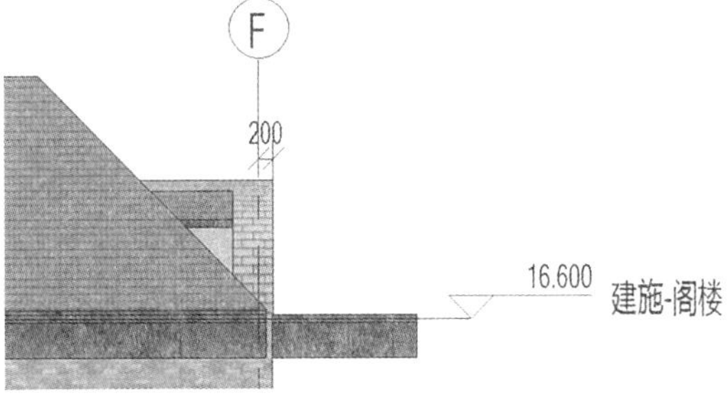

图 3-150 圆弧老虎窗屋顶拉伸定位边线

(1)进入“建施-阁楼”楼层平面视图，单击“建筑>构建>屋顶下拉菜单>拉伸屋顶”按钮(见图 3-151)，打开“工作平面”对话框(见图 3-152)，点击“确定”按钮，返回绘图区域，单击选择轴线 F，打开“转到视图”对话框(见图 3-153)，选择“立面：北”，单击“打开视图”，转到北立面视图，并打开“屋顶参照标高和偏移”对话框(见图 3-154)，在“标高”栏下拉菜单中选择“结施-阁楼”标高，在“偏移”栏中输入“0”，点击“确定”按钮，打开“修改|创建拉伸屋顶轮廓”选项卡(见图 3-155)和选项栏。

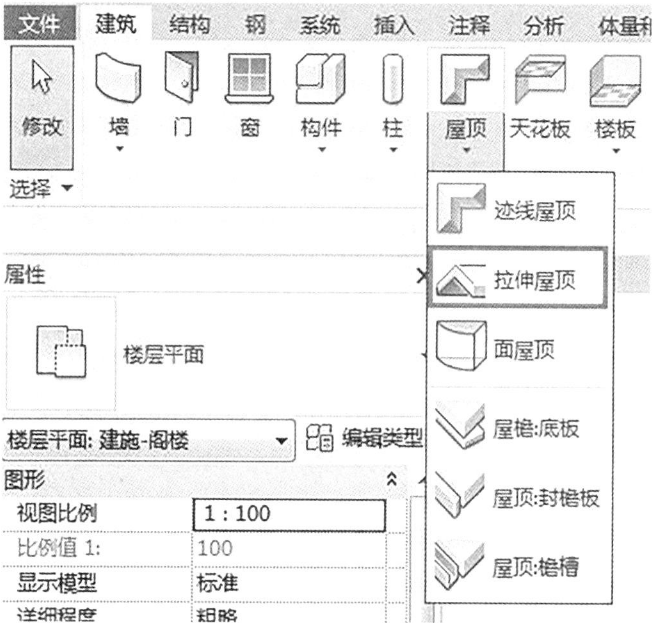

图 3-151 选择“拉伸屋顶”

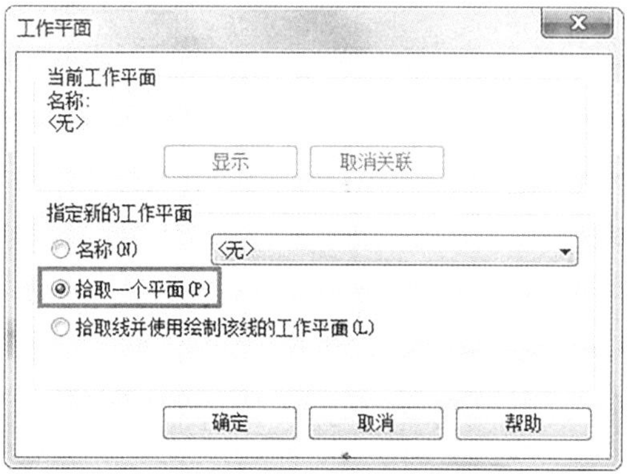

图 3-152 “工作平面”对话框

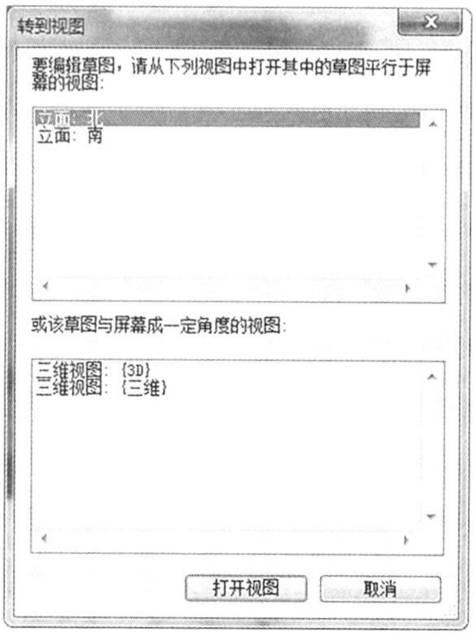

图 3-153 “转到视图”对话框

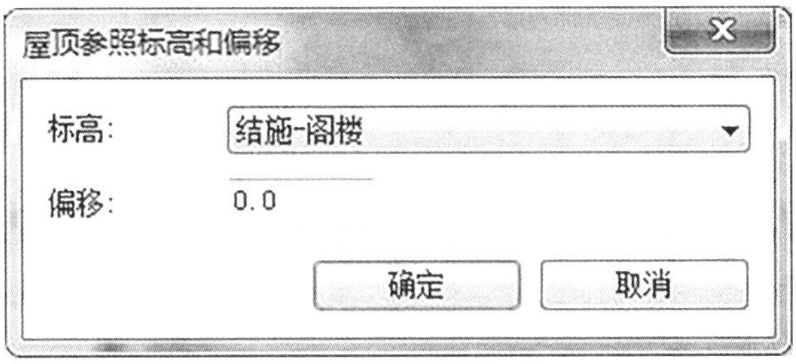

图 3-154　“屋顶参照标高和偏移”对话框

图 3-155　“修改 | 创建拉伸屋顶轮廓”选项卡

(2)设置实例属性。在属性选项板“类型选择器”下拉菜单中选择“基本屋顶 坡屋顶”类型，在“约束”栏中，“拉伸起点”输入“-350. 0”，拉伸终点输入“-3600. 0”(见图 3-156)。

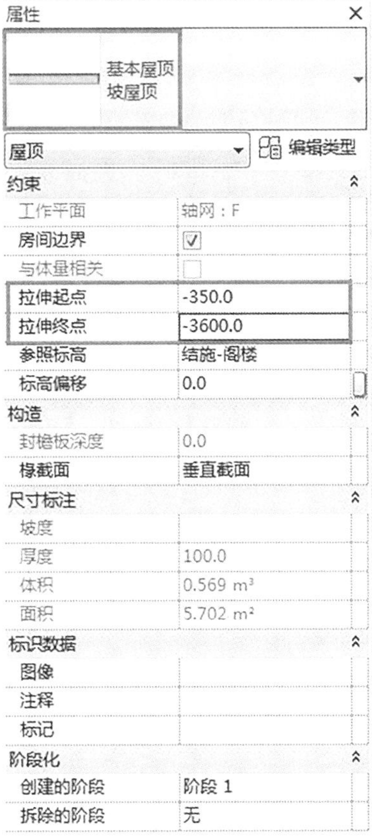

图 3-156　拉伸屋顶实例属性设置

(3)绘制拉伸轮廓。在“绘制”面板中选用合适的绘制工具,参照老虎窗坡屋顶定位和尺寸信息,绘制拉伸轮廓(见图3-157)。

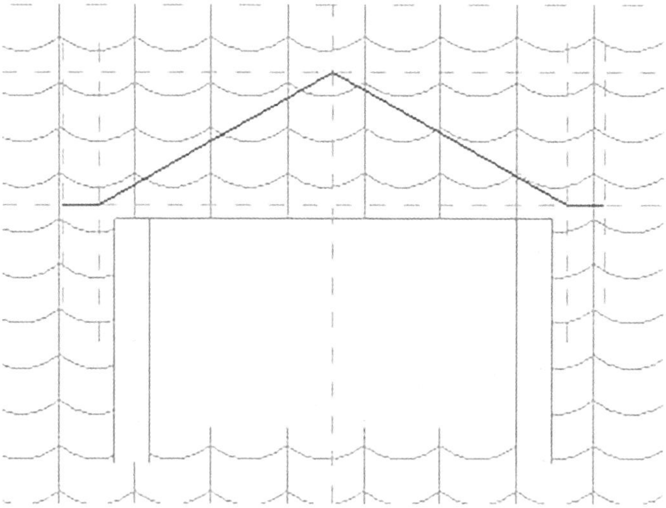

图3-157　屋顶拉伸轮廓绘制

(4)完成老虎窗双坡屋顶创建。单击“模式>完成编辑模式”按钮,生成老虎窗双坡屋顶(见图3-158)。

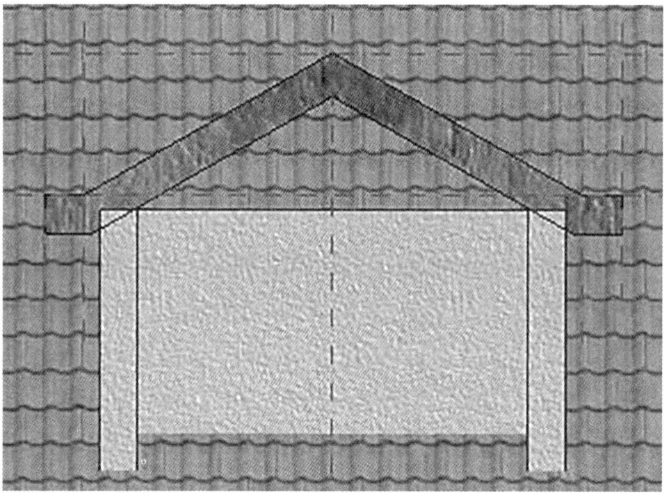

图3-158　老虎窗双坡屋顶

【拓展1】另外两个老虎窗双坡屋顶与此双坡屋顶完全一致,可直接复制生成。

【拓展2】在“工作平面”对话框中指定新的工作平面时,也可以采用“名称”“拾取线并使用绘制该线的工作平面”两种方法,选择合适的立面视图作为工作平面。

4. 玻璃斜窗屋顶的创建

玻璃斜窗屋顶具有屋顶和幕墙的双重属性,可以按照屋顶的创建方法来进行创建,可以按照幕墙的设置方法设置玻璃斜窗的网格线、竖梃和嵌板。屋顶的创建方法前面已经介绍了,玻璃斜窗屋顶可以参照其定位和尺寸信息,采用“拉伸屋顶”功能创建。此处不再介绍玻璃斜窗具体的创建方法，仅列出玻璃斜窗的属性参数，如图 3-159～图 3-161 所示。其中，“实例属性”中的“拉伸起点”和“拉伸终点”值，需要根据实际的工作平面情况调整。同时，在墙体中心线处，额外施加了竖梃，以保证玻璃斜窗能够有效安放到墙体上。

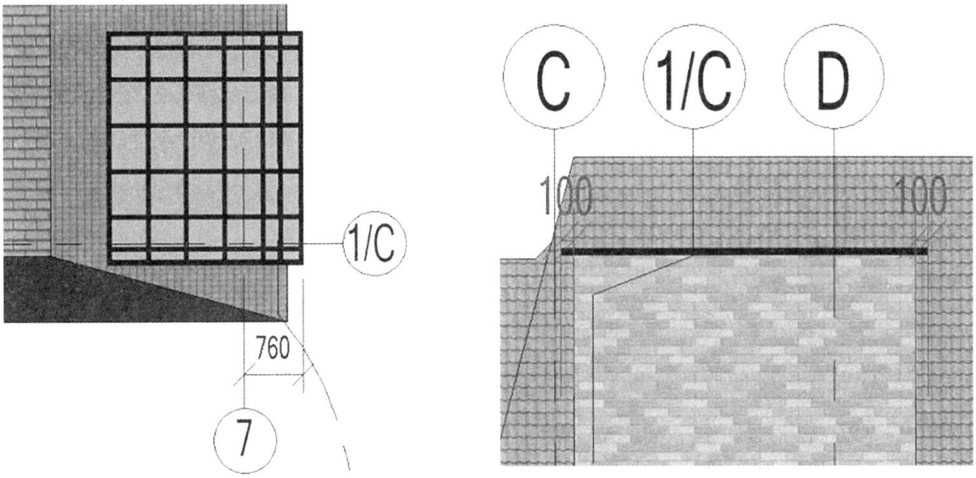

图 3-159 玻璃斜窗屋顶定位和尺寸信息

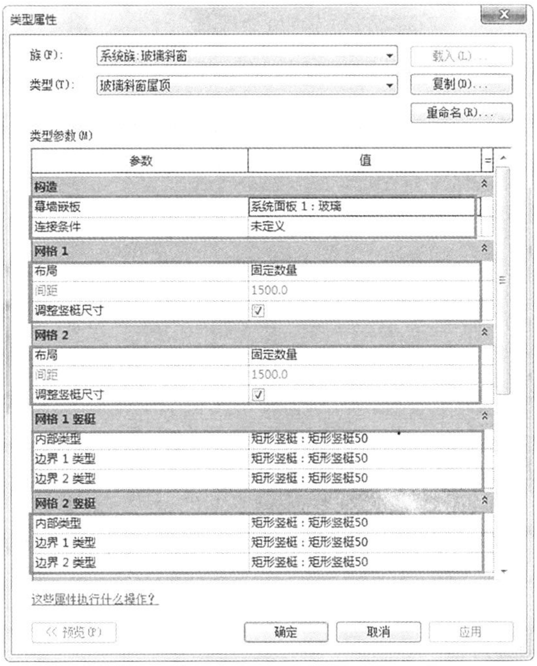

图 3-160 玻璃斜窗屋顶“类型属性”参数设置

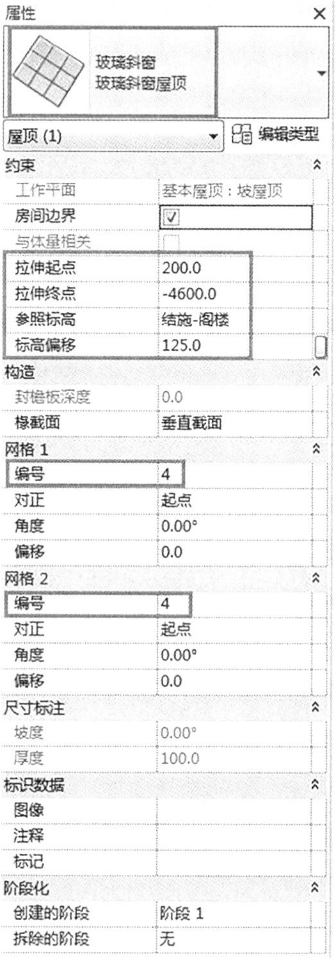

图 3-161　玻璃斜窗屋顶"实例属性"参数设置

【拓展】采用"迹线屋顶"工具创建的玻璃斜窗屋顶，无法与坡屋顶连接，后期无法生成老虎窗洞口，所以此处选择"拉伸屋顶"功能来创建玻璃斜窗屋顶。

5. 屋顶檐槽的创建

1) 创建檐槽轮廓族

(1) 选择族样板。单击"文件>新建>族"命令，打开"新族-选择样板文件"对话框。选择"公制轮廓. rft"族样板文件，点击"打开"，进入轮廓族编辑器界面。

(2) 绘制檐槽轮廓。单击"创建>详图>线"按钮，打开"修改丨放置线"选项卡，单击"绘制>线"按钮，绘制檐槽轮廓，檐槽轮廓族尺寸如图 3-162 所示。

(3) 保存族文件。单击快速访问工具栏中的"保存"按钮，打开"另存为"对话框，输入文件名为"屋顶檐槽"，单击"保存"按钮，保存檐槽轮廓族。

(4) 载入项目文件。单击"族编辑器>载入到项目并关闭"按钮，将轮廓族文件载入到别墅案例项目文件中应用。

2) 创建檐沟

(1) 进入"建施-阁楼"楼层平面视图，单击"建筑>构建>屋顶下拉菜单>屋顶：檐槽"

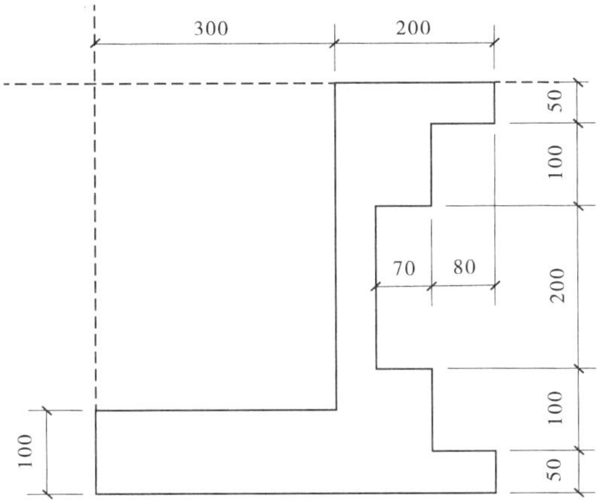

图 3-162 檐槽轮廓族尺寸

按钮(见图 3-163),打开"修改|放置檐沟"选项卡。

图 3-163 点击"屋顶:檐槽"按钮

(2)设置檐槽类型属性。在属性选项板中单击"编辑类型"按钮,打开"类型属性"对话框,在"轮廓"下拉列表中选择"檐槽轮廓:檐槽轮廓"选项,在"材质"栏中单击,显示[...]并单击此按钮,打开"材质浏览器"对话框,选择"粉刷,白色,平滑"材质,单击"确定"按钮,返回"类型属性"对话框,单击"确定"完成檐槽类型属性的设置(见图 3-164)。

(3)绘制檐槽路径模型线。檐槽可以添加到屋顶、檐底板或封檐板的边线,或者添加到模型线。单击"建筑>模型>模型线"按钮,打开"修改|放置 线"选项卡和选项栏。沿着屋顶边线绘制模型线,形成放置檐槽的路径。

(4)放置檐槽。单击"建筑>构建>屋顶下拉菜单>屋顶:檐槽"按钮,打开"修改|放置檐沟"选项卡。单击依次选择上面绘制的模型线,生成屋顶檐槽(见图 3-165)。

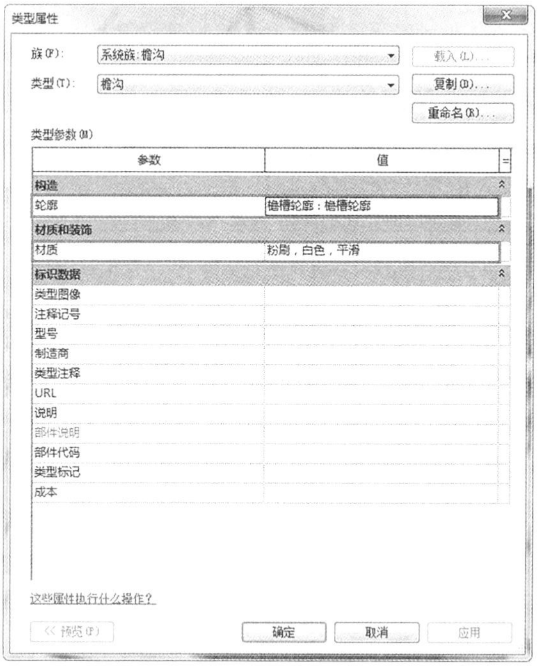

图 3-164　檐槽“类型属性”设置

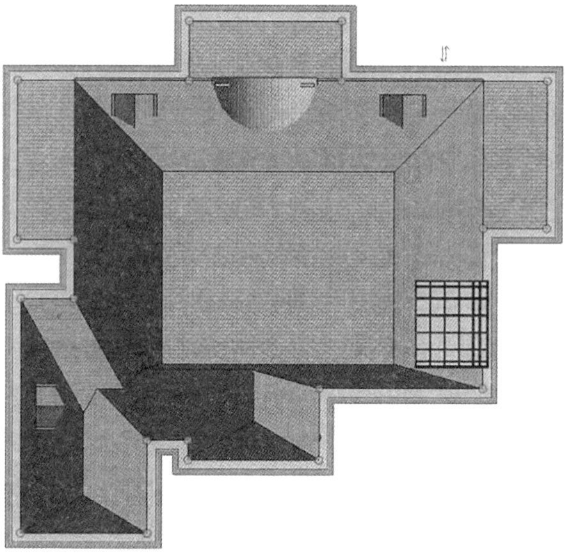

图 3-165　屋顶檐槽

【拓展 1】若檐槽上下或里外反向，可单击翻转轮廓按钮 ⇅ 、⇆ 进行上下或水平翻转轮廓。

【拓展 2】可通过拖动每段檐槽的端点，调整檐槽的长度到合适的位置。

【拓展 3】若要在不同的位置放置另一个独立的檐槽，则需要单击“修改 | 放置檐沟>放置>重新放置檐沟”按钮（见图 3-166），将光标移动到所需屋顶边线位置或模型线，单击

生成另一个独立的檐槽。

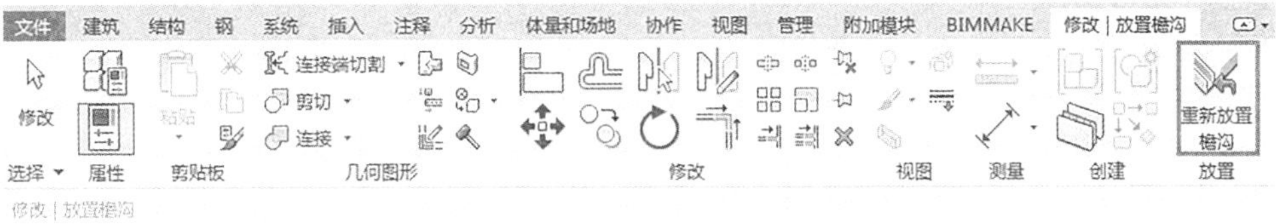

图 3-166　重新放置屋顶檐槽

(十一)创建洞口

Revit 软件洞口种类包括“按面”洞口、“竖井”洞口、“墙”洞口、“垂直”洞口和“老虎窗”洞口(见图 3-167)。

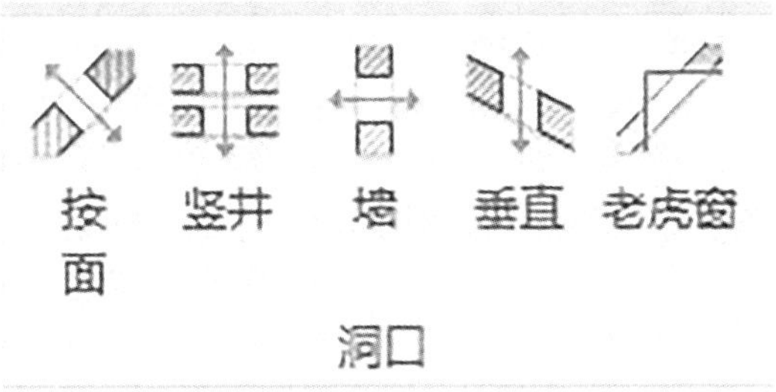

图 3-167　洞口的种类

别墅案例项目的洞口包括正门前的屏风墙洞口、圆弧屋顶老虎窗洞口、拉伸坡屋顶老虎窗洞口、迹线玻璃斜窗屋顶的老虎窗洞口。各个老虎窗洞口的创建方法相同,在此仅以圆弧屋顶老虎窗洞口为例,介绍老虎窗洞口的创建。

1. 屏风墙洞口的创建

别墅案例南侧屏风墙洞口属于墙洞口,可以利用“洞口>墙”命令创建。

(1)进入南立面视图,按照屏风墙洞口尺寸和定位信息绘制洞口尺寸参照平面(见图 3-168)。

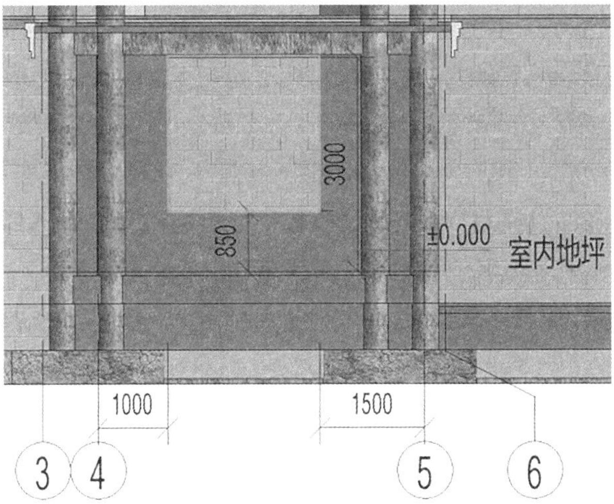

图 3-168　屏风墙洞口定位尺寸

（2）点击“建筑>洞口>墙”按钮，选择屏风墙，在墙体中央位置绘制一个洞口。利用“对齐”命令，使洞口的4个边与屏风墙洞口尺寸参照平面对齐（见图3-169），完成屏风墙洞口的创建（见图3-170）。

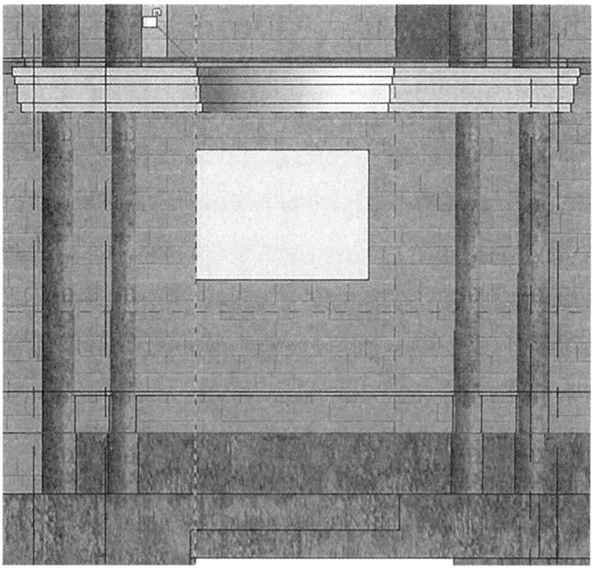

图3-169　屏风墙洞口边线对齐参照平面

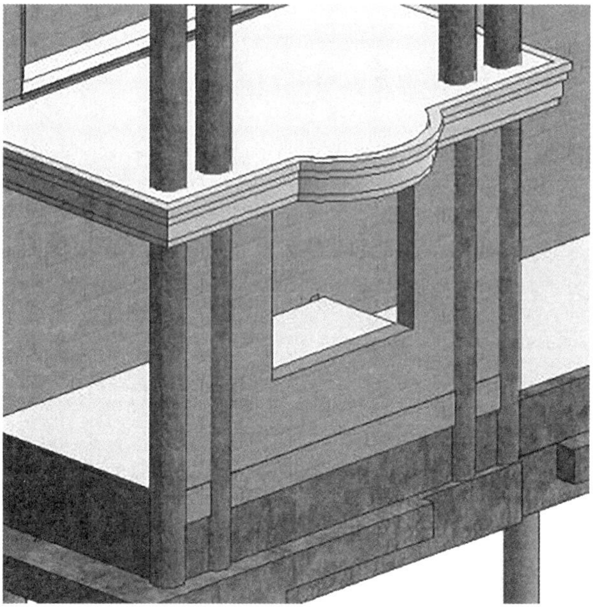

图3-170　屏风墙洞口创建完成

2. 圆弧屋顶老虎窗洞口的创建

（1）调整视角。进入三维视图，勾选“属性选项板>范围>剖面框”选项，调整绘图区剖面框剪切模型，使能够看到屋顶内部情况（见图3-171）。

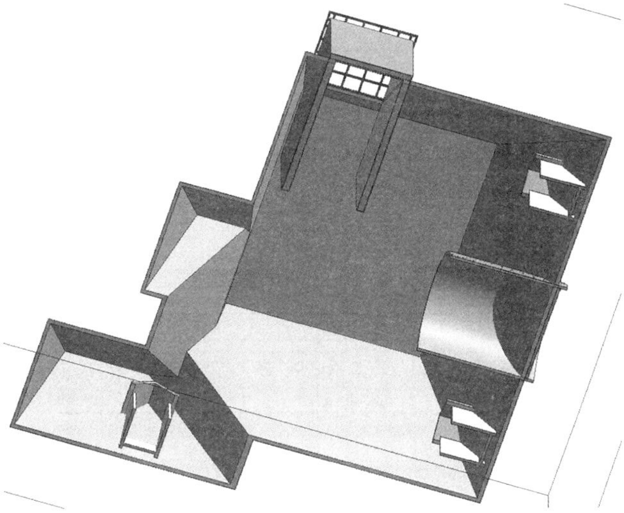

图 3-171　屋顶内部情况

(2)选择要连接的屋顶边。单击“修改>几何图形>连接/取消连接屋顶”按钮 ,单击选择圆弧屋顶内侧弧形边线(见图 3-172)。

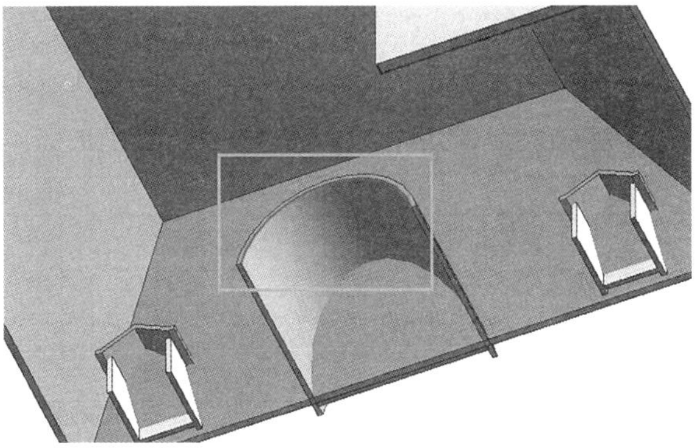

图 3-172　单击选择圆弧屋顶内侧弧形边线

(3)完成屋面连接。旋转模型到外部视角,单击选择圆弧屋顶要连接的坡屋顶坡面(见图 3-173),完成两个屋面的连接(见图 3-174)。

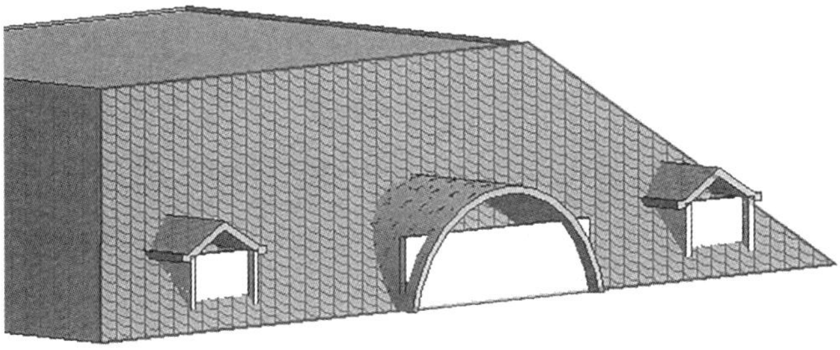

图 3-173　单击选择圆弧屋顶要连接的坡屋顶坡面

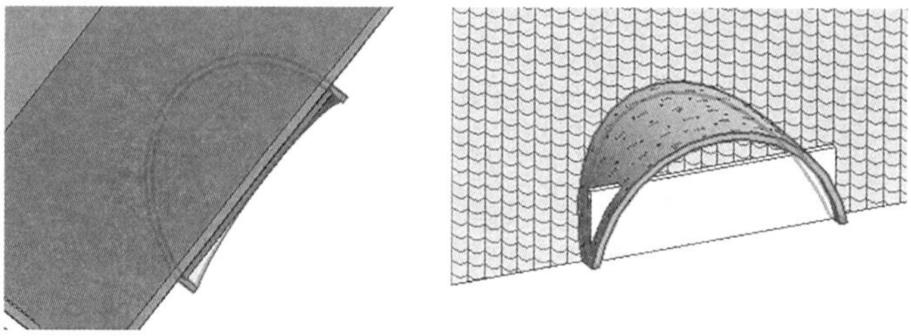

图 3-174　完成屋顶连接

(4)墙体附着。单击选中墙体,打开“修改|墙”选项卡,单击“修改墙>附着 顶部/底部”按钮,打开选项栏。点选“顶部”,单击圆弧形屋顶,将墙体附着到圆弧形屋顶。再单击“修改墙>附着 顶部/底部”按钮(见图 3-175),点选“底部”,单击下部坡屋顶,将墙体附着到坡屋顶(见图 3-176)。

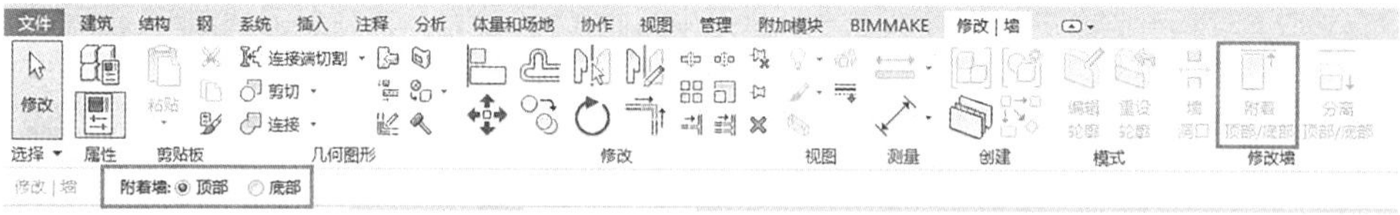

图 3-175　“附着 顶部/底部”

图 3-176　墙体附着到上下屋顶

(5)生成老虎窗洞口轮廓线。单击“建筑>洞口>老虎窗洞口”按钮,点击要创建的老虎窗洞口的坡屋顶,打开“修改|编辑草图”选项卡(见图 3-177),并同时激活了“拾取>拾取屋顶/墙边缘”按钮。依次点击圆弧形屋顶、墙体,生成老虎窗洞口轮廓线。注意,若拾取墙体生成的是外边线,则单击翻转符号生成墙体内边线。使用“修改>修剪/延伸为角”命令,修剪轮廓线,使其成为闭合的轮廓线(见图 3-178)。

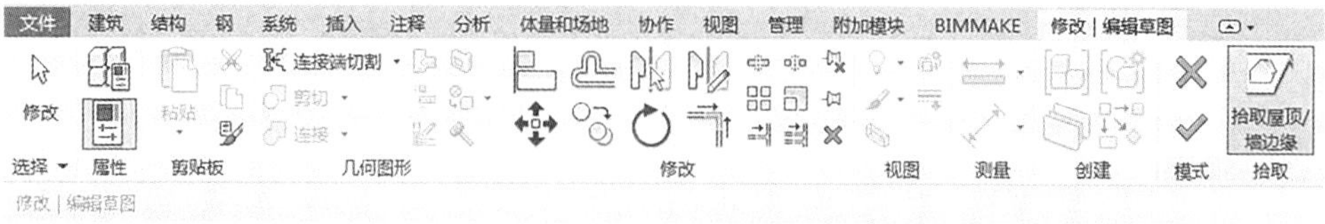

图 3-177　“修改|编辑草图”选项卡

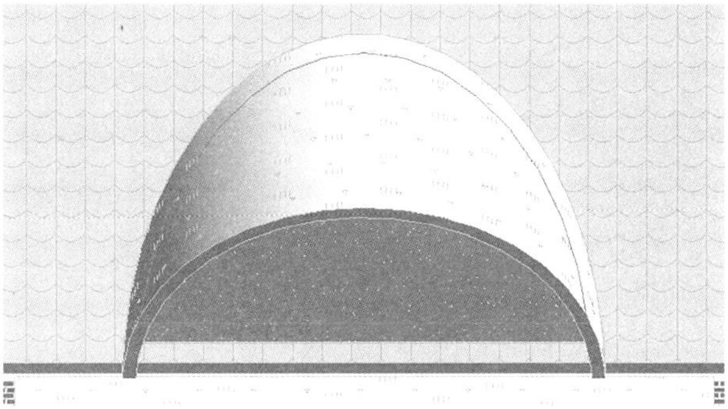

图 3-178 老虎窗洞口闭合轮廓线

(6)单击“模式>完成编辑模式”按钮,生成老虎窗洞口(见图 3-179)。

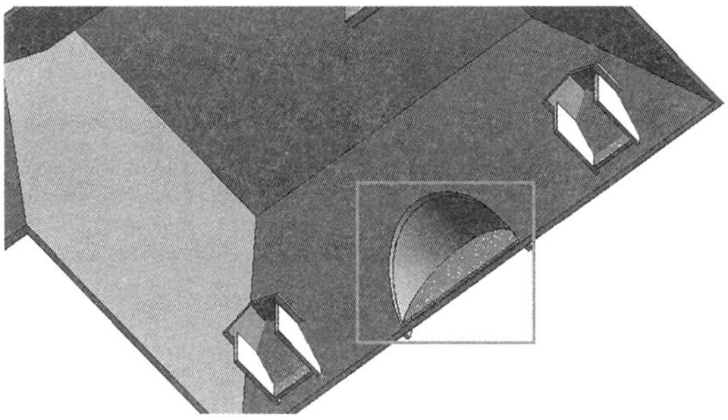

图 3-179 老虎窗洞口

(十二)门窗建模

1. 门建模

别墅案例项目门明细如表 3-3 所示,门在项目中的平面布置如图 3-180~图 3-184 所示。图中所标注尺寸为门洞边到轴线的距离,没有轴线的为到墙中线的距离。

表 3-3 别墅案例项目门明细

A	B	C	D	E	F
类型标记	族与类型	宽度/mm	高度/mm	底高度/mm	合计
M0716	单嵌板木门 3:700×1600	700	1600	0	10
M0721	单嵌板木门 3:700×2100	700	2100	0	10
M0921	单嵌板木门 3:900×2100	900	2100	0	18
M1021	单嵌板木门 3:1000×2100	1000	2100	0	1
JLM3323	卷帘门:3300×2300	3300	2300	0	1
M2430	双面嵌板木门 3:2400×3000	2400	3000	0	1
M2027	双面嵌板镶玻璃门 10:2000×2700	2000	2700	0	1
M2427	四扇推拉门 3:2400×2700	2400	2700	0	4

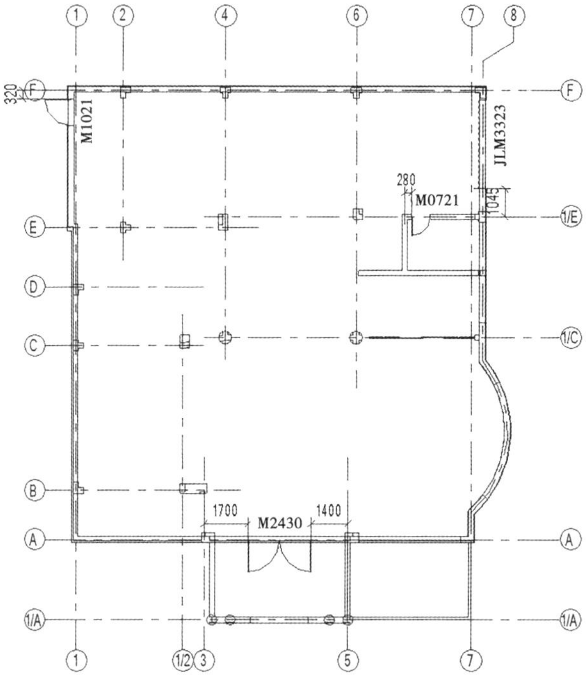

图 3-180 “室内地坪”楼层门平面布置

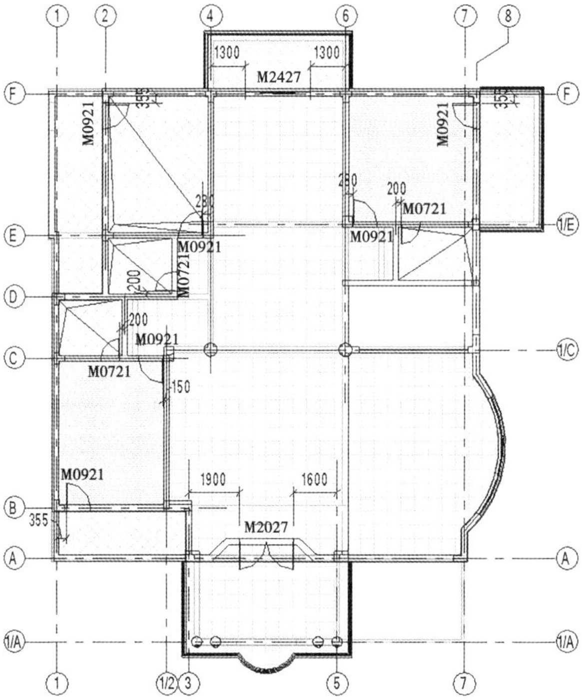

图 3-181 “建施-1 层”楼层门平面布置

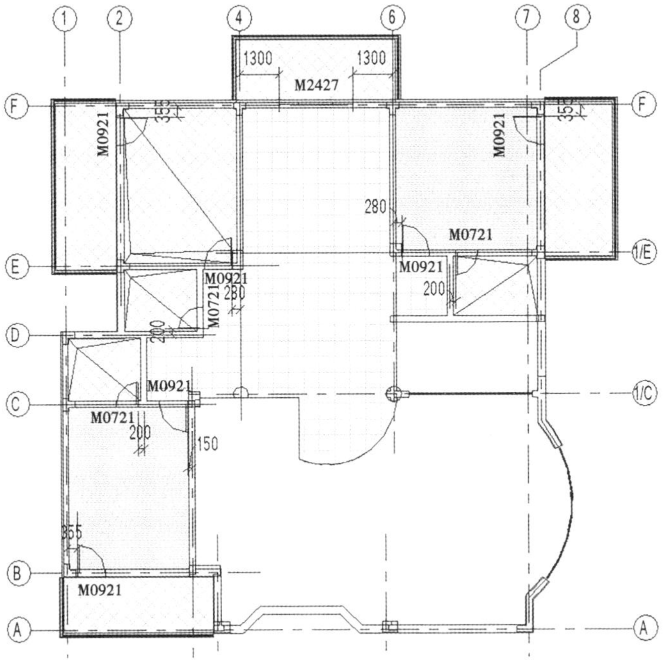

图 3-182 “建施-2 层”楼层门平面布置

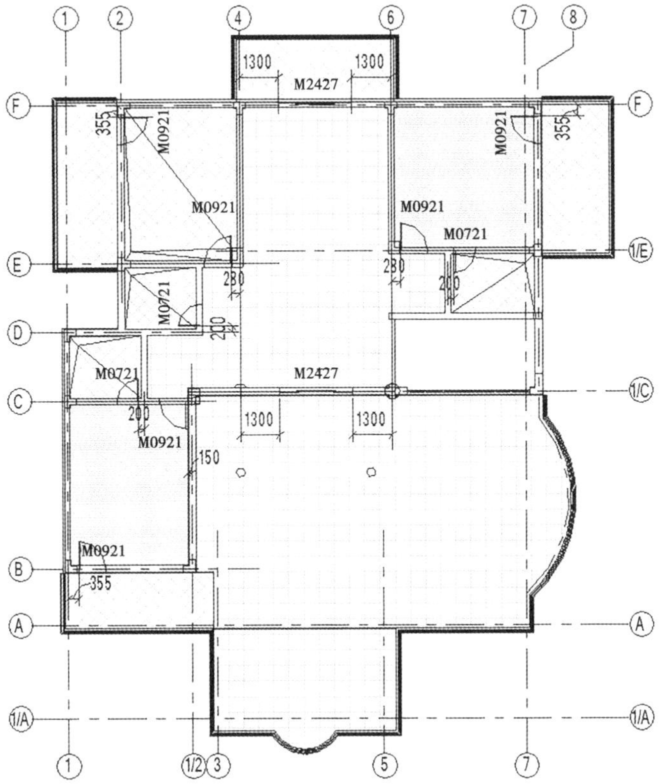

图 3-183 “建施-3 层”楼层门平面布置

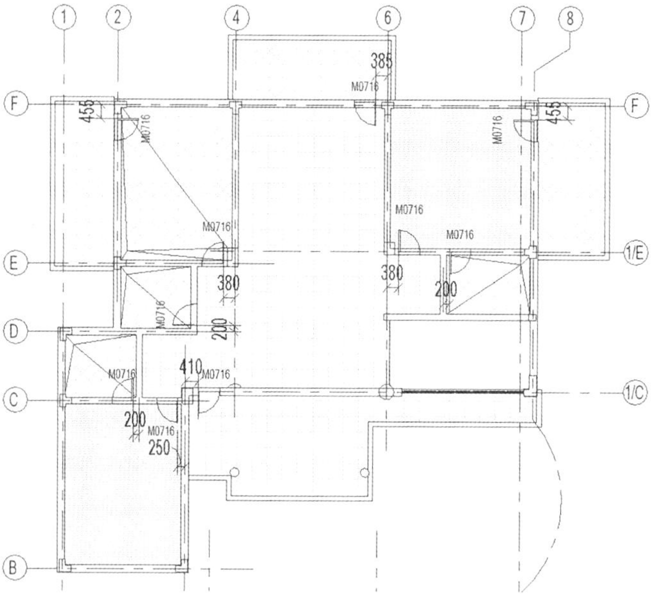

图 3-184 “建施-4 层”楼层门平面布置

各类型门的创建方法均相同,此处仅选取“室内地坪”楼层 M2430 介绍门的建模。M2430 平面布置详图及立面图如图 3-185 所示。

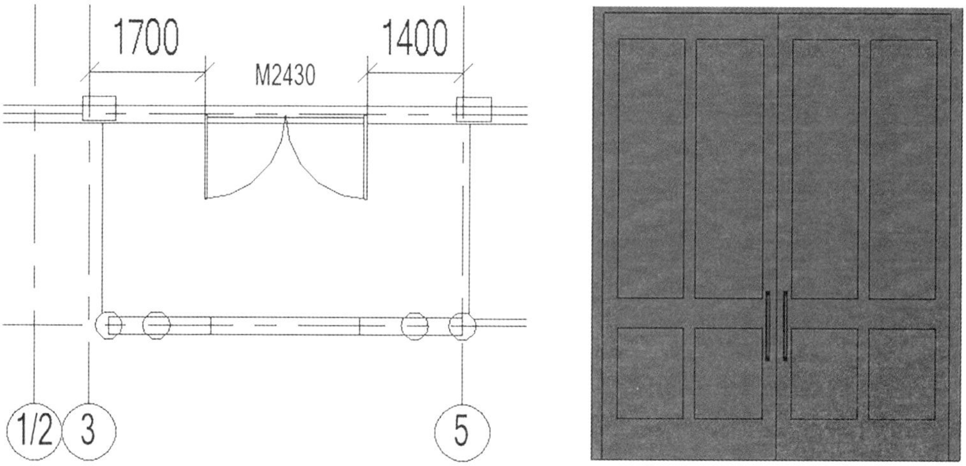

(a)平面布置详图 (b)立面图

图 3-185 M2430 平面布置详图及立面图

(1)进入“室内地坪”楼层平面视图,单击“建筑>构建>门”按钮,打开“修改|放置门”选项卡和选项栏。

(2)载入新的门类型。在属性选项板“类型选择器”中选择门类型,系统默认的只有“单扇-与墙对齐”类型。单击“模式>载入族”按钮,打开“载入族”对话框,选择“China>建筑>门>普通门>平开门>双扇”文件夹中的“双扇嵌板木门 3. rfa”族文件,单击“打开”按钮载入项目使用。

(3)创建 M2430 门类型。在属性选项板“类型选择器”下拉菜单中选择“双扇嵌板木门 32000×2100 mm”门类型,单击“编辑类型”打开“类型属性”对话框(见图 3-186)。单击“复制”按钮,打开“名称”对话框,输入“2400×3000 mm”,单击“确定”返回“类型属性”对话框。在“面板材质”栏中单击,显示 并单击此按钮,打开“材质浏览器”对话框,选取“桃花心木”材质,单击“确定”按钮。同样的方法,设置“把手材质”为“门-把手”,设置“贴面材质”为“桃花心木”,完成材质的设置。在“粗略宽度”栏输入“2400”,在“粗略高度”栏输入“3000”,单击“确定”按钮,完成 M2430 门类型的创建,返回绘图区域。

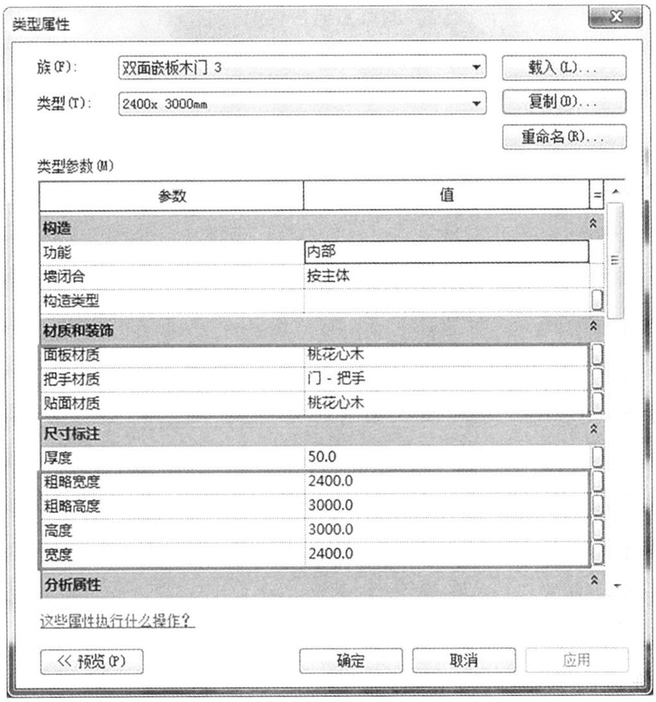

图 3-186 门“类型属性”对话框

(4)放置门。将光标移到墙上以显示门的预览图像,并显示临时尺寸。单击放置门,Revit 将自动剪切洞口并放置门,单击“Esc”两次退出放置门操作。

(5)调整门的位置。单击选中门,调整临时尺寸,并标注到定位轴线。单击临时尺寸,临时尺寸呈编辑状态,在文本框中输入新的尺寸值,按“Enter”键确认,门会根据新的尺寸值调整位置(见图 3-187)。

【拓展 1】放置门时,或者选中放置好的门,按空格键可调整门的开启方向。

【拓展 2】单击翻转符号也可以调整门的开启方向。

2. 窗建模

别墅案例项目窗均布设在外墙上,窗明细如表 3-4 所示,窗在项目中的定位信息如图 3-188~图 3-191 所示。图 3-188~图 3-191 中所标注竖向尺寸均为窗洞口距离所在楼层建筑标高的底高度,水平尺寸为窗洞口到临近轴线的距离,老虎窗水平方向均居中布置。

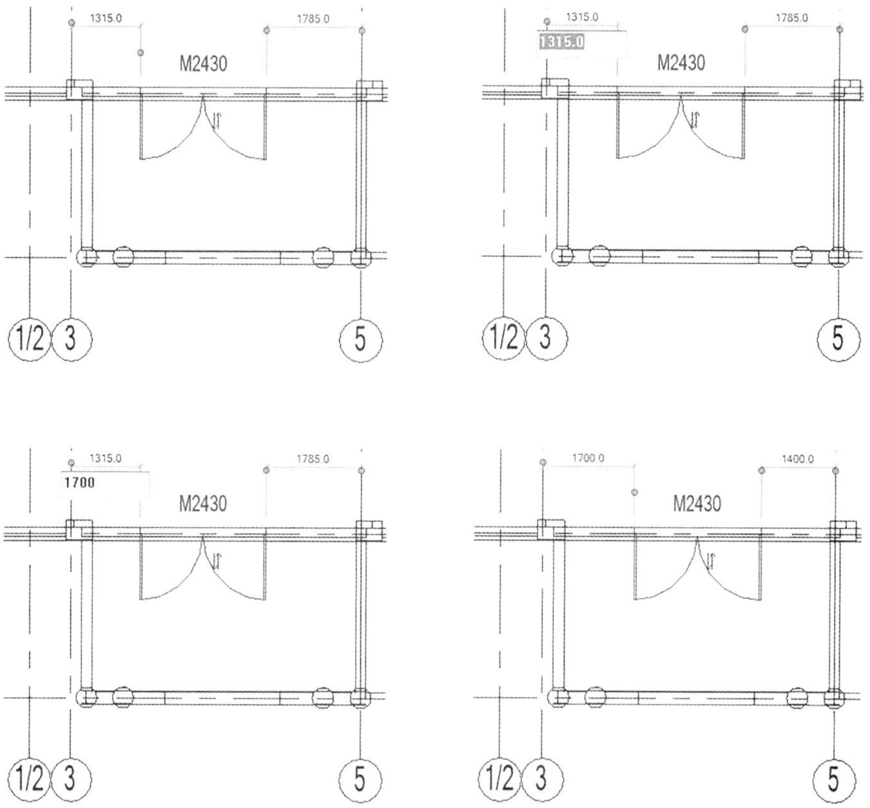

图 3-187　修改门的位置尺寸

表 3-4　窗明细

A	B	C	D	E	F
类型标记	族与类型	宽度/mm	高度/mm	底高度/mm	合计
C1207	推拉窗 6:1200×700	1200	700	2200	4
C1207	推拉窗 6:1200×700	1200	700	1600	13
C1207	推拉窗 6:1200×700	1200	700	1000	20
C2121	组合窗-双层双列(平开+固定)-下部单扇:2100×2100	2100	2100	900	27
C0606	推拉窗 6:600×600	600	600	760	3
GC1824	拱顶形固定窗-带贴面:1800×2400	1800	2400	300	1
C2210	推拉窗 6:2200×1000	2200	1000	250	1

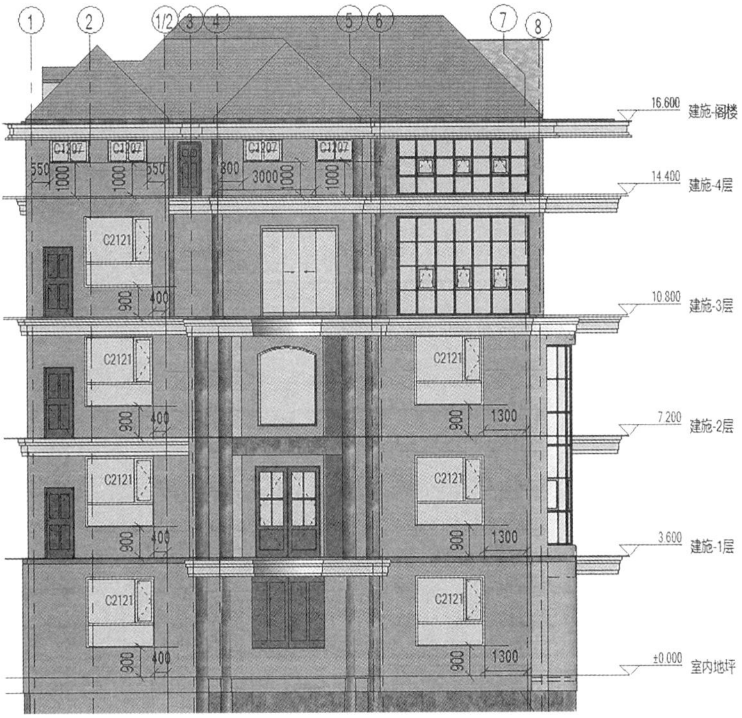

图 3-188　别墅案例项目南立面视图

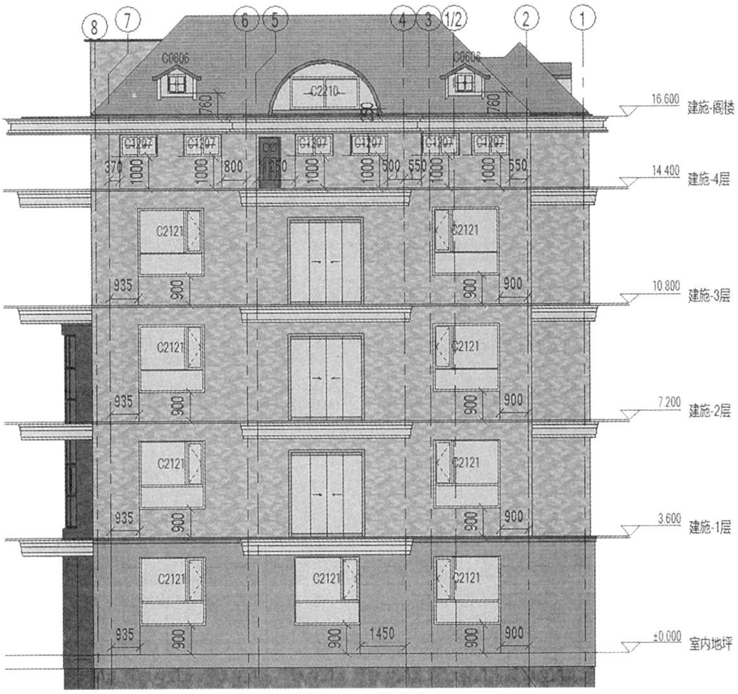

图 3-189　别墅案例项目北立面视图

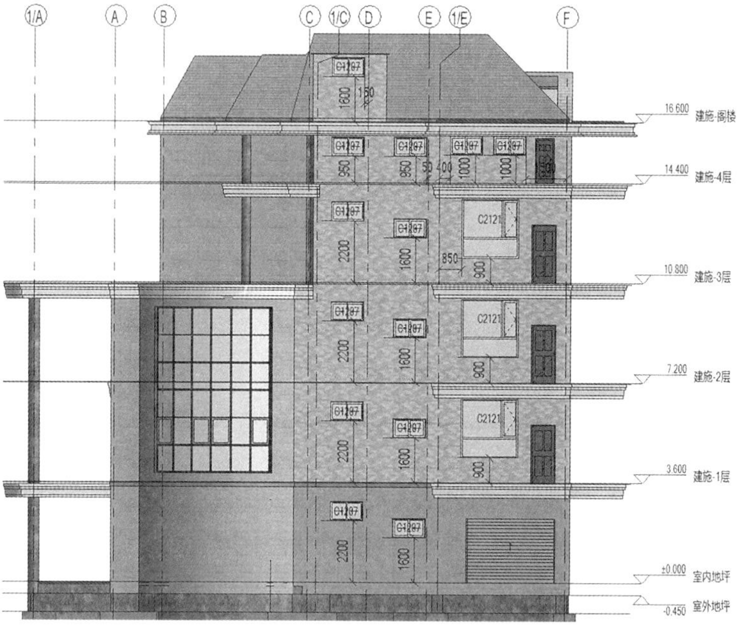

图 3-190　别墅案例项目东立面视图

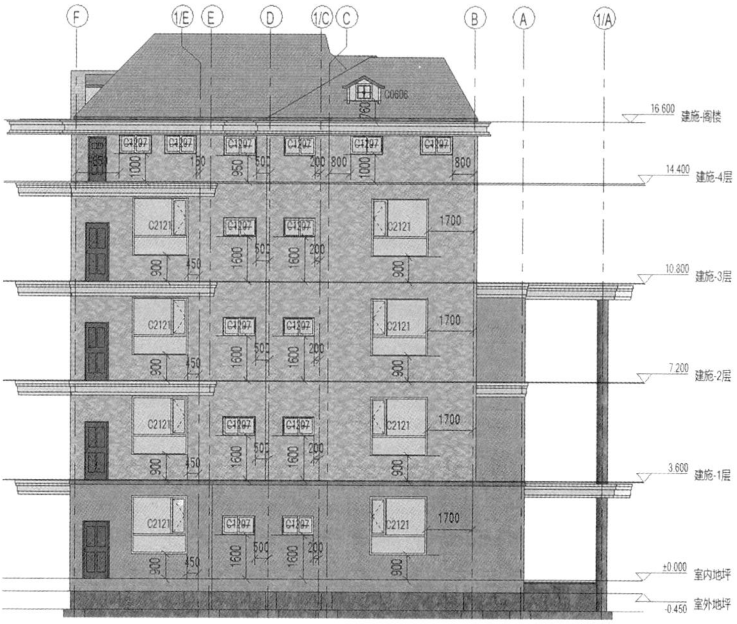

图 3-191　别墅案例项目西立面视图

各类型窗的创建方法均相同，此处仅选取“室内地坪”楼层 C2121 介绍窗的建模。C2121 平面布置详图及立面图如图 3-192 所示。

（1）进入“室内地坪”楼层平面视图，单击“建筑>构建>窗”按钮，打开“修改|放置窗”选项卡和选项栏。

（2）载入新的窗类型。在属性选项板“类型选择器”中选择窗类型，系统默认的只有

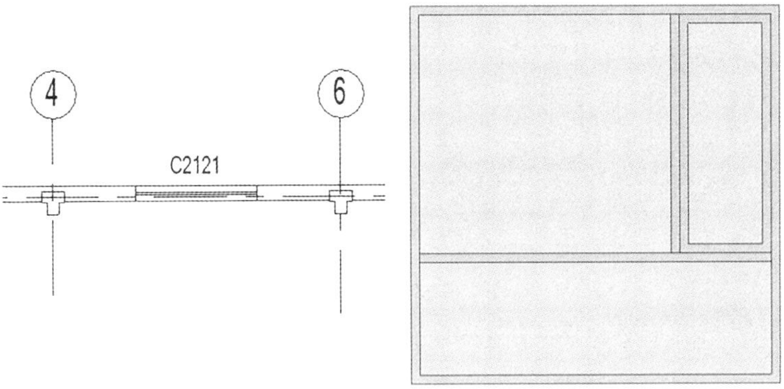

(a)平面布置详图　　(b)立面图

图 3-192　C2121 平面布置详图及立面图

“固定”窗类型。单击“模式>载入族”按钮，打开“载入族”对话框，选择“China>建筑>窗>普通窗>组合窗”文件夹中的“组合窗-双层双列(平开+固定)-下部单扇.rfa”族文件，单击“打开”按钮载入项目使用。

(3)创建 C2121 窗类型。在属性选项板“类型选择器”下拉菜单中选择“组合窗-双层双列(平开+固定)-下部单扇 1500×1500 mm”窗类型，单击“编辑类型”打开“类型属性”对话框(见图 3-193)。单击“复制”按钮，打开“名称”对话框，输入“2100×2100 mm”，单击“确定”返回“类型属性”对话框。在“玻璃”栏中单击，显示[...]并单击此按钮，打开“材质浏览器”对话框，选取“玻璃”材质，单击“确定”按钮。同样的方法，设置“框架材质”为“钢，油漆面层，象牙白，有光泽”，完成材质的设置。在“粗略宽度”栏输入“2100.0”，在“粗略高度”栏输入“2100.0”，单击“确定”按钮，完成 C2121 窗类型的创建，返回绘图区域。

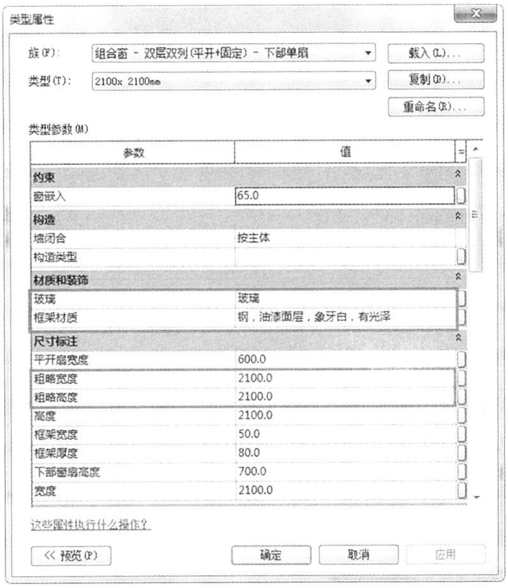

图 3-193　窗“类型属性”对话框

(4)放置窗。将光标移到墙上以显示窗的预览图像，并显示临时尺寸。单击放置窗，

Revit 将自动剪切洞口并放置窗,单击“Esc”两次退出放置窗操作。

(5)调整窗的位置。单击选中窗,调整临时尺寸,并标注到定位轴线。单击临时尺寸,临时尺寸呈编辑状态,在文本框中输入新的尺寸值,按“Enter”键确认,窗会根据新的尺寸值调整位置(见图 3-194)。

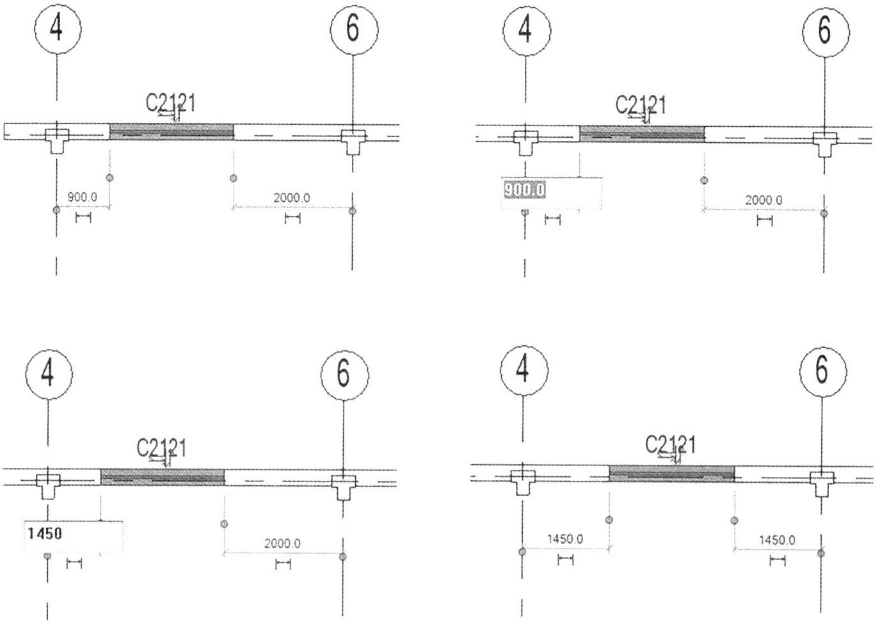

图 3-194　修改窗的位置尺寸

【拓展】选中放置好的门,单击翻转符号可以调整窗的开启方向。

(十三)楼梯、栏杆扶手

1. 栏杆扶手

栏杆扶手可以是独立式栏杆扶手,也可以是附加到楼梯、坡道和其他主体的栏杆扶手。创建栏杆扶手时,扶栏和栏杆将自动按相等间隔放置在栏杆扶手上。

别墅案例项目的栏杆扶手包括阳台栏杆扶手、室内外露台栏杆扶手和楼梯栏杆扶手。楼梯栏杆扶手将在楼梯建模时创建,此处仅介绍阳台和露台栏杆扶手的创建。阳台和露台栏杆扶手的创建方法相同,此处以“建施-3 层”标高露台栏杆扶手为例(见图 3-195),介绍栏杆扶手的创建方法。

(1)进入工作平面。进入“建施-3 层”楼层平面视图。

(2)载入栏杆主样式族。单击“插入>从库中载入>载入族”按钮,打开“载入族”对话框,选择“China>建筑>栏杆扶手>栏杆>中式栏杆”文件夹中的“中式宝龄栏杆. rfa”族文件,单击“打开”按钮,载入项目文件使用。

(3)载入栏杆支柱族。单击“插入>从库中载入>载入族”按钮,打开“载入族”对话框,选择“China>建筑>栏杆扶手>栏杆>常规扶栏>普通栏杆”文件夹中的“支柱-中心柱. rfa”族文件,单击“打开”按钮,载入项目文件使用。

(4)载入扶手专项轮廓族。单击“插入>从库中载入>载入族”按钮,打开“载入族”对

(a)外部栏杆

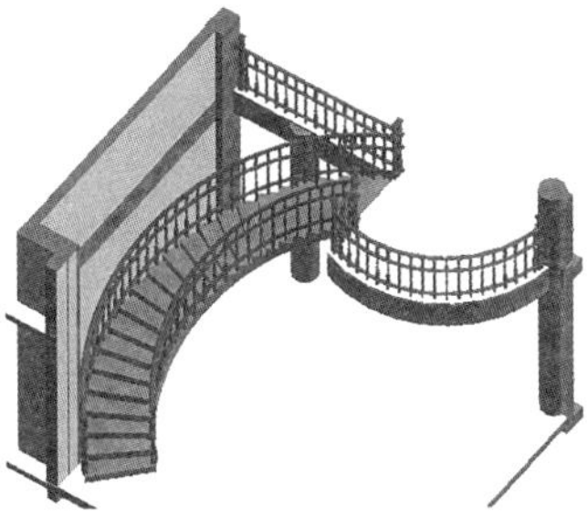

(b)室内栏杆

(c)“建施-3层”露台栏杆大样

图 3-195　别墅案例项目栏杆

话框,选择“China>轮廓>专项轮廓>栏杆扶手”文件夹中的“木扶栏 75×50-1. rfa”族文件,单击“打开”按钮,载入项目文件使用。

(5)激活栏杆扶手创建命令(见图 3-196)。单击“建筑>构建>栏杆扶手 下拉菜单>绘制路径”按钮,打开“修改|创建栏杆扶手路径”选项卡和选项栏。

(6)命名新的栏杆扶手类型名称(见图 3-197)。在属性选项板“类型选择器”下拉列表中选择“栏杆扶手 900 mm 圆管”类型,单击“编辑类型”按钮,打开“类型属性”对话框。点击“复制”按钮,打开“名称”对话框,输入“别墅栏杆扶手”,单击“确定”返回“类型属性”对话框。

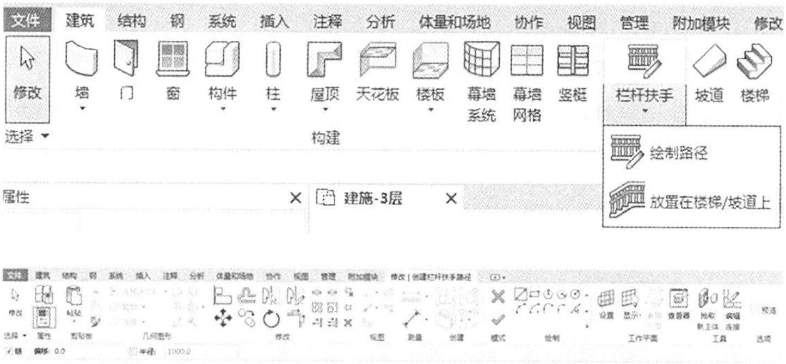

图 3-196　激活栏杆扶手创建命令

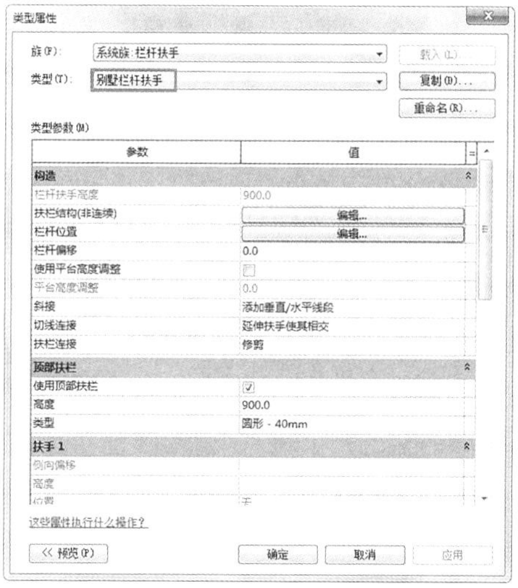

图 3-197　命名新的栏杆扶手类型名称

（7）编辑扶栏结构。单击“扶栏结构（非连续）”栏“编辑”按钮，打开“编辑扶手（非连续）”对话框，删除多余扶栏，保留两个扶栏：扶栏 1、扶栏 2。按图 3-198 设置扶栏结构参数，单击“确定”返回“类型属性”对话框。

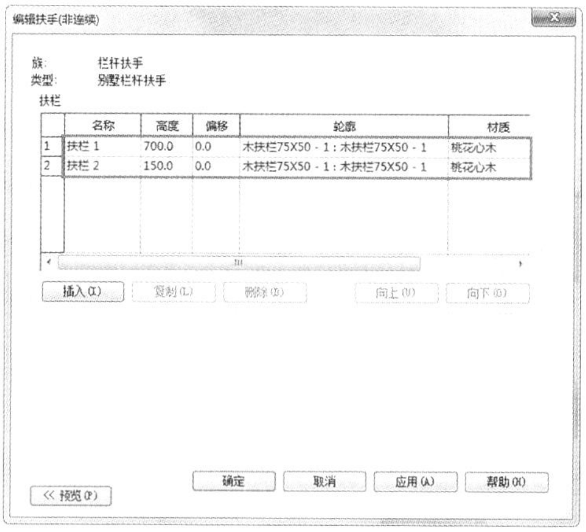

图 3-198　设置扶栏结构参数

(8)编辑栏杆位置。单击“栏杆位置”栏“编辑”按钮,打开“编辑栏杆位置”对话框,按图 3-199 设置栏杆位置参数,单击“确定”返回“类型属性”对话框。

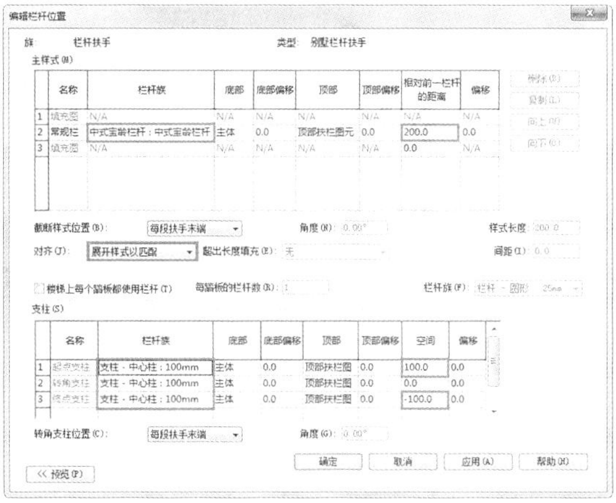

图 3-199 设置栏杆位置参数

(9)设置顶部扶栏参数(见图 3-200)。在“类型属性”对话框中,勾选“使用顶部扶栏”,“高度”栏输入“900”。单击“类型”栏,显示[...]并单击此按钮,打开默认的“圆形-40 mm”轮廓族的“类型属性”对话框。点击“复制”按钮,打开“名称”对话框,输入“木扶手”,单击“确定”返回“类型属性”对话框。在“轮廓”栏下拉列表中选择“木扶栏 75×50-1:木扶栏 75×50-1”轮廓族,在“材质”栏中单击,显示[...]并单击此按钮,打开“材质浏览器”对话框,选择“桃花心木”材质,单击“确定”按钮,完成材质的设置。单击“确定”返回到栏杆扶手“类型属性”对话框,可以打开“浏览”按钮查看栏杆扶手效果(见图 3-201)。再次单击“确定”完成栏杆扶手类型的创建。

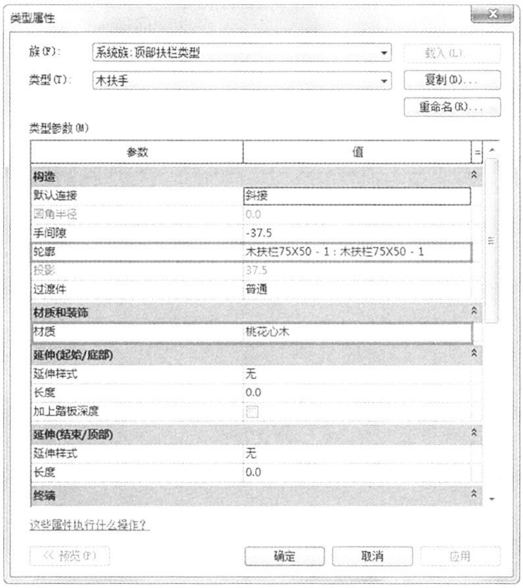

图 3-200 设置顶部扶栏参数

(10)设置栏杆扶手实例属性。在属性选项板中,“底部标高”栏选择“建施-3 层”楼

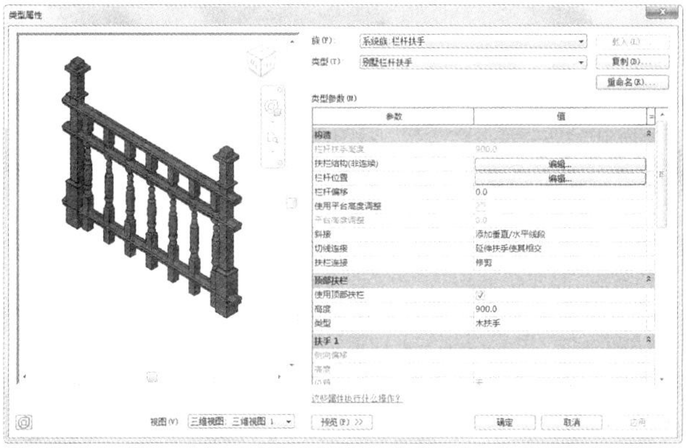

图 3-201　别墅栏杆扶手效果

层标高,“底部偏移”栏根据露台降板情况输入“-100”,“从路径偏移”输入“0”(见图 3-202)。

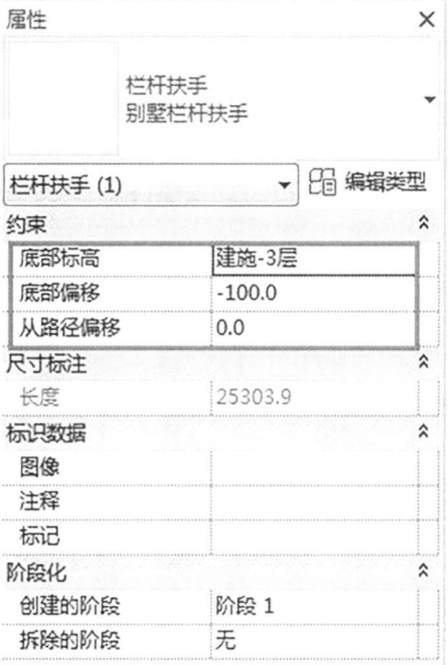

图 3-202　设置栏杆扶手约束条件

(11)绘制栏杆扶手路径(见图 3-203)。在“绘制”面板中选择合适的绘制工具,绘制栏杆路径,距离阳台边线 100 mm。单击“模式>完成编辑模式”按钮,完成栏杆扶手的绘制(见图 3-204)。

2. 楼梯建模

别墅案例项目楼梯包括室外楼梯(单梯段直跑弧形边)、室内螺旋楼梯、室内双跑直梯 3 种类型(见图 3-205)。

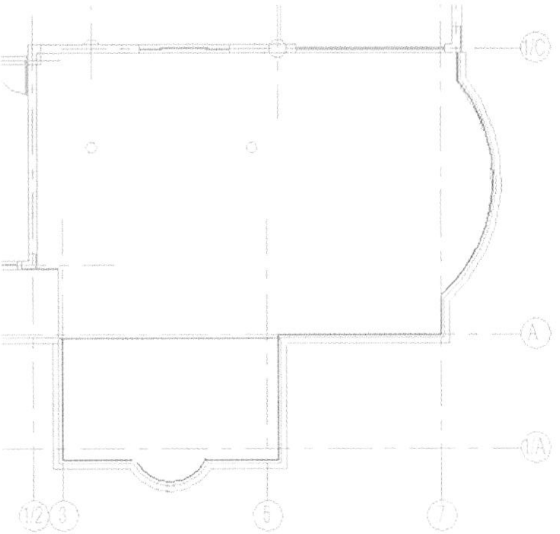

图 3-203 绘制栏杆扶手路径

图 3-204 “建施-3 层”楼台栏杆扶手

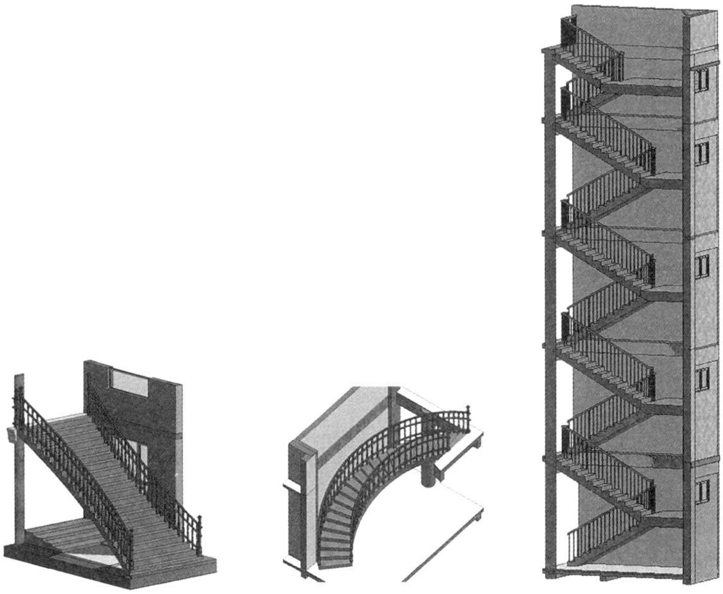

(a)室外楼梯　(b)室内螺旋楼梯　(c)室内双跑直梯

图 3-205 别墅案例项目三种楼梯

1）室外楼梯建模

（1）启动创建楼梯命令。进入“建施-1 层”楼层平面视图，单击“建筑>楼梯坡道>楼梯”按钮，打开“修改|创建楼梯”选项卡和选项栏（见图 3-206）。

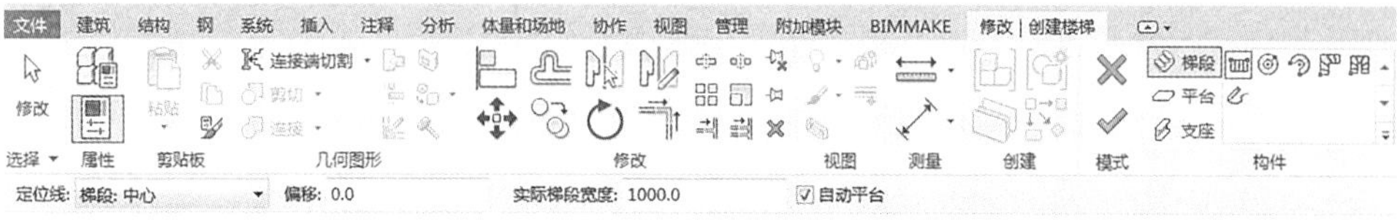

图 3-206 **“修改|创建楼梯”选项卡和选项栏**

（2）楼梯类型创建。属性选项板“类型选择器”下拉菜单中选择“现场浇筑楼梯>整体浇筑楼梯”类型，单击“编辑类型”打开“类型属性”对话框，点击“复制”按钮，打开“名称”对话框，输入“室外楼梯”，单击“确定”返回“类型属性”对话框。

（3）计算规则设置。在“类型属性”对话框中，“最大踢面高度”输入“180”，“最小踏板深度”输入“280”，“最小梯段宽度”不做调整，后期创建楼梯时按实际情况创建。

（4）梯段类型设置。在“类型属性”对话框中，单击“梯段类型”栏，显示 … 并单击此按钮，打开“梯段类型”的“类型属性”对话框。按图 3-207 设置“梯段类型”的类型参数，单击“确定”，返回室外楼梯“类型属性”对话框。

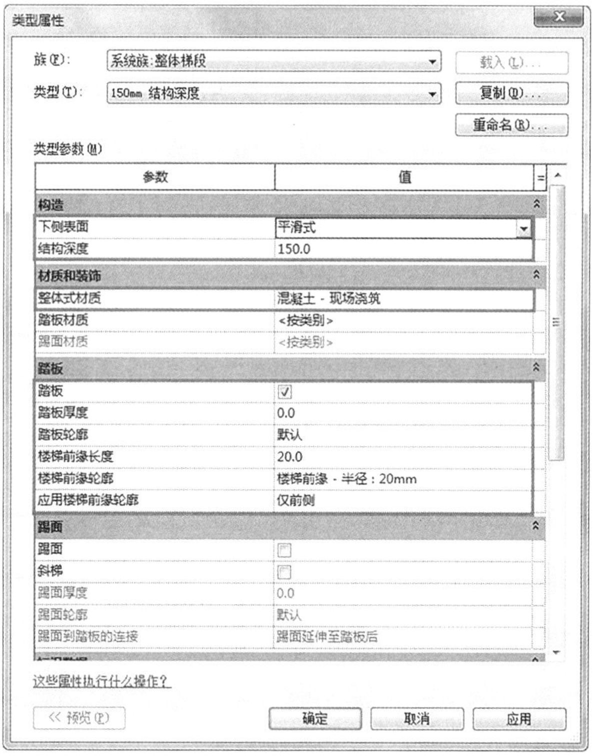

图 3-207 **“梯段类型”的“类型属性”对话框**

（5）平台类型设置。在“类型属性”对话框中，单击“平台类型”栏，显示 … 并单击此按钮，打开“平台类型”的“类型属性”对话框（见图 3-208）。按图 3-209 设置“梯段类型”

的类型参数。单击“确定”,返回室外楼梯“类型属性”对话框。在“整体厚度”栏输入“300”,在“整体式材质”栏,设置“混凝土-现场浇筑”材质。单击“确定”按钮,返回室外楼梯“类型属性”对话框。再次单击“确定”退出。

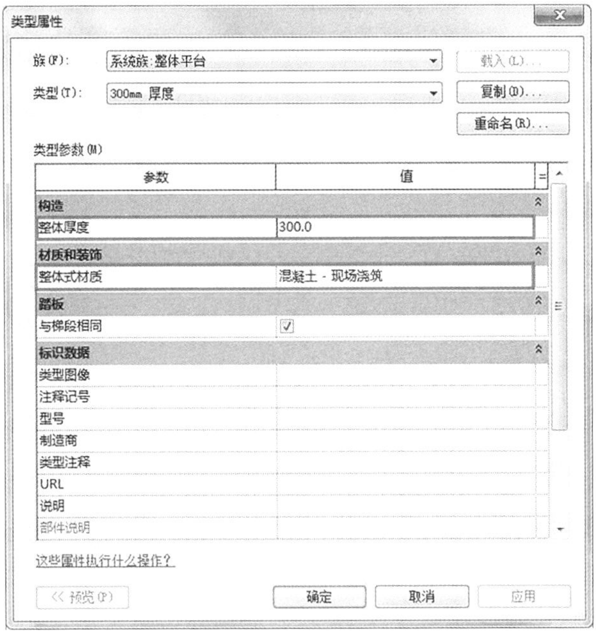

图 3-208　“平台类型”的“类型属性”对话框

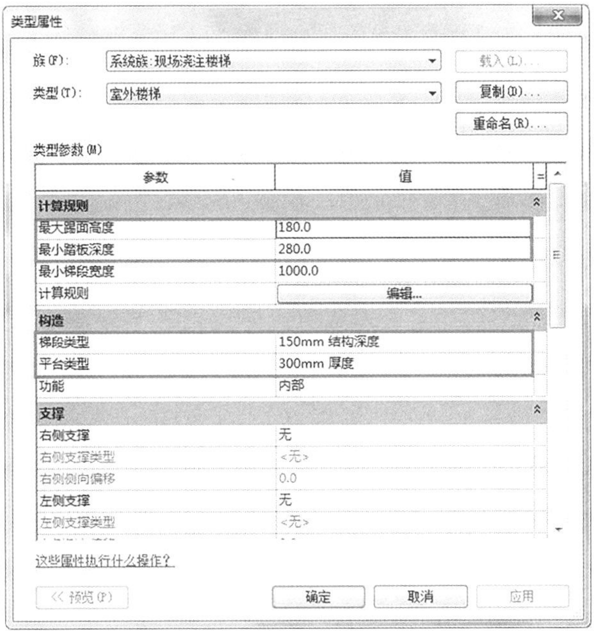

图 3-209　室外楼梯类型属性参数设置

(6)室外楼梯实例参数设置。在属性选项板中,设置“底部标高”栏选择“室外地坪”,“底部偏移”输入“0”,“顶部标高”栏选择“建施-1 层”,“顶部偏移”输入“-100”(见

图 3-210)。“所需踢面数”输入“21”,弹出“警告”对话框(见图 3-211),单击“确定”返回绘图区。

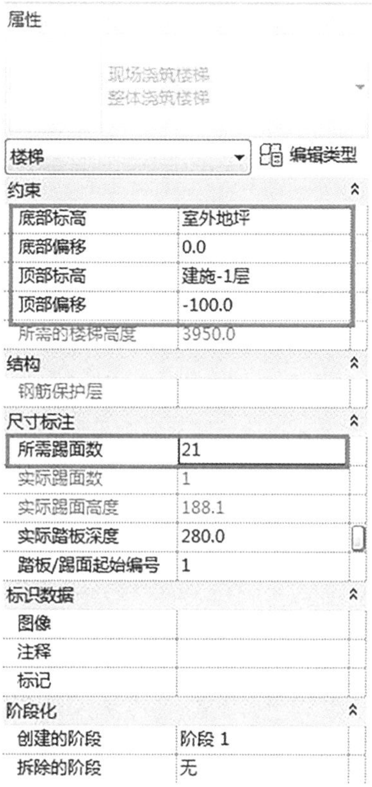

图 3-210　室外楼梯实例属性参数设置

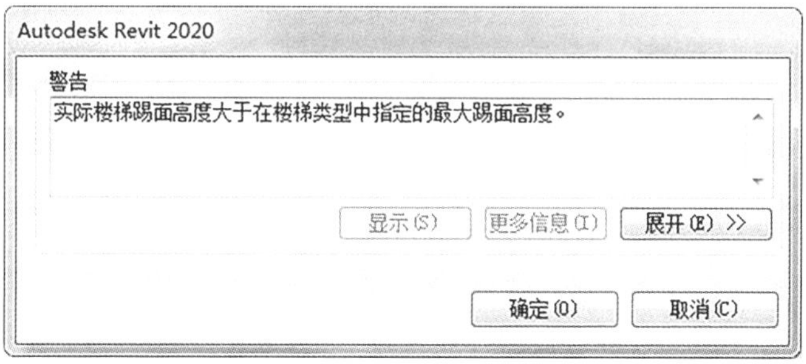

图 3-211　“警告”对话框

(7)绘制楼梯梯段。单击“修改 | 创建楼梯 > 构件 > 梯段 > 创建草图”按钮(见图 3-212),激活“修改|创建楼梯>梯段”命令(见图 3-213)。单击“边界”按钮,在“绘制”面板中选择合适的绘制工具,绘制楼梯梯段两侧边界线(见图 3-214)。单击“踢面”,在“绘制”面板中选择合适的绘制工具,绘制楼梯梯段踢面线(见图 3-215),并使踢面线两头延伸到两侧的边界线。单击“确定”按钮,生成楼梯梯段(见图 3-216)。

图 3-212　“创建草图”按钮

图 3-213　“绘制梯段”命令

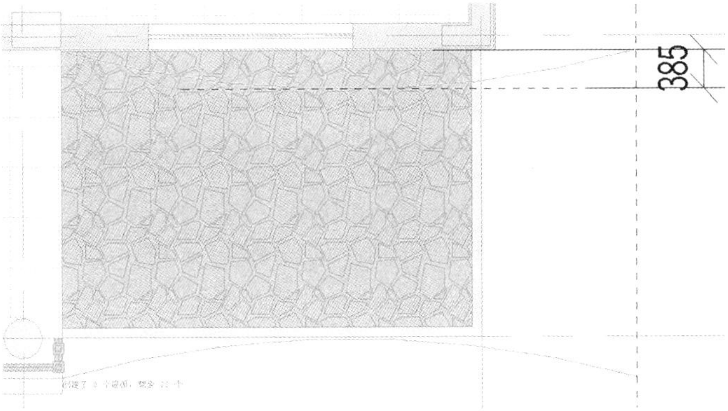

图 3-214　绘制楼梯梯段边界线

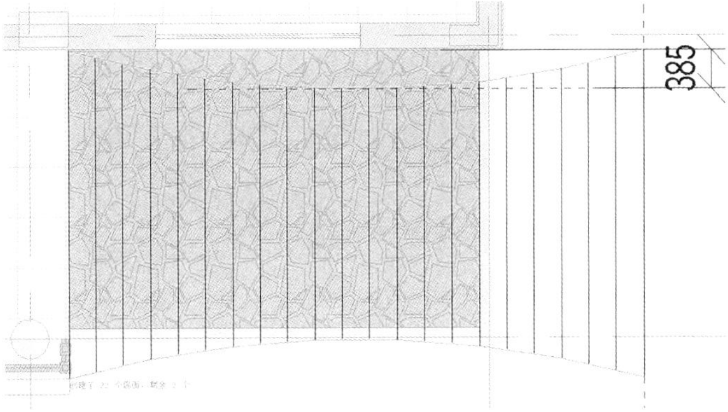

图 3-215　绘制楼梯梯段踢面线

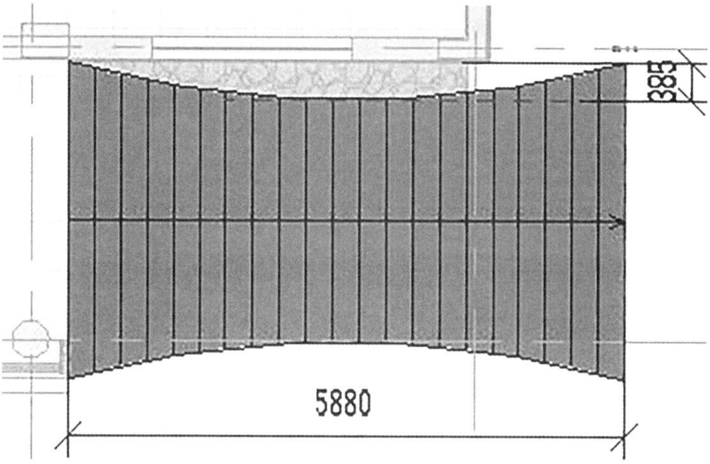

图 3-216　生成楼梯梯段

（8）翻转楼梯并设置栏杆扶手（见图 3-217）。单击选项卡中的“工具>翻转”按钮，翻转楼梯走向（见图 3-218）。单击选项板中“栏杆扶手”按钮，打开“栏杆扶手”对话框，在下拉菜单中选择“别墅栏杆扶手”（见图 3-219），单击“确定”返回楼梯编辑状态，单击“模式>完成编辑模式”按钮，完成室外楼梯创建。

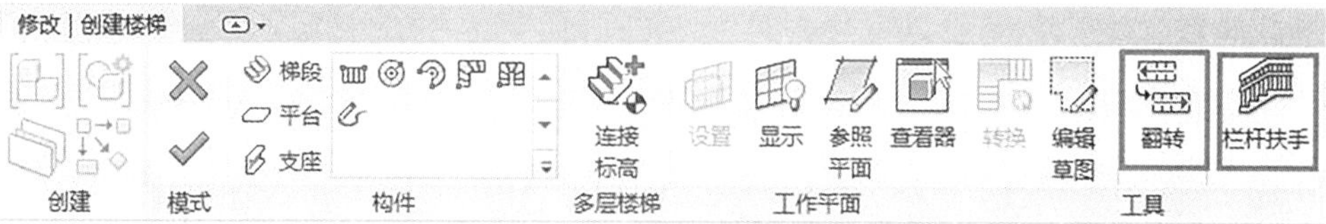

图 3-217　翻转楼梯并设置栏杆扶手

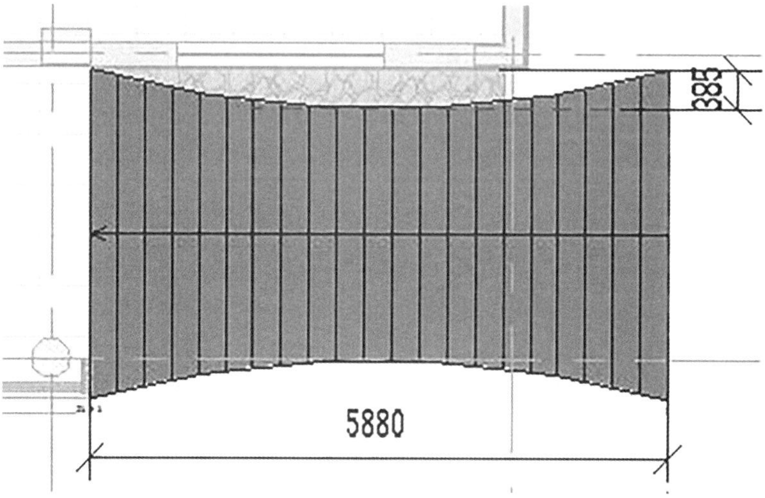

图 3-218　翻转后的楼梯梯段（箭头方向改变）

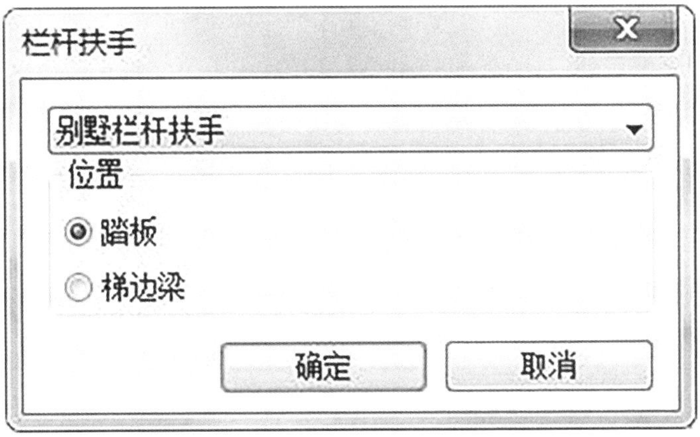

图 3-219　设置楼梯栏杆扶手

(9)调整楼梯栏杆扶手。单击选中楼梯的栏杆扶手,打开“修改|栏杆扶手”选项卡,在属性选项板中“从路径偏移”输入“100”,调整楼梯栏杆扶手的位置。

(10)创建室外楼梯地板(见图 3-220)。单击“建筑>构建>楼板下拉菜单>楼板:建筑”按钮,在属性选项板的“类型选择器”中选择“楼板>LB-室外门斗”类型,单击“绘制>边界线>起点-终点-半径弧”按钮,绘制边界线。单击“模式>完成编辑模式”按钮,完成楼梯地板的创建。

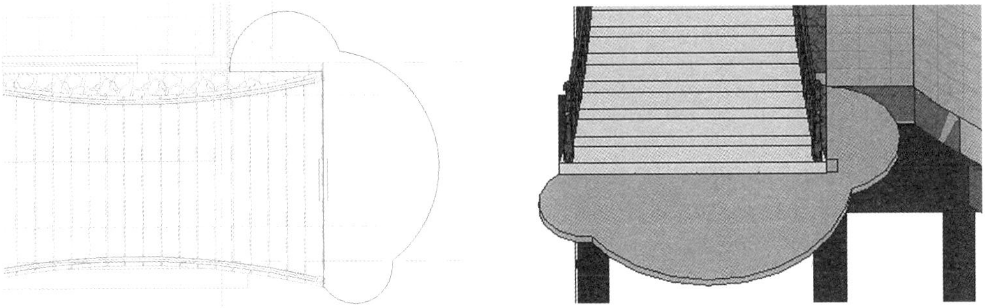

图 3-220　室外楼梯地板

2)室内螺旋楼梯建模

(1)启动创建楼梯命令。进入“建施-1 层”楼层平面视图,单击“建筑>楼梯坡道>楼梯”按钮,打开“修改|创建楼梯”选项卡和选项栏(见图 3-221)。在选项栏中设置实际梯段宽度为 1200,取消勾选“自动平台”复选框。

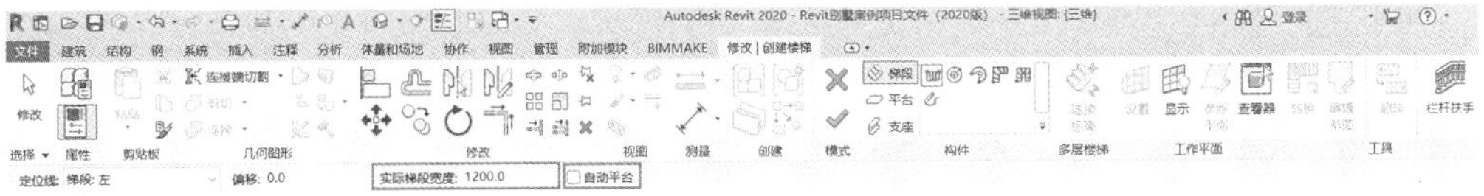

图 3-221　“修改|创建楼梯”选项卡和选项栏

(2)室内螺旋楼梯类型创建。属性选项板“类型选择器”下拉菜单中选择“现场浇筑楼梯>整体浇筑楼梯”类型,单击“编辑类型”打开“类型属性”对话框,点击“复制”按钮,打开“名称”对话框,输入“室内螺旋楼梯”,单击“确定”返回“类型属性”对话框。其余参数的设置方法同室外楼梯,具体参数如图 3-222 所示。单击“确定”完成室内螺旋楼梯类型创建。

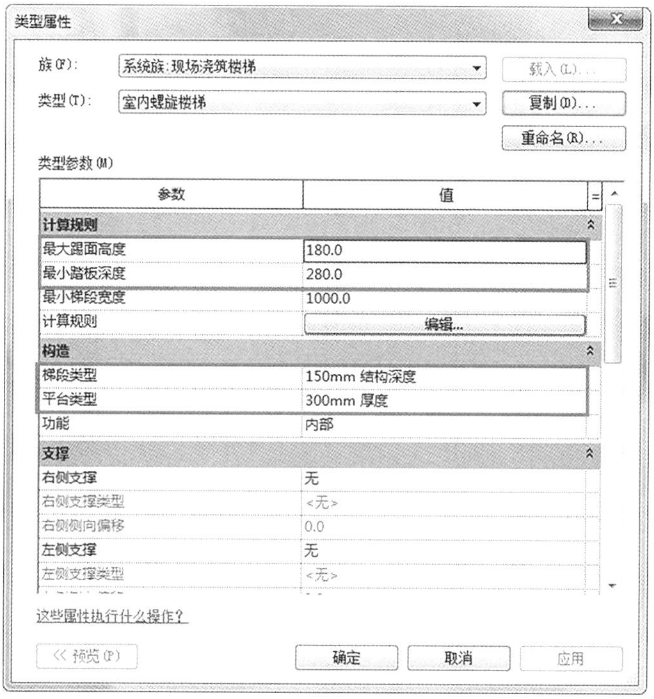

图 3-222　室内螺旋楼梯类型属性设置

(3)设置实例属性参数。在属性选项板中设置“底部标高”为“建施-1 层”,“底部偏移”输入“0”,“顶部标高”为“建施-2 层”,“顶部偏移”输入“0”。设置“所需踢面数”为“23”,“实际踏板深度”为“300”(见图 3-223)。

(4)绘制螺旋楼梯(见图 3-224)。单击“构件>梯段>圆心-端点螺旋”按钮,在视图中大厅适当位置指定圆心和起点,输入“2700”,然后在保证梯段踏步全部生成的情况下,点击空白处作为端点,生成螺旋楼梯梯段。

(5)调整梯段(见图 3-225)。利用“对齐”“移动”命令和选项卡“工具>翻转”命令,使螺旋楼梯对齐楼板,并调整楼梯的走向。

(6)栏杆扶手设置。单击选项卡中的“栏杆扶手”按钮,打开“栏杆扶手”对话框,选择“别墅栏杆扶手”,单击“确定”完成栏杆扶手的设置。

(7)单击“模式>完成编辑模式”按钮,完成室内螺旋楼梯的创建。

3)室内双跑直梯建模

(1)启动创建楼梯命令。进入“室内地坪”楼层平面视图,单击“建筑>楼梯坡道>楼梯”按钮,打开“修改|创建楼梯”选项卡和选项栏(见图 3-226)。在选项栏中设置“定位线”为“梯段:左”,“实际梯段宽度”为“1 000”,勾选“自动平台”复选框。

(2)楼梯类型创建。属性选项板“类型选择器”下拉菜单中选择“现场浇筑楼梯>整

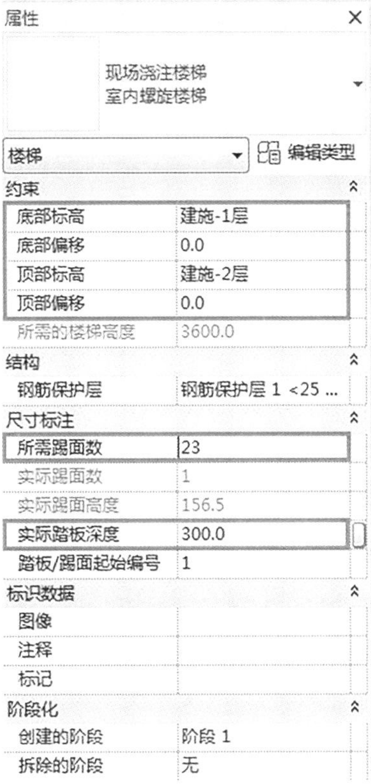

图 3-223　室内螺旋楼梯实例属性设置

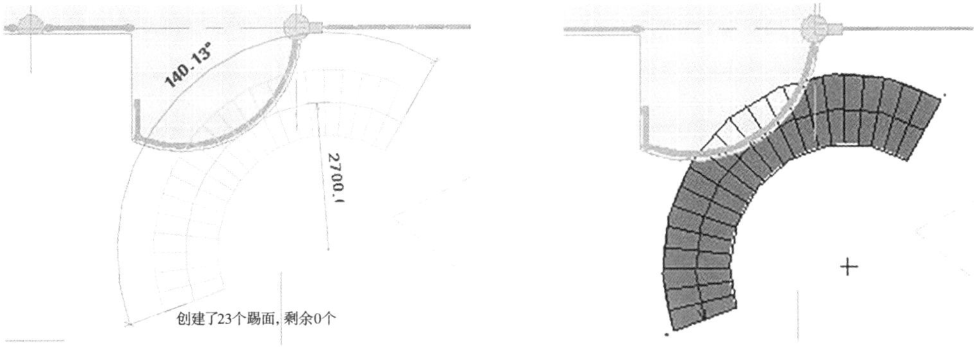

图 3-224　绘制螺旋楼梯

体浇筑楼梯”类型，单击“编辑类型”打开“类型属性”对话框，点击“复制”按钮，打开“名称”对话框，输入“室内双跑直梯”，单击“确定”返回“类型属性”对话框。相关参数设置如图 3-227 所示，单击“确定”退出“类型属性”对话框。

（3）实例参数设置。在属性选项板中，设置“底部标高”栏选择“室内地坪”，“底部偏移”输入“0”，“顶部标高”栏选择“建施-1 层”，“顶部偏移”输入“0”。“所需踢面数”输入“24”（见图 3-228），单击“确定”返回绘图区。

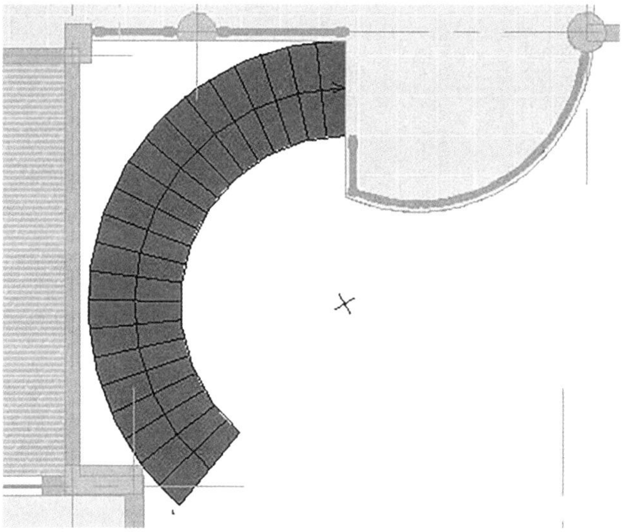

图 3-225　调整梯段

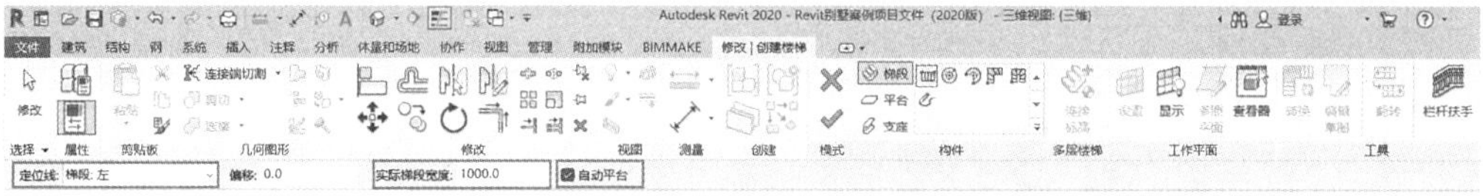

图 3-226　“修改 | 创建楼梯”选项卡和选项栏

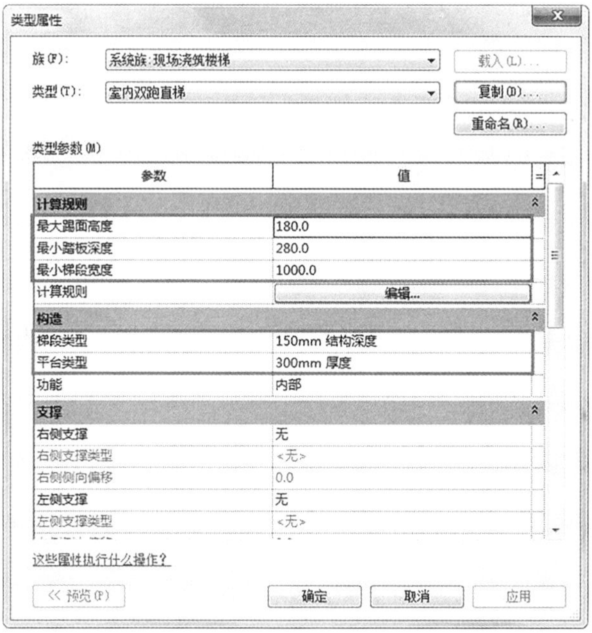

图 3-227　室内双跑直梯类型属性参数设置

图 3-228 室内双跑直梯实例属性设置

(4)绘制楼梯梯段。单击“修改|创建楼梯>构件>梯段>直梯”按钮 (见图 3-229),在绘图区楼梯间绘制楼梯梯段(见图 3-230)。单击选中平台,拖动右侧边线与墙内边线对齐(见图 3-231)。

图 3-229 “直梯”按钮

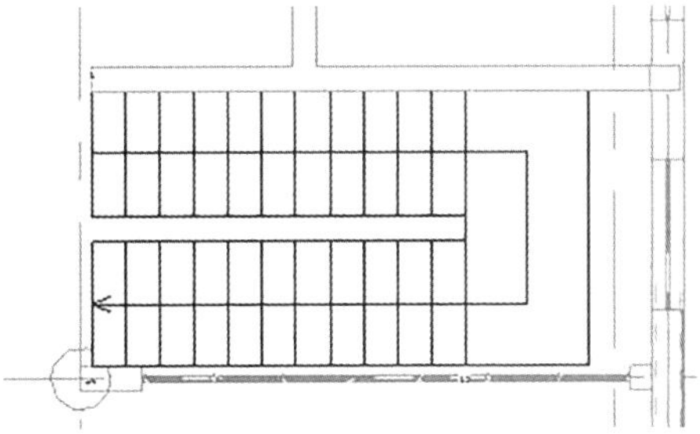

图 3-230 绘制楼梯梯段

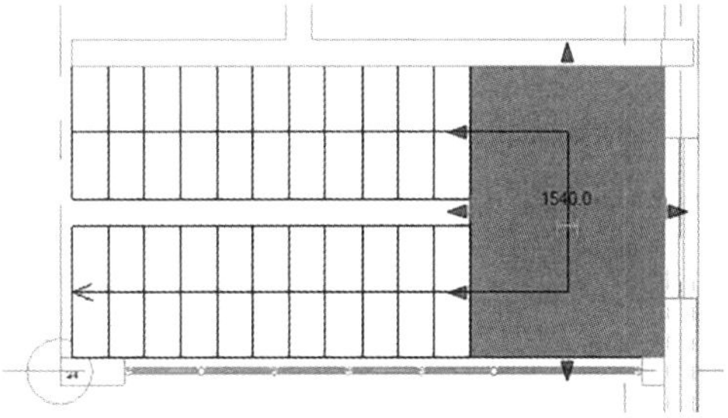

图 3-231 修改平台几何尺寸

(5)设置栏杆扶手。单击选项卡中的“栏杆扶手”按钮,打开“栏杆扶手”对话框,选择“900 mm 圆管”类型,单击“确定”返回绘图区,单击“模式>完成编辑模式”按钮,生成楼梯梯段(见图 3-232)。

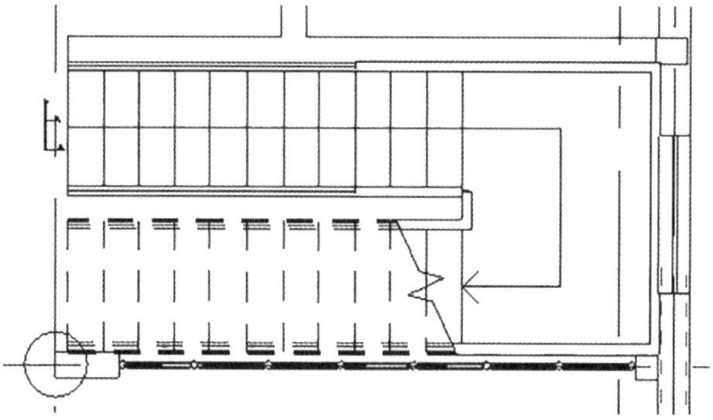

图 3-232　生成楼梯梯段

(6)修改栏杆扶手。单击选中楼梯外侧栏杆扶手,打开“修改|栏杆扶手”选项卡,单击“模式>编辑路径”按钮(见图 3-233),编辑外侧栏杆扶手路径(见图 3-234)。单击“模式>完成编辑模式”按钮,完成外侧栏杆扶手的修改(见图 3-235)。

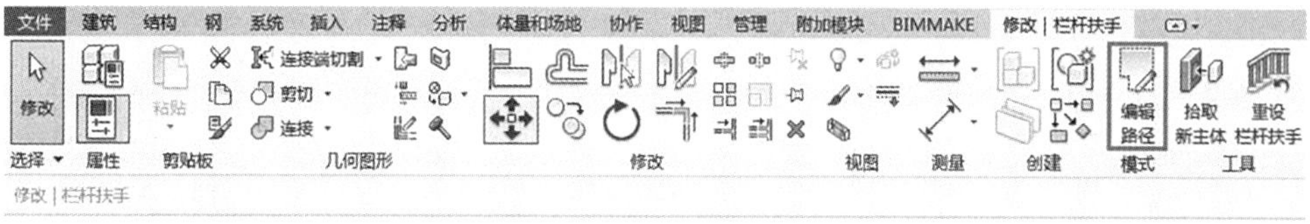

图 3-233　“模式>编辑路径”按钮

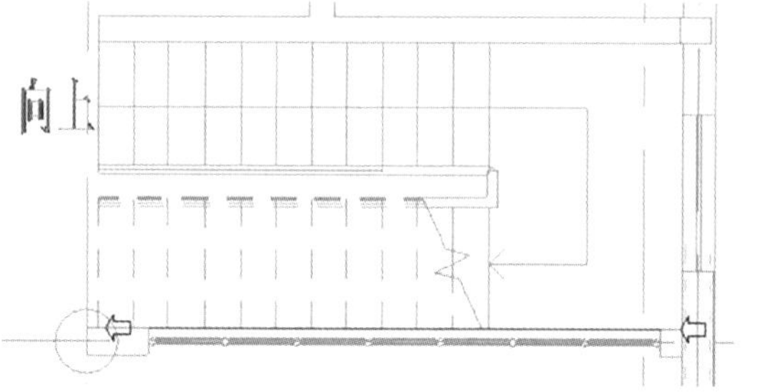

图 3-234　编辑栏杆扶手路径

(7)生成“建施-1 层”~“建施-4 层”标高线间各层的楼梯。单击选中楼梯,打开“修改|楼梯”选项卡,单击“多层楼梯>选择标高”按钮(见图 3-236),打开“转到视图”对话框,选择“立面:东”,单击“打开视图”转到东立面视图(见图 3-237),同时打开“修改|多层楼梯”选项卡(见图 3-238)。按住 Ctrl 键,单击的同时选中“建施-2 层”“建施-3 层”“建施-4 层”标高线(见图 3-239),单击“模式>完成编辑模式”,生成“建施-1 层”~“建施-3 层”标高层的楼梯(见图 3-240)。

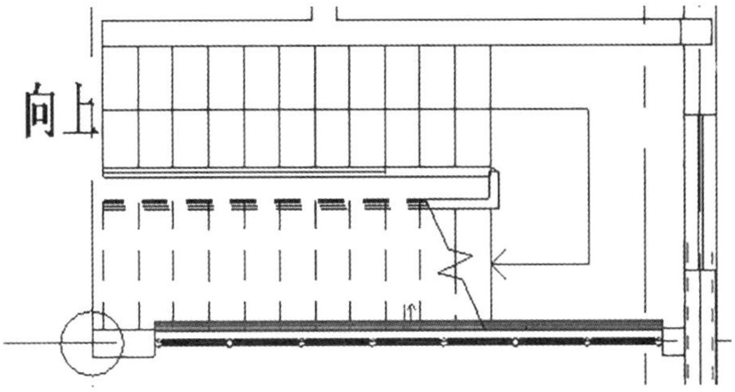

图 3-235　完成栏杆扶手修改

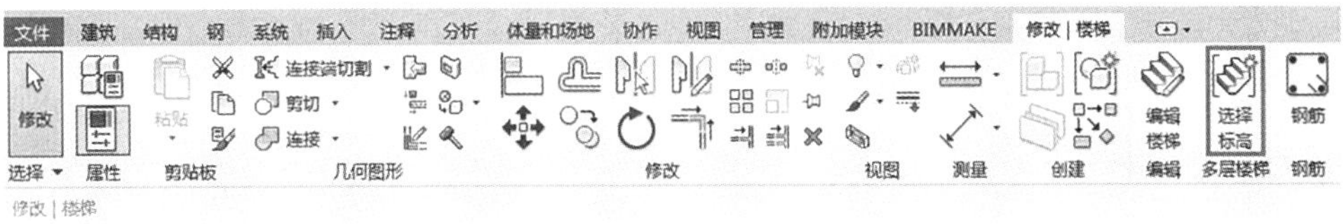

图 3-236　"选择标高"按钮

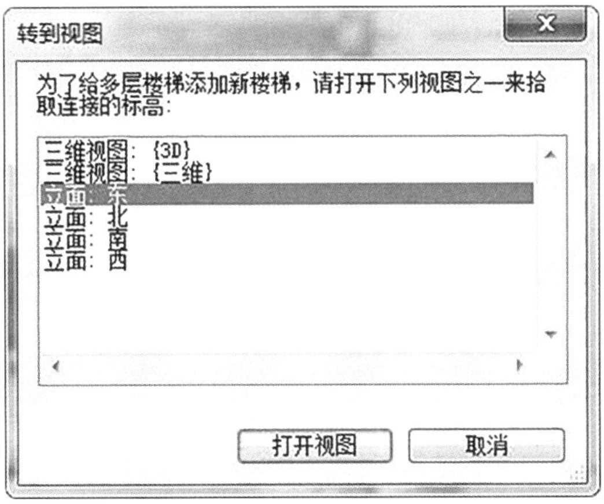

图 3-237　转到东立面视图

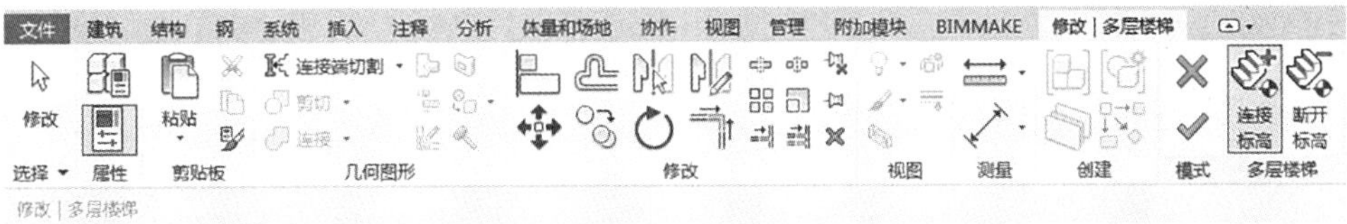

图 3-238　"修改 | 多层楼梯"选项卡

(8)创建阁楼层楼梯。阁楼层楼梯的创建方法与上面楼梯的创建方法相同，可以根据阁楼层楼梯的尺寸信息创建楼梯，此处不再赘述。阁楼层楼梯栏杆族类型与其他层楼梯栏杆扶手一致，类型属性和实例属性如图 3-241、图 3-242 所示，平面布置如图 3-243 所示。

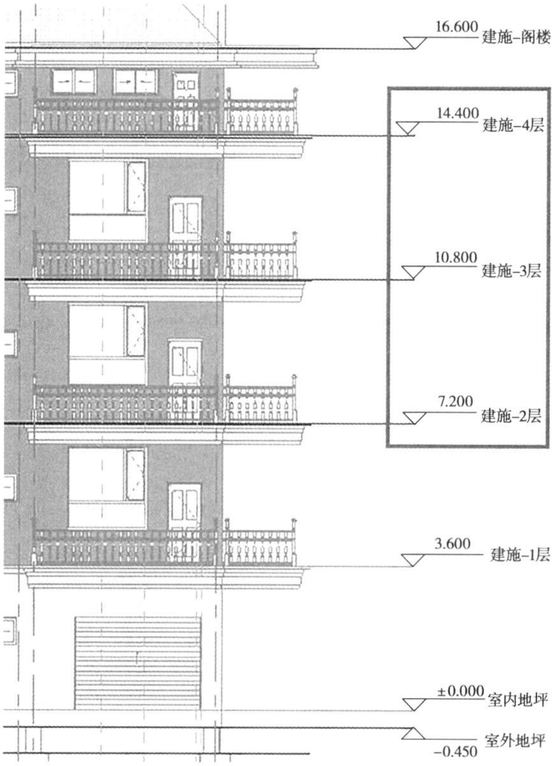

图 3-239　选择多层标高

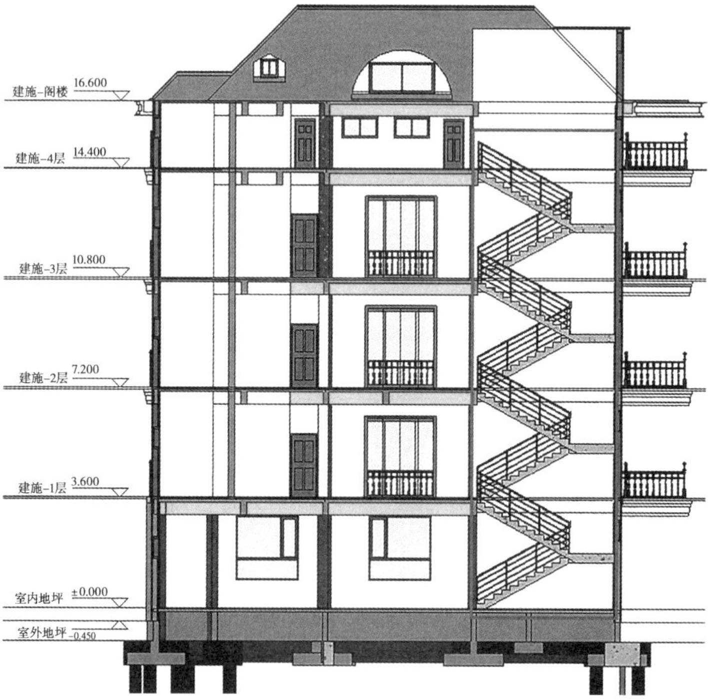

图 3-240　生成多层楼梯

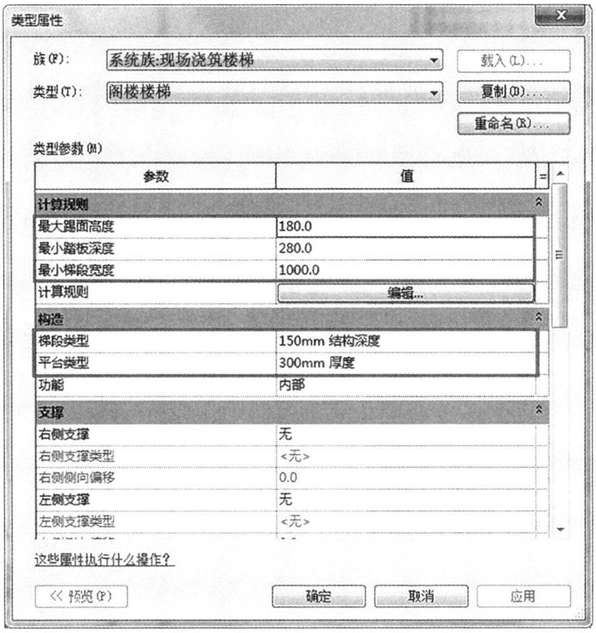

图 3-241　阁楼层楼梯类型属性

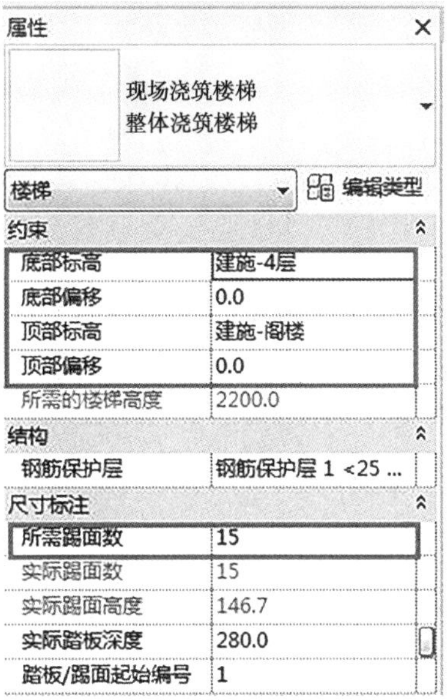

图 3-242　阁楼层楼梯实例属性

(9)修改楼梯栏杆扶手。各楼层楼梯内侧栏杆各层间是不连续的(见图 3-244),需要编辑各楼层楼梯上半层梯段栏杆扶手(见图 3-245)。另外,阁楼层楼梯的最上面的端头栏杆扶手需要沿着楼板连续设置到边墙(见图 3-246)。室内双跑直梯如图 3-247 所示。

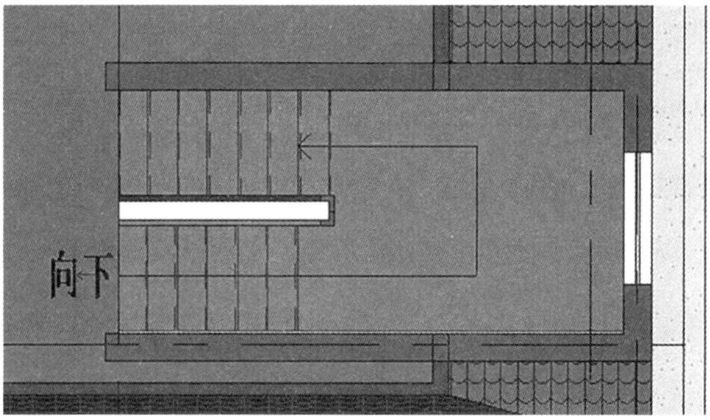

图 3-243　阁楼层楼梯平面布置

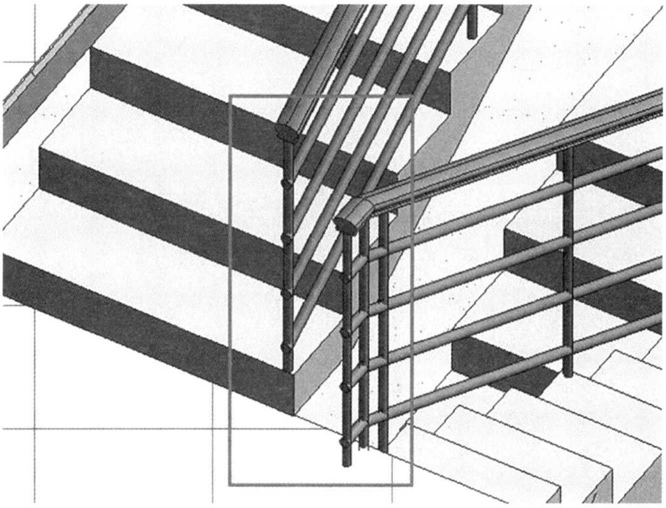

图 3-244　内侧栏杆各层间不连续

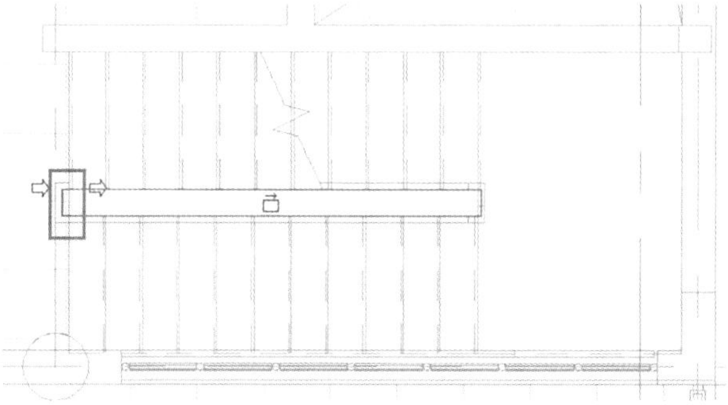

图 3-245　各楼层楼梯内侧栏杆扶手路径修改

(十四)常用构件建模

1. 坡道的创建

可以使用与绘制楼梯所用相同的工具和程序来绘制坡道,通过在平面视图或三维视图中绘制一段坡道或绘制边界线来创建坡道。

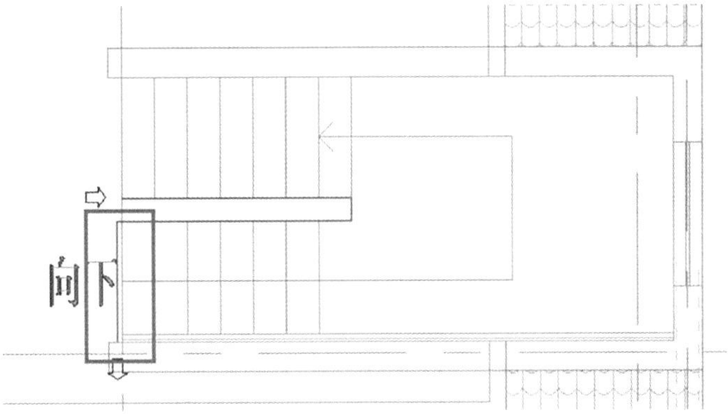

图 3-246　阁楼层楼梯内侧栏杆扶手连续设置

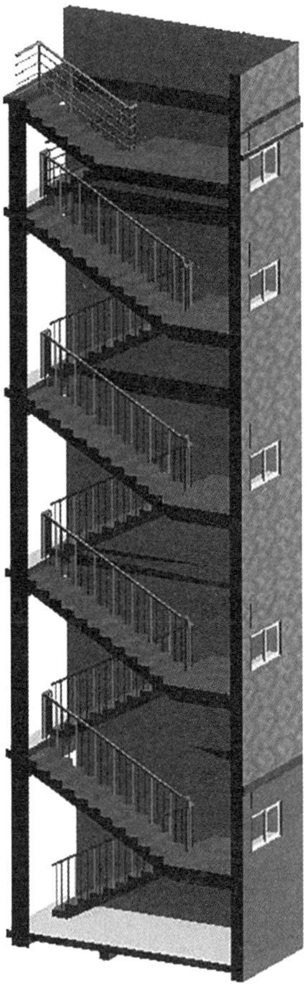

图 3-247　室内双跑直梯

(1)打开项目文件,将视图切换到“室内地坪”楼层平面视图,单击“建筑>楼梯坡道>坡道”按钮,打开“修改|创建坡道草图”选项卡(见图 3-248)。

(2)实例属性设置。在属性选项板中设置“底部标高”为“室外地坪”,“顶部标高”为“室内地坪”,宽度为“4100. 0”(见图 3-249)。

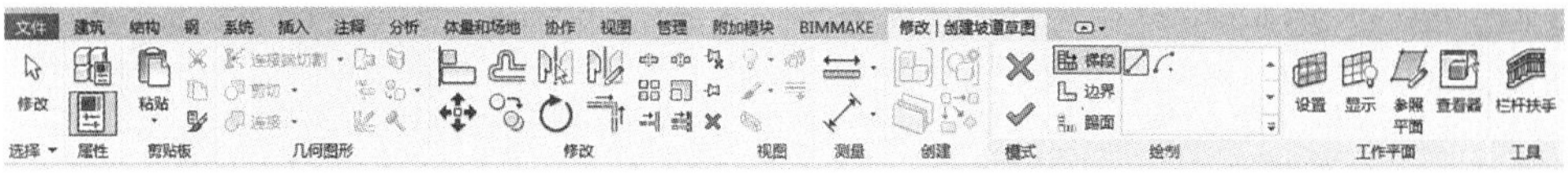

图 3-248 “修改|创建坡道草图”选项卡

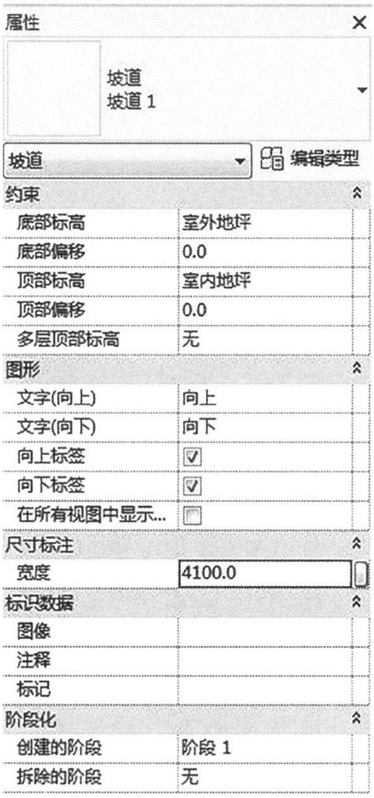

图 3-249 坡道实例属性设置

(3)类型属性设置。单击“编辑类型”按钮，打开“类型属性”对话框，按图 3-250 设置坡道类型属性。

(4)单击“工具 > 栏杆扶手”按钮，打开“栏杆扶手”对话框，选择“无”选项(见图 3-251)。

(5)单击“绘制>梯段>线”按钮，在卷帘门外侧空白区域绘制坡道(见图 3-252)。

(6)单击“模式>完成编辑模式”按钮，完成坡道的创建。

(7)选取坡道，使坡道处于编辑状态，单击“向上翻转楼梯的方向”按钮，调整坡道方向(见图 3-253)。

(8)采用“对齐”命令，把坡道对齐外墙面和轴线 F，完成坡道的建模(见图 3-254)。

2. 台阶的创建

别墅案例项目台阶包括正门门厅处台阶和西侧门台阶，均采用内建模型方式创建。

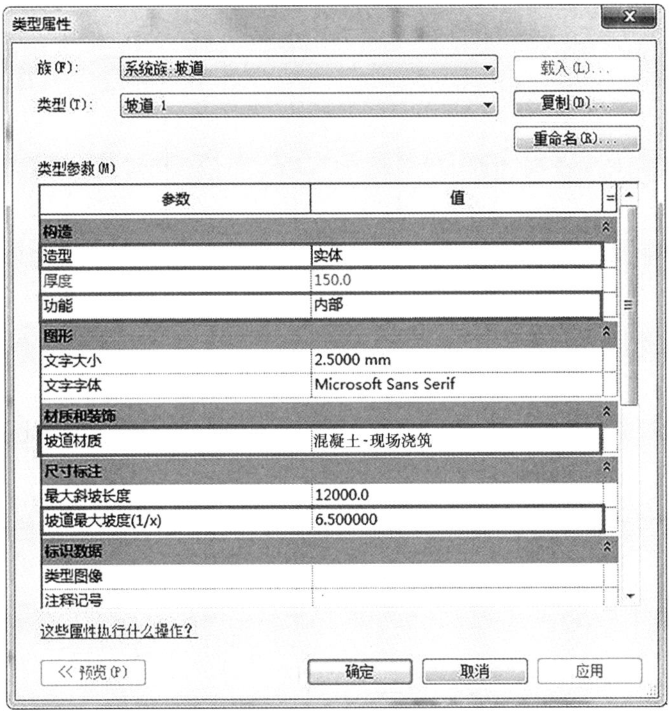

图 3-250　坡道类型属性设置

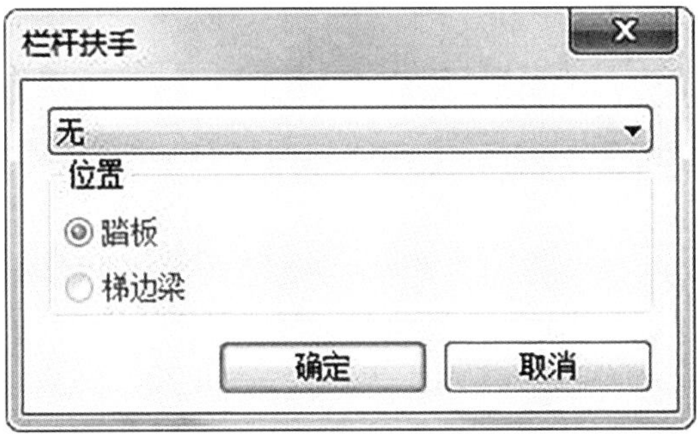

图 3-251　“栏杆扶手”对话框

1)门厅处台阶内建模型

(1)打开项目文件,将视图切换到“室内地坪”楼层平面视图,单击“建筑>构件>构件下拉菜单>内建模型”按钮(见图 3-255),打开“族类别和族参数”对话框(见图 3-256),选择“常规模型”族类别,单击“确定”按钮,打开“名称”对话框,输入“台阶 1”,单击“确定”按钮,打开内建模型族编辑器(见图 3-257)。

(2)单击“创建>形状>放样”按钮,打开“修改|放样”选项卡(见图 3-258)。

(3)单击“放样>绘制路径”按钮,在“绘制”选项卡选择“线”工具,绘制放样路径(见图 3-259)。单击“模式>完成编辑模式”按钮,完成放样路径绘制。

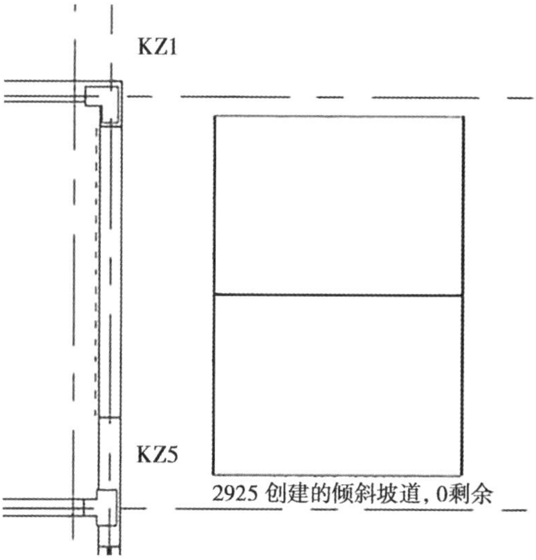

图 3-252　绘制坡道

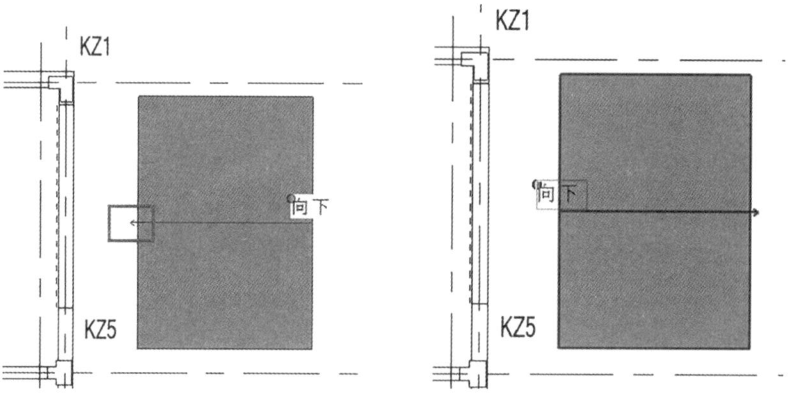

图 3-253　调整坡道的方向

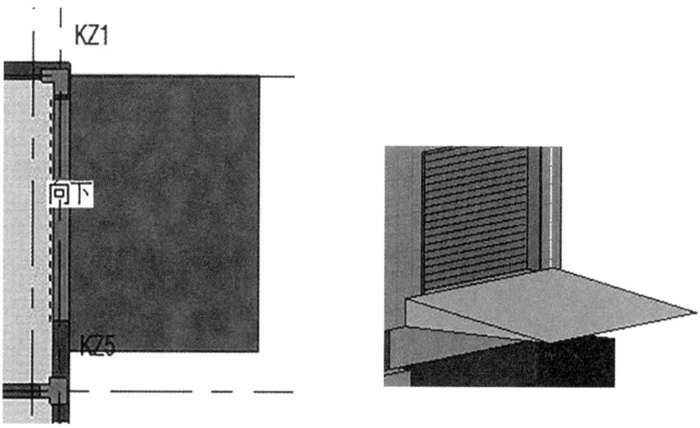

图 3-254　完成坡道建模

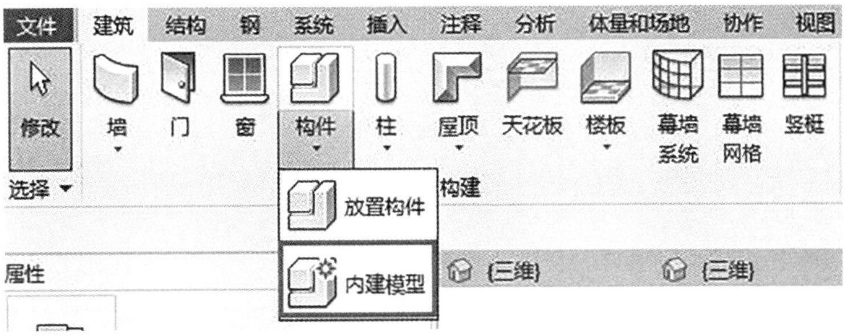

图 3-255 “内建模型”按钮

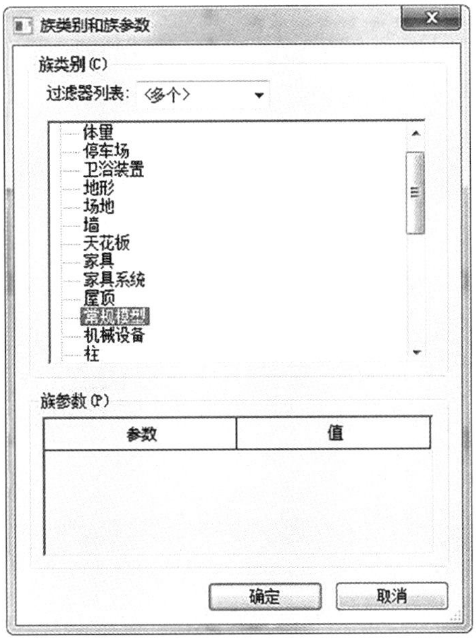

图 3-256 “族类别和族参数”对话框

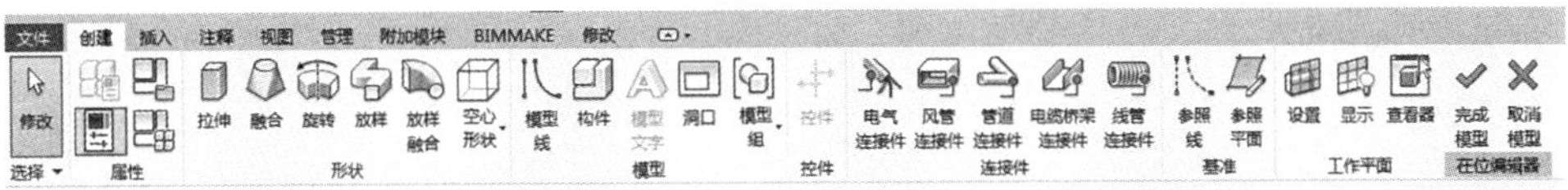

图 3-257 内建模型族编辑器

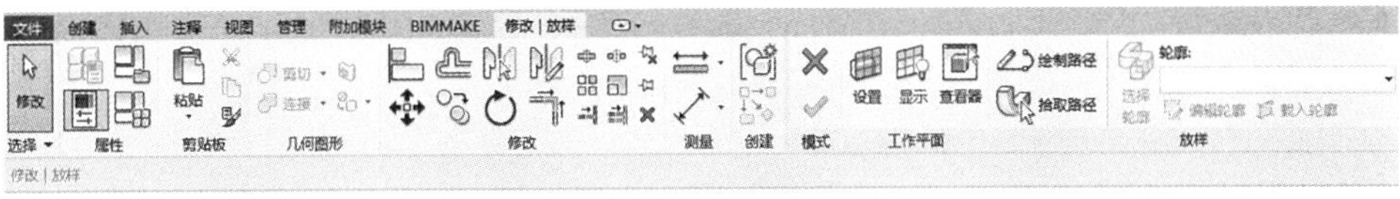

图 3-258 “修改|放样”选项卡

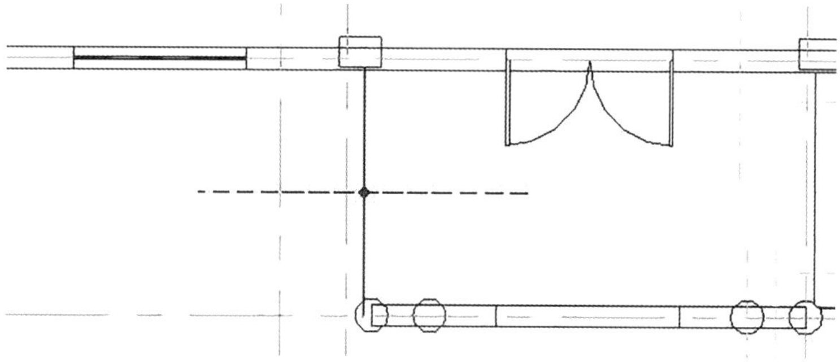

图 3-259　绘制放样路径

(4)单击“放样>编辑轮廓”按钮(见图 3-260),打开“转到视图”对话框。选择“立面:南”单击“打开视图”按钮(见图 3-261),打开南立面视图。

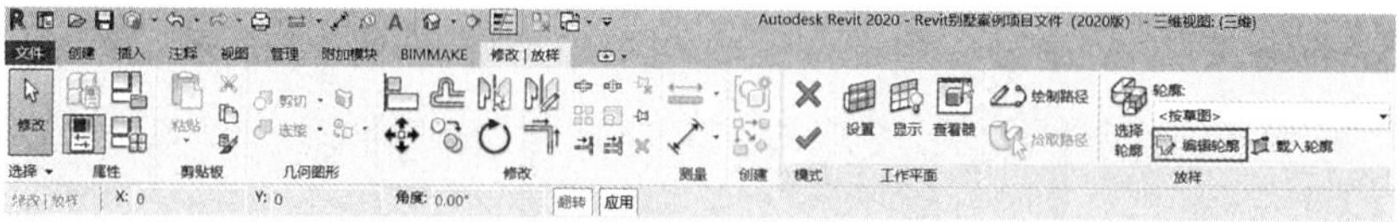

图 3-260　编辑轮廓

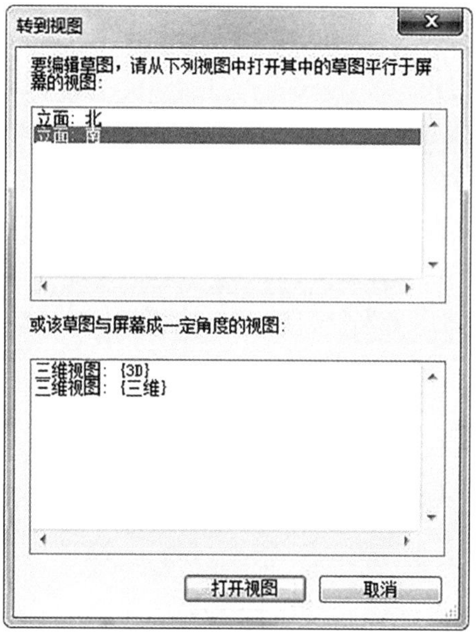

图 3-261　“转到视图”对话框

(5)在“绘制”面板中选择“线”工具,绘制台阶的放样轮廓(见图 3-262)。单击“模式>完成编辑模式”按钮,完成放样轮廓的绘制。

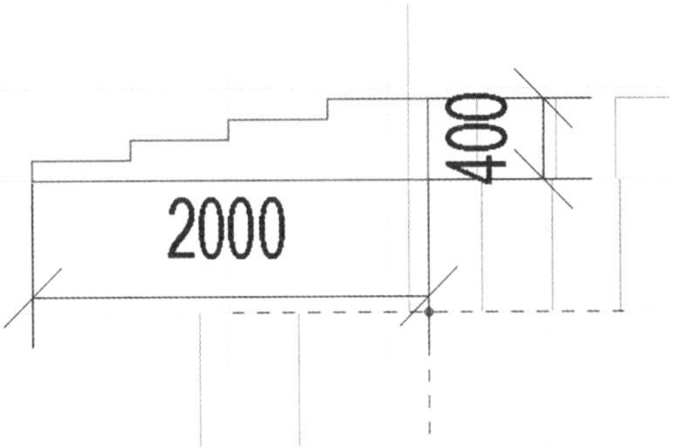

图 3-262　绘制放样轮廓

图 3-263　创建完成内建模型

图 3-264　门厅处台阶内建模型

(6)单击“模式>完成编辑模式”,继续单击“在位编辑器>完成模型”按钮,完成门厅处台阶内建模型的创建(见图 3-263)。

(7)利用“镜像”“对齐”命令,创建对称侧的台阶(见图 3-264)。

2)西侧门台阶内建模型

(1)打开项目文件,将视图切换到“室外地坪”楼层平面视图,单击“建筑>构件>构件下拉菜单>内建模型”按钮,打开“族类别和族参数”对话框,选择“常规模型”族类别,单击“确定”按钮,打开“名称”对话框,输入“台阶 2”,单击“确定”按钮,打开内建模型族编辑器。

(2)单击“创建>形状>拉伸”按钮,打开“修改 | 创建拉伸”选项卡。

(3)单击“绘制>线”按钮,利用“线”工具绘制台阶第一级。台阶第一级拉伸轮廓如图 3-265 所示。

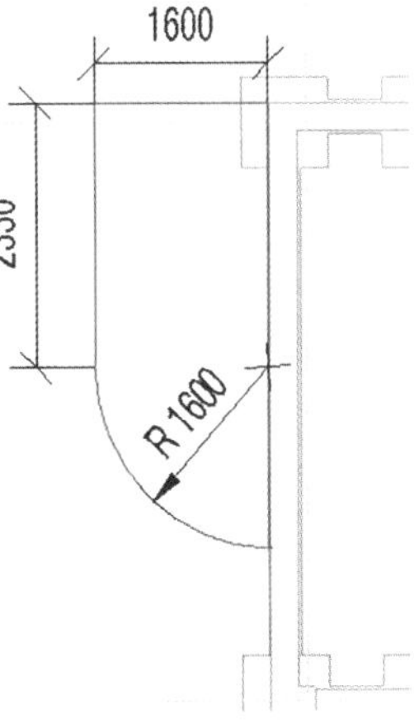

图 3-265　台阶第一级拉伸轮廓

(4)在属性选项板中设置“拉伸起点”为“0.0”,设置“拉伸终点”为“150.0”,“材质”栏选用“混凝土-现场浇筑”(见图 3-266)。单击“模式>完成编辑模式”,完成拉伸。继续单击“在位编辑器>完成模型”按钮,完成西侧门台阶第一级内建模型的创建(见图 3-267)。

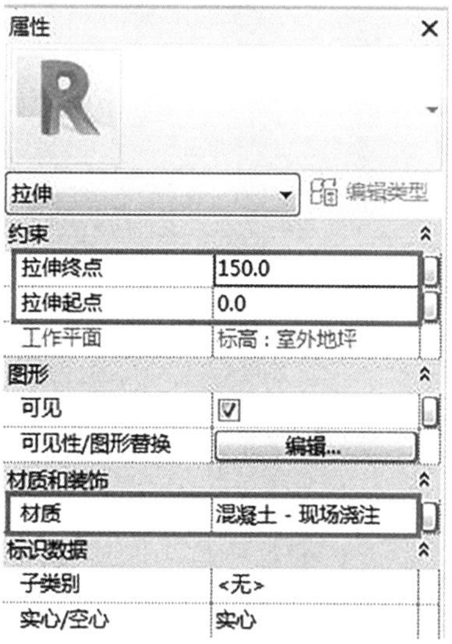

图 3-266　设置拉伸起点和终点

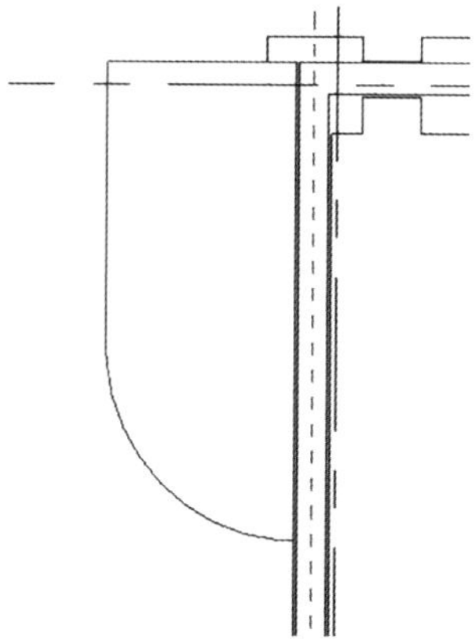

图 3-267　西侧门台阶第一级内建模型

(5)采用同样的方法创建台阶第二级。台阶第二级轮廓如图 3-268 所示。设置“拉伸起点”为“150”,设置“拉伸终点”为“300”。

(6)采用同样的方法创建台阶第二级。台阶第二级轮廓如图 3-269 所示。设置“拉伸起点”为“300”,设置“拉伸终点”为“430”。

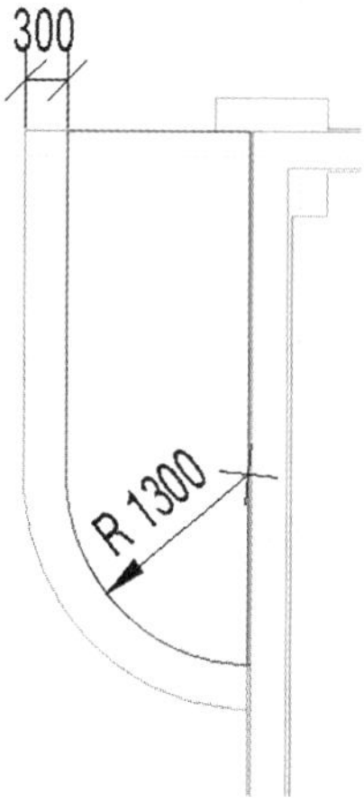

图 3-268　台阶第二级轮廓

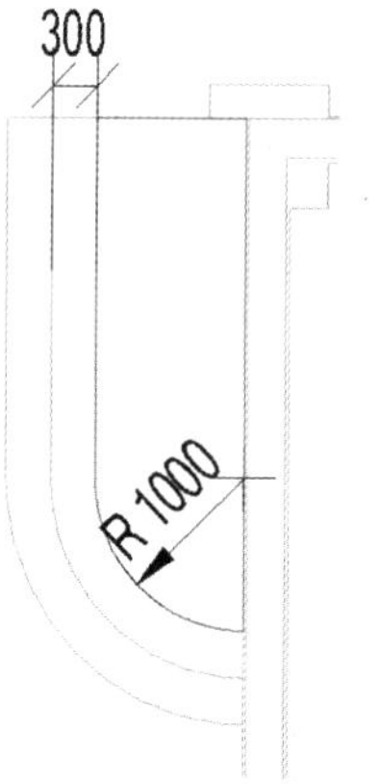

图 3-269　台阶第三级轮廓

(7)单击“修改>几何图形>连接”按钮,采用“连接几何图形”命令,将三级台阶连接起来,完成西侧门台阶建模(见图 3-270)。

3)散水的创建

散水采用内建模型“放样”命令来创建。

图 3-270　西侧门台阶

（1）打开项目文件，将视图切换到“室内地坪”楼层平面视图，单击“建筑>构件>构件下拉菜单>内建模型”按钮，打开“族类别和族参数”对话框，选择“常规模型”族类别，单击“确定”按钮，打开“名称”对话框，输入“散水”，单击“确定”按钮，打开内建模型族编辑器。

（2）单击“创建>形状>放样”按钮，打开“修改|放样”选项卡。

（3）单击“放样>绘制路径”按钮，在“绘制”面板中选择“线”工具，沿着墙体外边线绘制东侧第一段散水放样路径（见图 3-271）。单击“模式>完成编辑模式”按钮，完成放样路径绘制。

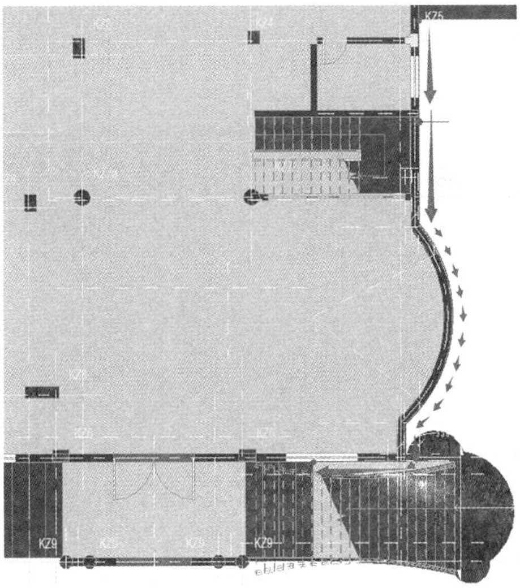

图 3-271　东侧散水放样路径

(4)单击“放样>编辑轮廓”按钮,打开“转到视图”对话框。选择“立面:南”单击“打开视图”按钮,打开南立面视图。

(5)在“绘制”面板中选择“线”工具,以“室外地坪”标高为底标高,绘制散水的放样轮廓(见图3-272)。单击“模式>完成编辑模式”按钮,完成放样轮廓的绘制。

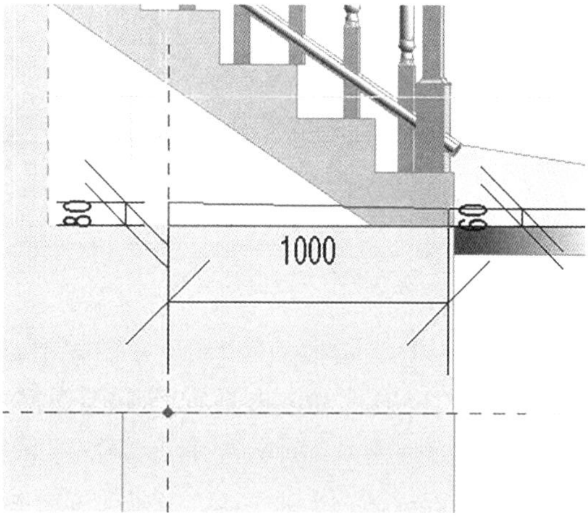

图3-272　绘制散水放样轮廓

(6)单击“模式>完成编辑模式”按钮,继续单击“在位编辑器>完成模型”按钮。

(7)利用“连接”命令,将散水与相邻的坡道、台阶和相交叉的室外楼梯地板连接,完成第一段散水内建模型的创建(见图3-273)。

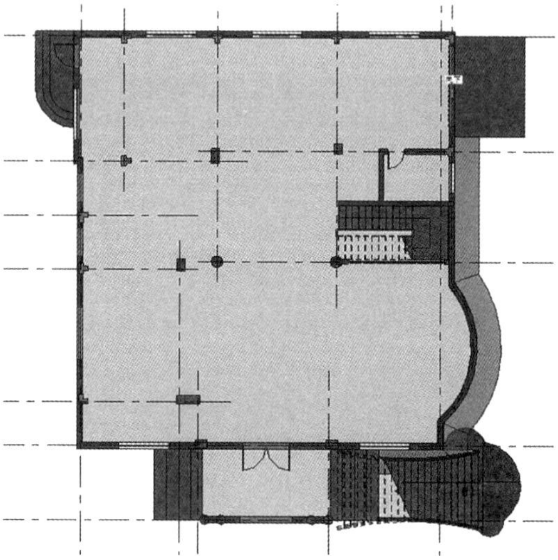

图3-273　创建完成第一段散水内建模型

(8)采用同样的方法,可以绘制完成别墅案例项目北侧和西侧散水内建模型,从而完成全部的散水建模(见图 3-274)。

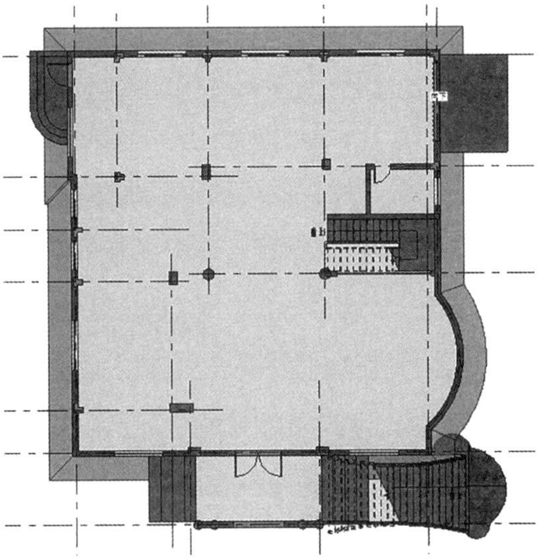

图 3-274　别墅案例项目散水

(十五)场地建模

1. 创建地形

通过在绘图区域放置点来创建地形表面。

(1)打开项目文件,将视图切换到“场地”楼层平面视图,单击“体量与场地>场地建模>地形表面”按钮,打开“修改|地形表面”选项卡和选项栏(见图 3-275)。系统默认激活“放置点”按钮。

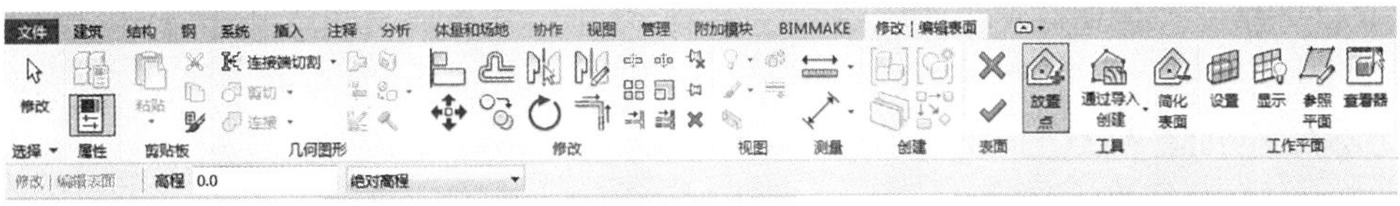

图 3-275　“修改|地形表面”选项卡和选项栏

(2)在选项栏中设置高程为“-450”,在绘图区域适当位置单击放置点(见图 3-276)。修改选项栏高程设置为“-900”,在原来的点外适当位置单击放置点。

(3)在属性选项栏中“材质”栏单击,显示[...]并单击此按钮,打开“材质浏览器”对话框,单击“主视图>AEC 材质>其他”节点,显示其他材质,选取“草”材质(见图 3-277),双击将此材质添加到项目材质列表中并选中,勾选“使用渲染外观”复选框,单击“确定”按钮,完成材质的设置。

(4)单击“表面>完成表面”按钮(见图 3-278),完成地形的绘制(见图 3-279)。

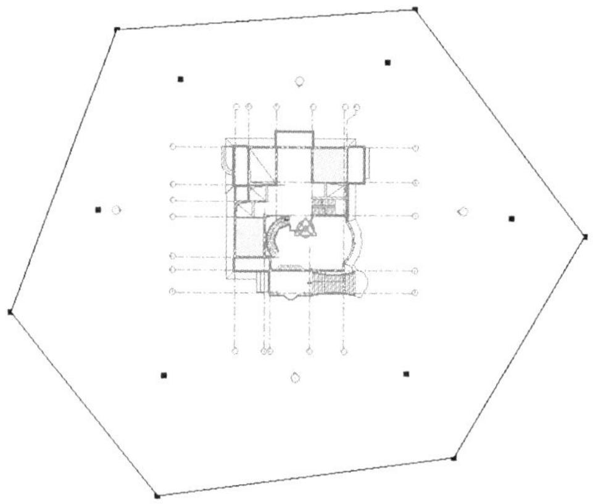

图 3-276　放置点

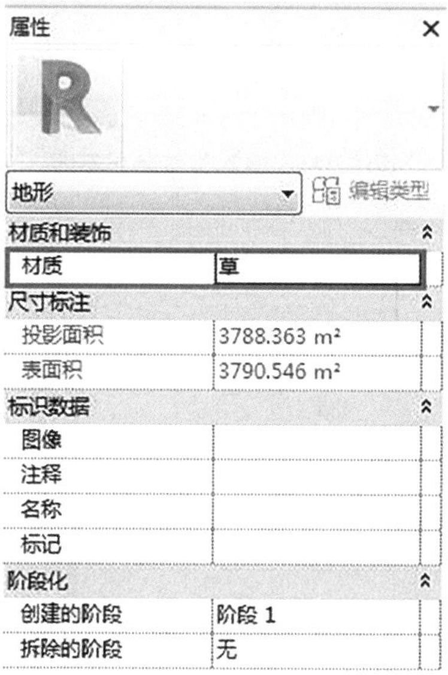

图 3-277　设置材质信息

图 3-278　完成表面

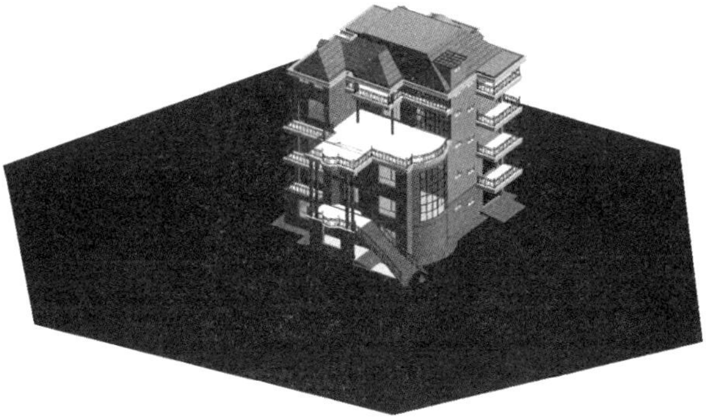

图 3-279 完成地形的绘制

2. 创建道路

子面域定义可应用于不同属性集(如材质)的地形表面区域。例如,可以使用子面域在平整表面、道路上绘制停车场。创建子面域不会生成单独的表面。

(1)打开项目文件,将视图切换到"室外地坪"楼层平面视图,单击"体量与场地>修改场地>子面域"按钮,打开"修改|创建子面域边界"选项卡和选项栏(见图 3-280)。

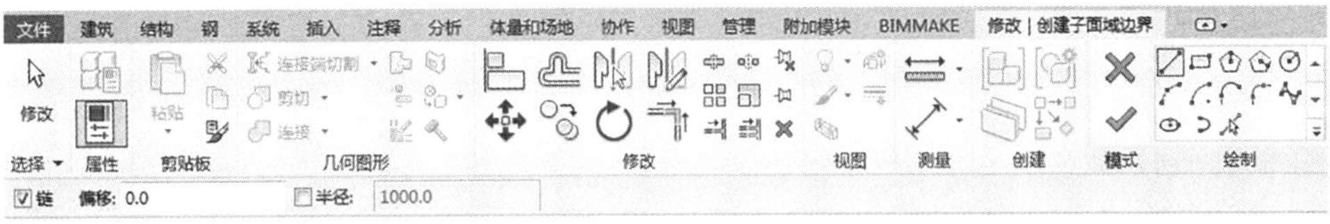

图 3-280 "修改|创建子面域边界"选项卡和选项栏

(2)在"绘制"选项板中选择合适的工具,绘制车库的道路边界(见图 3-281)。

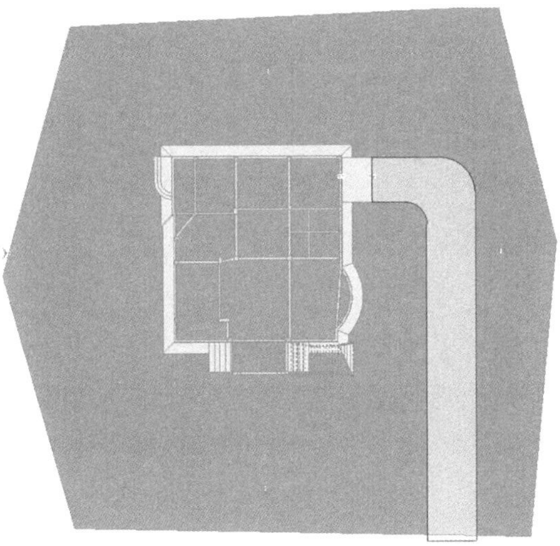

图 3-281 绘制车库道路边界线

(3)在属性选项板“材质”栏中单击，显示…并单击此按钮，打开“材质浏览器”对话框，选取“混凝土-沙/水泥找平”材质(见图3-282)，并勾选“使用渲染外观”复选框，单击“确定”按钮，完成材质的设置。

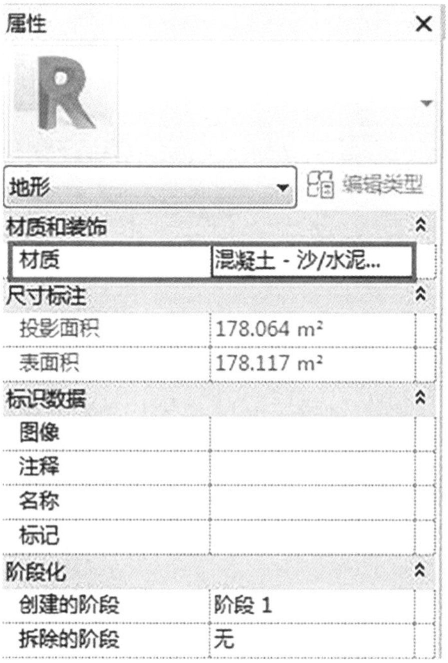

图3-282　车库道路材质设置

(4)单击“模式>完成编辑模式”按钮，完成车库道路的绘制(见图3-283)。

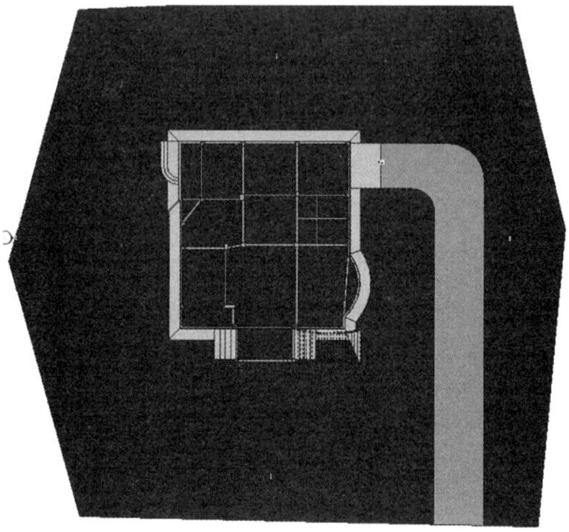

图3-283　车库道路

(5)采用同样的方法绘制南门的道路，完成别墅案例项目的场地道路绘制(见图3-284)。

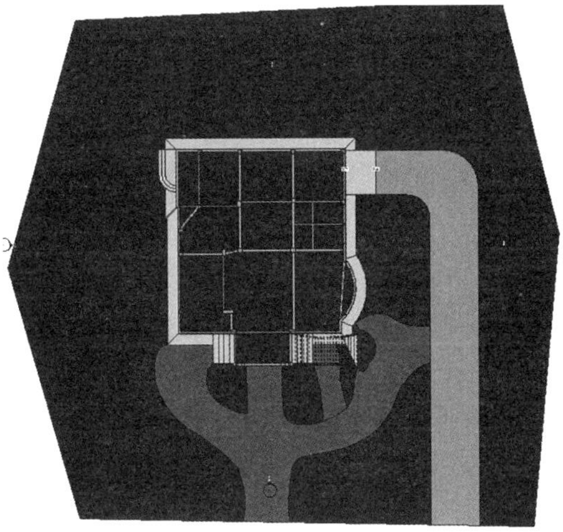

图 3-284　场地道路

3. 场地布设

可在场地平面中放置场地专用构件，如树木、花、停车位、电线杆、消防栓等。

(1) 打开项目文件，将视图切换到“室外地坪”楼层平面视图，单击“体量与场地>场地建模>场地构件”按钮，打开“修改|场地构件”选项卡和选项栏（见图 3-285）。

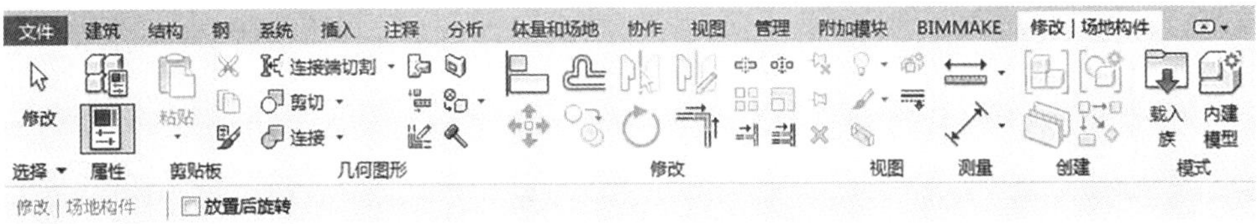

图 3-285　“修改|场地构件”选项卡和选项栏

(2) 载入场地构件族。单击“模式>载入族”按钮，打开“载入族”对话框，选择“建筑>场地>附属设施>景观小品>喷水池. rfa”族文件，单击“打开”按钮（见图 3-286），载入喷水池族文件。

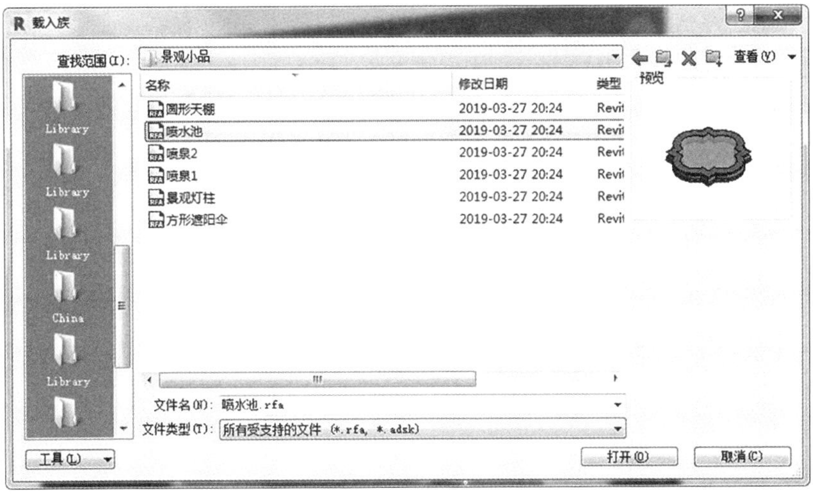

图 3-286　“载入族”对话框

(3)将喷水池放置到场地上的适当位置(见图 3-287)。

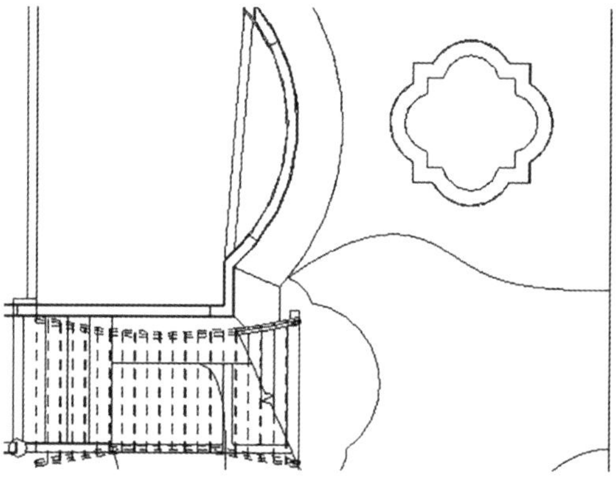

图 3-287 放置喷水池

(4)采用相同的方式,根据项目实际情况选取不同的场地构件(见图 3-288),放置到场地合适位置。

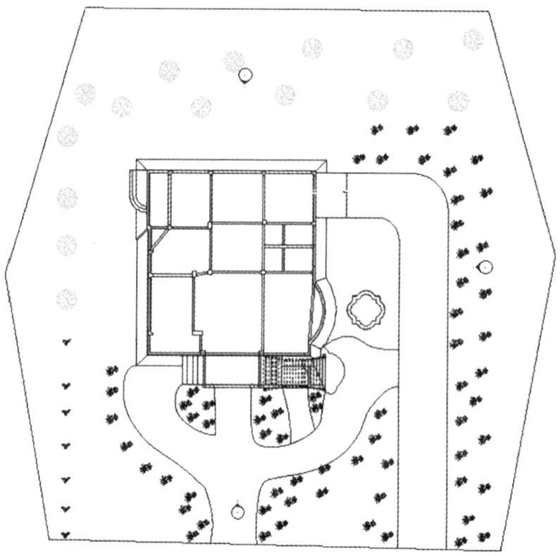

图 3-288 别墅案例项目场地构件

四、评价反馈

班级：　　　　　　　　　　　　姓名：　　　　　　　　　　学号：

学习任务：BIMMAKE 标高与轴网创建				
评价内容	评价标准	分值	自评得分	教师评分
标高和轴网	熟练掌握标高和轴网的创建操作	10		
结构柱建模	熟练掌握结构柱的创建操作	10		
结构梁建模	熟练掌握结构梁的创建操作	10		
结构墙建模	熟练掌握结构墙的创建操作	10		
结构基础建模	熟练掌握结构基础的创建操作	10		
结构楼板建模	熟练掌握结构楼板的创建操作	10		
建筑墙体建模	熟练掌握建筑墙体的创建操作	10		
幕墙建模	熟练掌握幕墙的创建操作	10		
建筑楼板建模	熟练掌握建筑楼板的创建操作	10		
屋顶建模	熟练掌握各类屋顶的创建操作	10		
创建洞口	熟练掌握各类洞口的创建操作	10		
门窗建模	熟练掌握门窗的创建操作	10		
楼梯、栏杆扶手	熟练掌握楼梯、栏杆扶手的创建操作	10		
常用构件建模	熟练掌握坡道、台阶、散水的创建操作	10		
场地建模	熟练掌握场地建模的创建操作	10		

模块四 BIMMAKE标高与轴网创建

一、模块描述

“BIMMAKE 标高与轴网创建”模块主要介绍利用广联达 BIMMAKE 软件来创建标高和轴网，主要包括标高创建、导入 CAD 图纸、轴网创建三个学习任务。标高与轴网是建筑模型在平立剖面视图中定位的重要依据，是建筑物的“标尺”，就像法规一样规矩着建筑物的平面和立面尺度。

请扫码下载案例图纸。

码 4-1 案例图纸

二、学习目标

(一)技能目标

在老师指导下，能够综合运用 BIMMAKE 软件创建建筑物标高和轴网。

(二)素质目标

培育严谨求实的工作作风，培养规矩意识。

三、学习任务

(一)学习任务一：标高创建

1. 标高的创建方式

BIMMAKE 有两种标高创建方式，分别是手动创建和楼层表创建。

1)手动创建

切换至任一立面视图后，使用“定位>标高”工具，可绘制标高，同时创建对应的平面视图(见图 4-1)。

2)楼层表创建

使用“定位>楼层管理”工具进行标高的创建和管理(见图 4-2)，可以向上、向下增加单个或多个楼层，也支持删除楼层，但项目中已经存在的楼层，灰显禁止在楼层管理中删除。

2. 标高的编辑与修改

1)标高的属性

在立面图中选中标高，可以查看和修改标高属性(见图 4-3)，其中可以修改标高值、标高名称，标头符号可改为上标头或小标头。

2)标高的通用编辑

选中被修改的标高后可以进行移动、复制、偏移、阵列、删除、拖拽等操作。

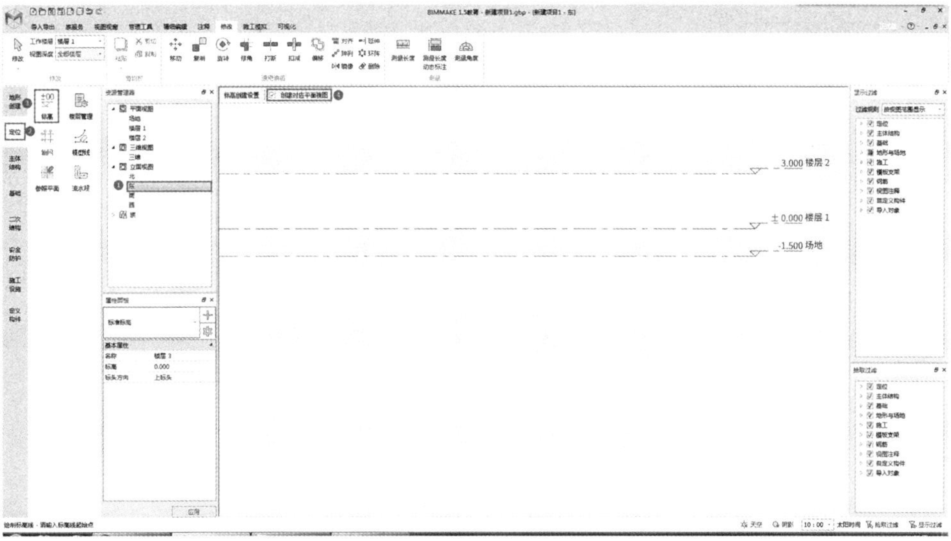

图 4-1　创建对应的平面视图

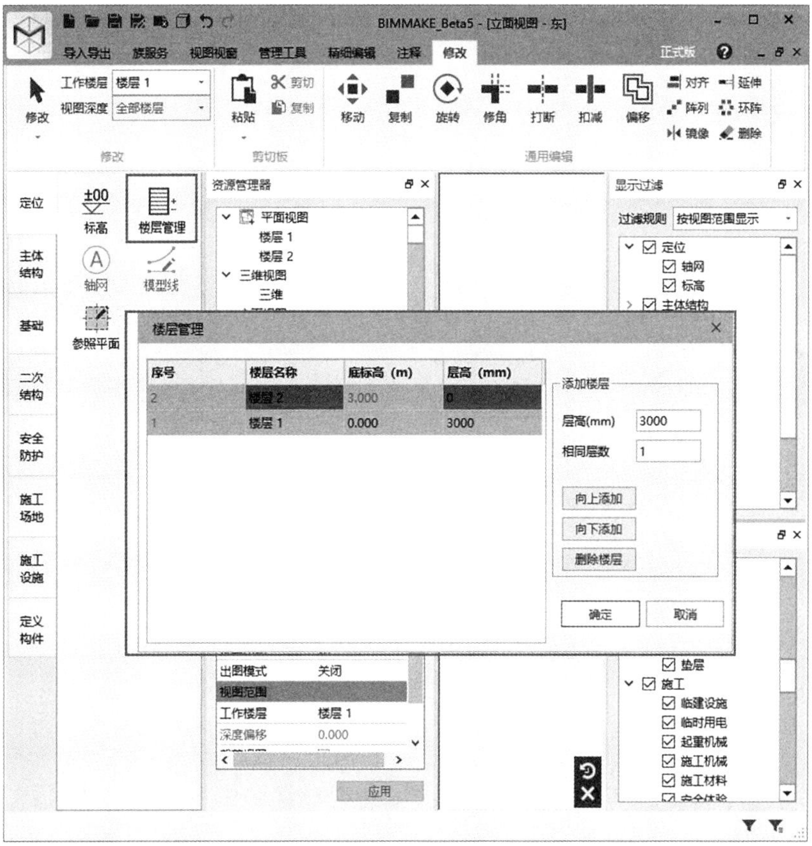

图 4-2　楼层管理

(1)移动/复制命令:选中标高,单击“移动”,在标高上选择移动起始点后单击,也可以直接输入数值后,单击鼠标,完成移动/复制操作(见图 4-4)。

图 4-3　标高的属性

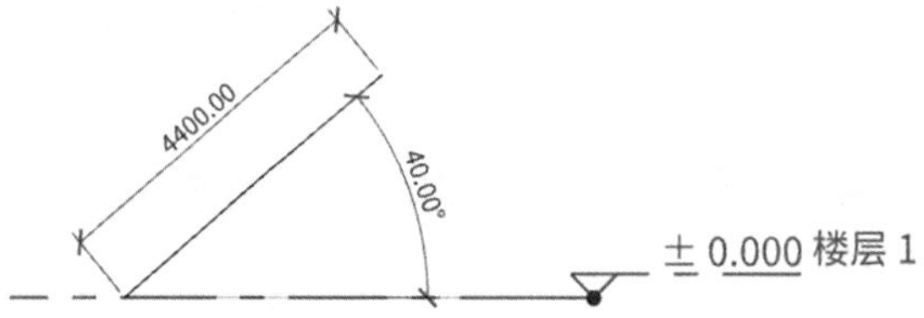

图 4-4　移动/复制标高

(2)偏移命令:选中标高,单击“偏移”,可在偏移窗口中设置偏移值和是否复制。在窗口中可对选中的标高进行上偏移或下偏移,单击完成偏移操作(见图 4-5)。

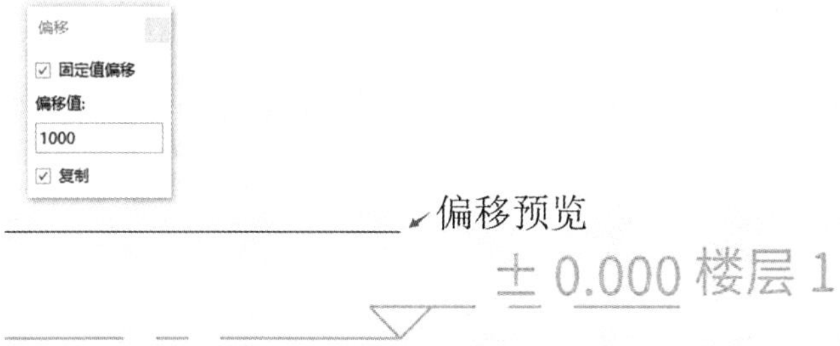

图 4-5　偏移标高

(3)阵列命令:此功能可批量生成具有相同层高的多个标高。选中标高,单击“阵列”,可在阵列窗口中设置阵列个数、阵列方式,单击指定阵列的起点、终点或输入距离角度数值后,完成阵列。

图 4-6 中“楼层 2、楼层 3、楼层 4、楼层 5”为“楼层 1”复制出来的标高。

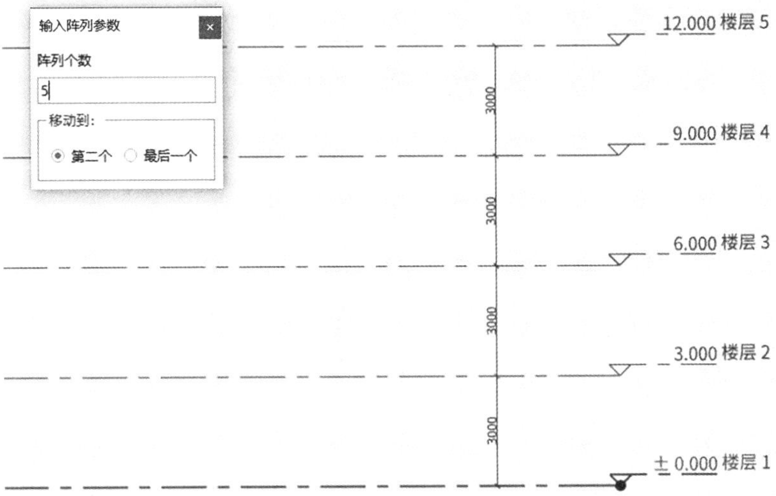

图 4-6 复制标高

(4)删除命令:选中标高,单击“删除”或按“Delete”键,即可完成删除操作。

(5)拖拽:可以在立面选中标高时,通过拖拽标高控制点(见图 4-7),改变标高线的长度。

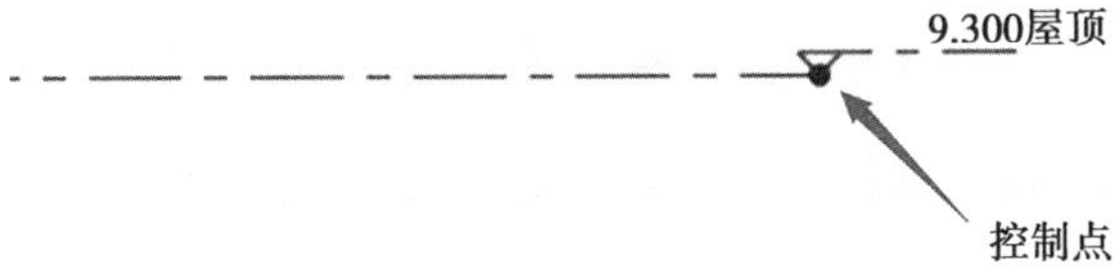

图 4-7 标高控制点

3)创建标高视图

手动创建标高时,BIMMAKE 默认创建相应的平面视图。若没有创建,可以手动创建:单击视图视窗选项卡中的“平面视图”,单击标高,即可创建对应的平面视图(见图 4-8)。

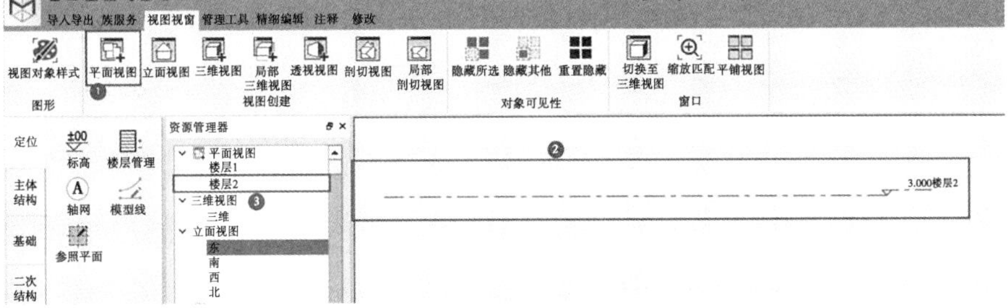

图 4-8 创建平面视图

4)调整标高对象样式

在管理工具选项卡的"对象样式"(见图 4-9)中,可调整所有视图的标高样式,包括投影线宽、投影线颜色、投影线型等。

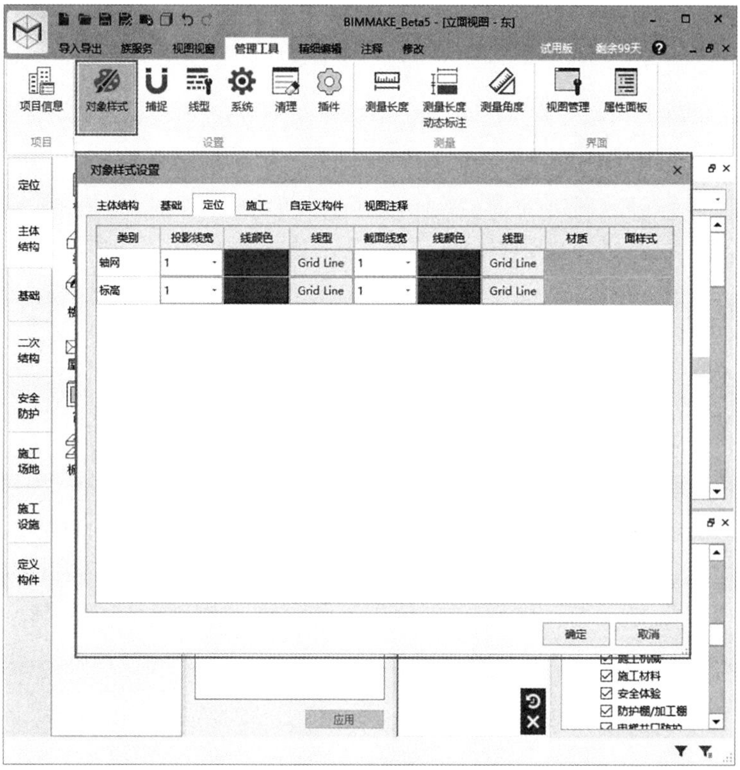

图 4-9　对象样式

5)调整标高视图样式

在视图视窗选项卡的"视图对象样式"(见图 4-10)中,可调整当前视图中的标高样式,包括投影线宽、投影线颜色、投影线型。

3. 标高创建任务实施

1)任务分析

在项目建模练习文件中,根据 1~8 轴立面图找到建筑标高信息,主要标高分别是 0、0. 3 m、4. 8 m、9. 3 m,另外,女儿墙顶标高为 9. 9 m、东立面外墙顶标高为 10. 8 m(见图 4-11)。同时,从结构图中可知基础底标高为-1. 6 m。标高数量不多,创建简单可以通过手动绘制来实现。

2)任务实施

打开 BIMMAKE,新建项目。选择东立面视图,系统中已有默认的"楼层 1"和"楼层 2"标高。通过复制和修改属性面板,手动绘制标高。最终效果如图 4-12 所示。

(二)学习任务二:导入 CAD 图纸

对于已有项目图纸的建模任务,需要先导入 CAD 图纸作为底图,以辅助模型更快地建立。

图 4-10　视图对象样式

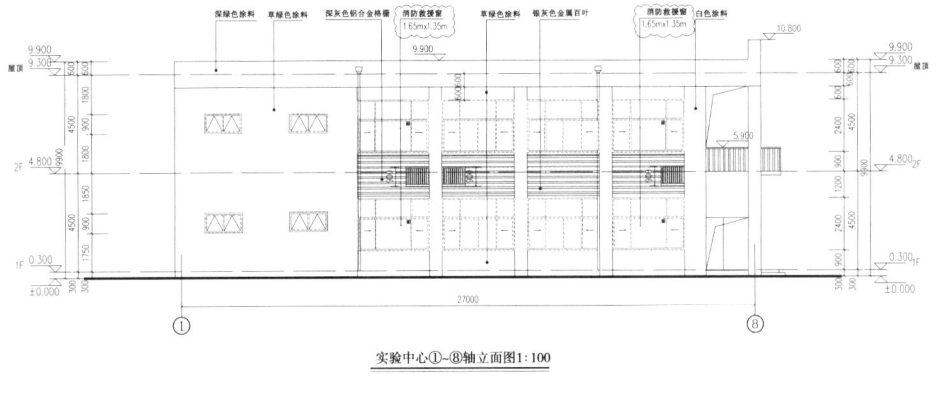

图 4-11　建筑标高

1. CAD 图纸导入方式

1) 图纸拆分与整理

目前只能导入 CAD 图纸，无法导入 CAD 三维模型文件。由于软件只能导入 1 km 范围内的图纸，如果有多张图在一个 CAD 文件中，会导致图纸范围过大而无法导入，因此需要手动将图纸拆分成多个单独的 CAD 文件。

为了保持导入的 CAD 图纸不出现错位，在手动拆分 CAD 图纸时，图纸应有相同的定位点。

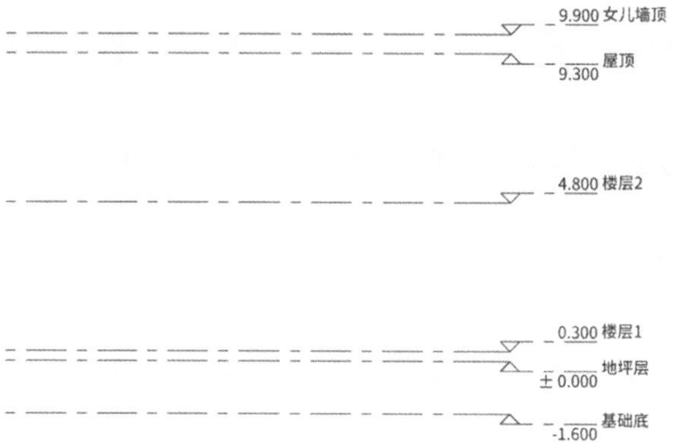

图 4-12　标高创建效果

2）导入 CAD 图纸

（1）导入平面图纸：在平面视图中，使用“导入导出>CAD”工具，可选择 dwg、dxf 格式文件，导入 CAD 平面图纸（见图 4-13）。导入时可以选择导入的颜色（保留、黑白或反转）、图层（可见、全部、指定）、导入单位（毫米、厘米等）、定位（自动—原点到原点、自动—中心到中心、手动到原点等），还可以确定导入的 CAD 放置的标高。

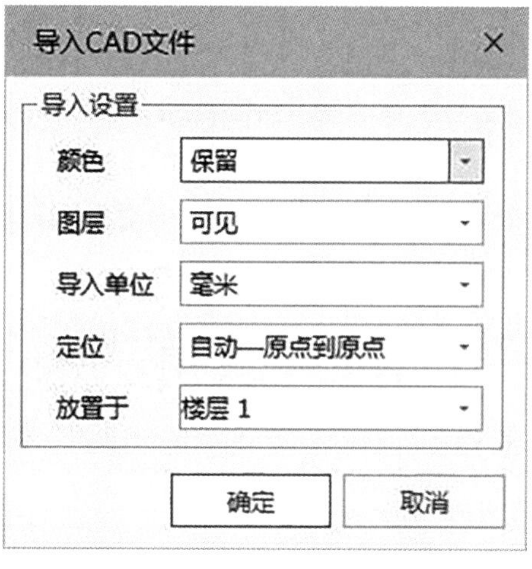

图 4-13　导入 CAD 平面图纸

（2）导入立面图纸：在立面视图中，使用“导入导出>CAD”工具，可导入 CAD 立面图纸。

注：目前无法在剖面中导入图纸。

2. CAD 图纸的编辑与修改

1）CAD 图纸的属性

选中 CAD 图纸后的属性面板可以修改图纸的底部标高、底部偏移等。因为 CAD 图纸在高度上的改变需要通过修改关联的底部标高和偏移值来实现，通常用来将某一层平面图移动到其他楼层标高视图中。

2)CAD 图纸的通用编辑

导入的图纸支持移动、复制、旋转、对齐、阵列、环阵、镜像、删除及剪切板的复制粘贴。如果不小心误删除 CAD 图,可以从资源管理器的族列表中找到已经导入的 CAD 图,右键创建实例,重新放置 CAD 图(见图 4-14)。单击“导入导出>导入>清除图纸”按钮,也可以删除项目中所有 dwg、dxf 图纸对象及其实例。

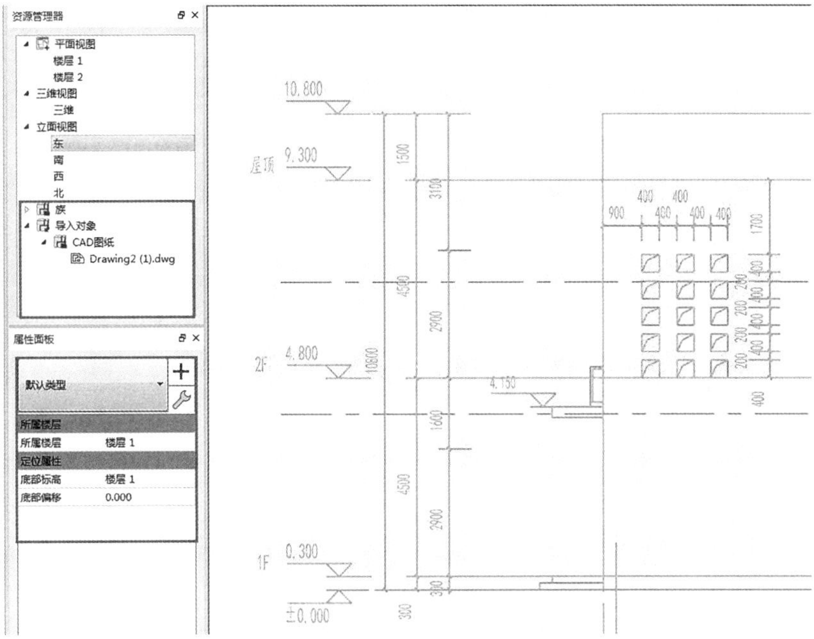

图 4-14　找到 CAD 图纸

3)显示与选择过滤

CAD 图纸作为设计底图容易误操作,建议在界面右侧通过取消勾选选择过滤来减少误操作导致的 CAD 图纸移动;通过显示过滤(见图 4-15),在不需要显示 CAD 的界面中,隐藏 CAD 图纸。

3. 导入 CAD 图纸任务实施

根据给定的 CAD 图纸,所有图都在一个文件中,需要先拆分图纸,并将 1 轴和 A 轴的交点放置在 CAD 图纸的(0,0)点作为项目原点(见图 4-16)。

因为需要先绘制基础,因此第一步应该将“基础结构平面图”导入,切换到正负零标高平面,点击导入 CAD,选择基础结构平面图,选择导入方式为原点到原点(见图 4-17)。

(三)学习任务三:轴网创建

1. 轴网的创建方式

在 BIMMAKE 中,可通过手动绘制和批量绘制创建轴网。

1)绘制轴网

在平面视图中,使用“定位>轴网”工具,可绘制轴网(见图 4-18)。

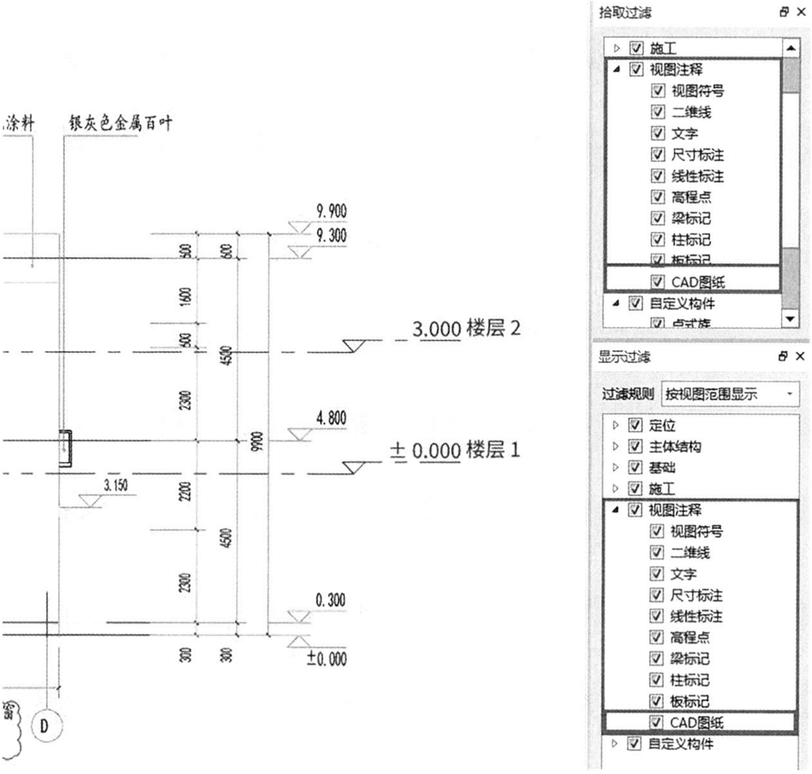

图 4-15 显示过滤

图 4-16 项目原点

2) 批量创建

点击"定位 > 轴网"后, 在"修改"选项卡中的"批量创建"可以批量绘制轴网(见图 4-19)。

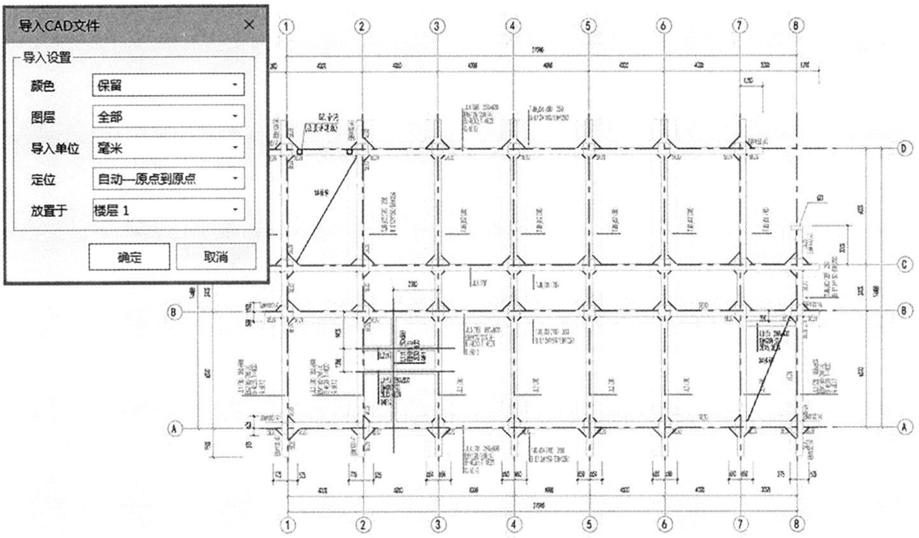

图 4-17　导入基础结构平面图

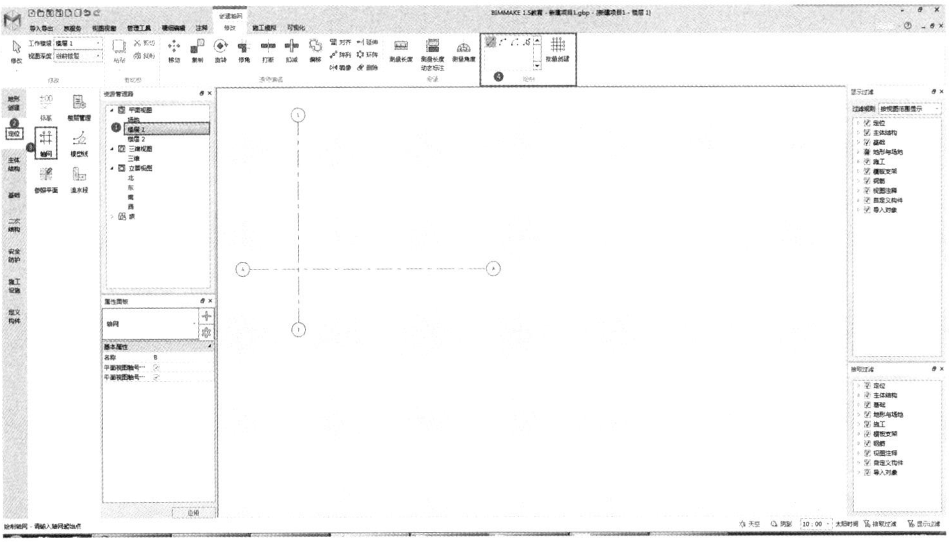

图 4-18　轴网工具绘制轴网

在弹出的轴网设置中，可以自定义轴网类型、端头延伸长度、命名规则、新增轴距、数量和标签的属性（见图 4-20）。

批量绘制轴网如图 4-21 所示。

2. 轴网的编辑与修改

1) 轴网的属性

在立面图中选中轴线，可以查看和修改轴线属性（见图 4-22），其中可以修改轴线名称、是否显示轴号。

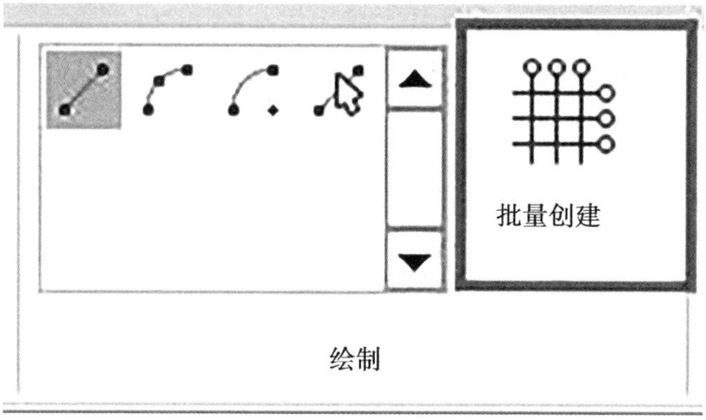

图 4-19　批量创建轴网

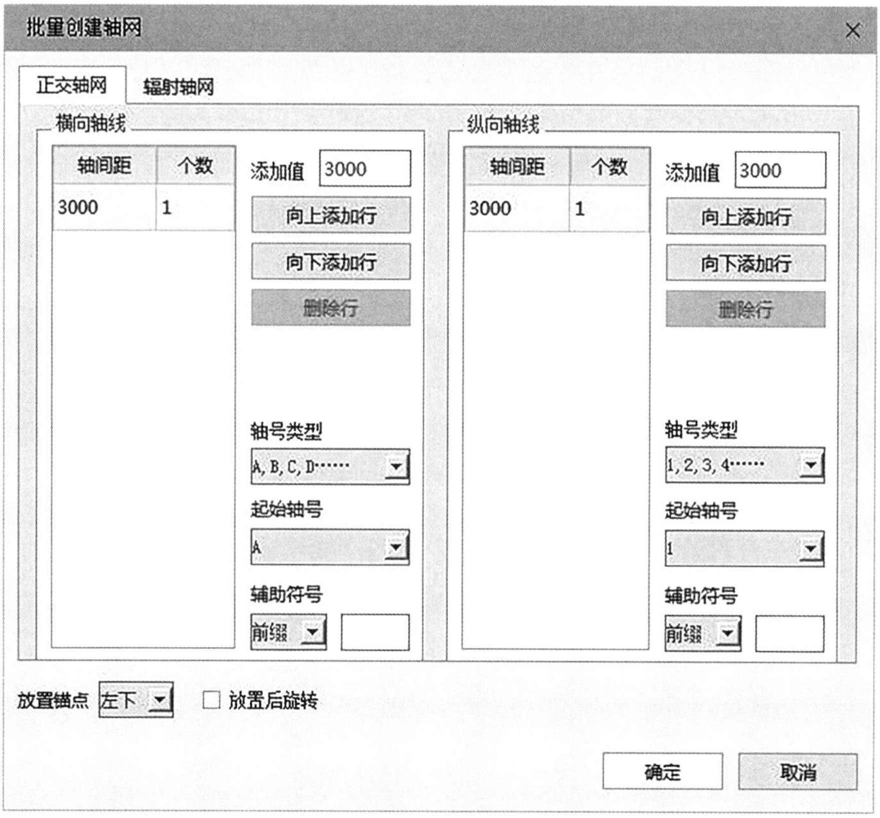

图 4-20　自定义轴网

2) 轴网的通用编辑

选中被修改的轴线可以进行移动、复制、旋转、偏移、对齐、阵列、镜像、环阵、删除等操作。

(1)旋转命令:选中轴线,单击“旋转”,在轴线上选择旋转的起始角度和旋转角度后单击,也可以直接输入数值后,单击鼠标,完成旋转操作(见图 4-23)。

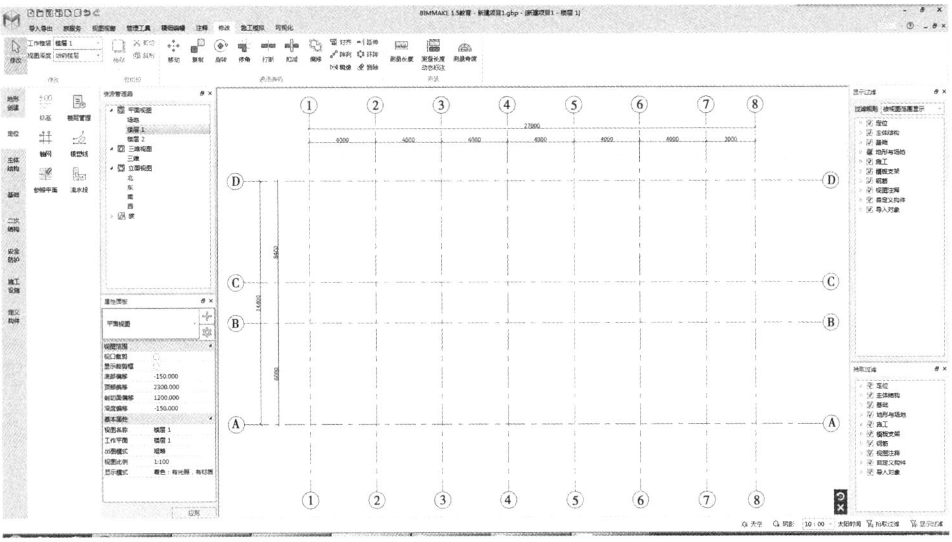

图 4-21 批量绘制轴网

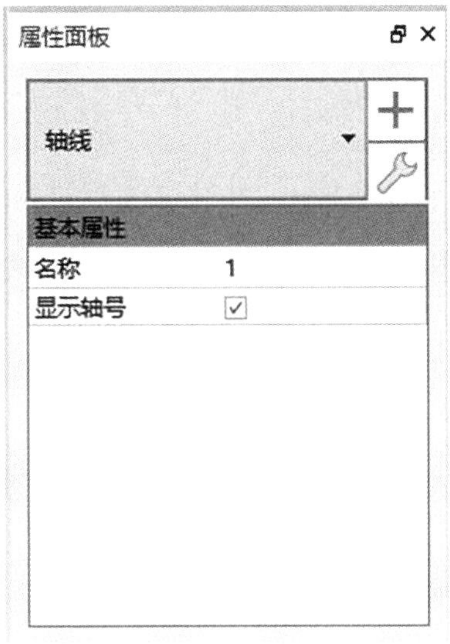

图 4-22 轴网基本属性

(2)对齐命令:选中轴线,单击“对齐”,可在对齐参数窗口中设置对齐后距离(仅对直线形构件有效),依次点击被对齐线和对齐线(见图 4-24),单击鼠标,完成对齐操作。图 4-25 显示对齐后的效果。

(3)镜像命令:选中轴线,单击“镜像”,可在镜像窗口中设置镜像轴类型和是否复制轴线。选择拾取轴类型时,鼠标拾取镜像轴(见图 4-26),单击鼠标,完成镜像操作。选择绘制轴类型时,手动绘制镜像轴(见图 4-27),点击鼠标完成轴线镜像操作。

(4)环阵命令:选中轴线,单击“环阵”,可在径向阵列窗口中设置旋转中心点、阵列的轴线个数、阵列方式和角度,鼠标单击阵列的起始角度和旋转角度,单击鼠标,完成环阵操作。图 4-28 中的轴 2 和轴 3 为环阵后的轴线。

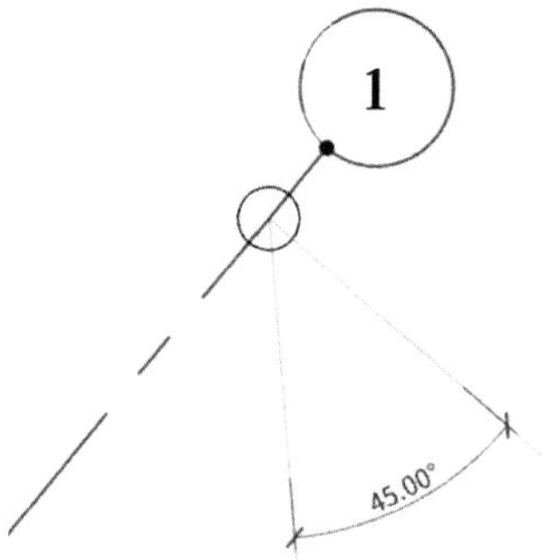

图 4-23 旋转轴

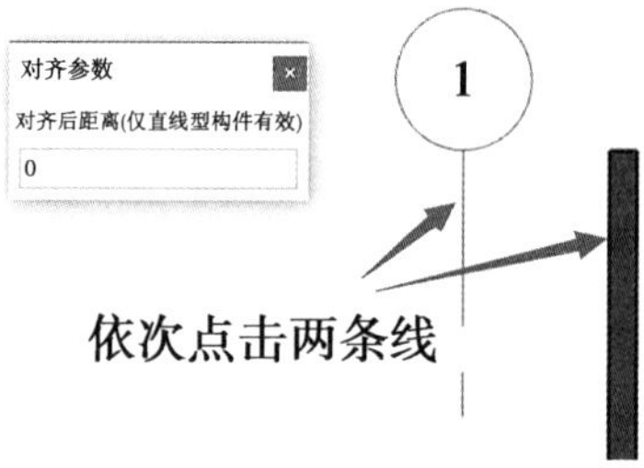

图 4-24 对齐轴网

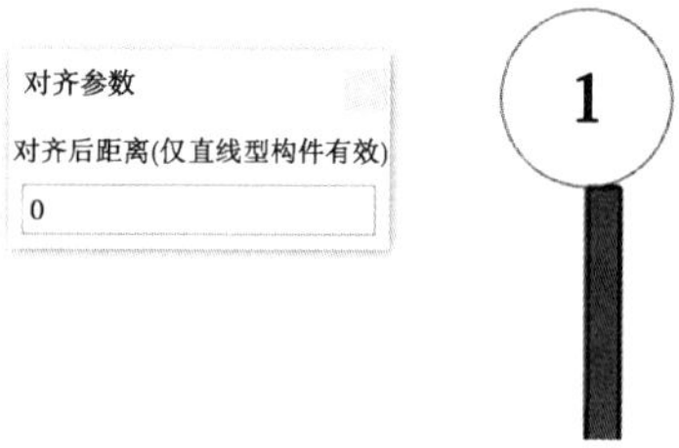

图 4-25 对齐轴网后效果

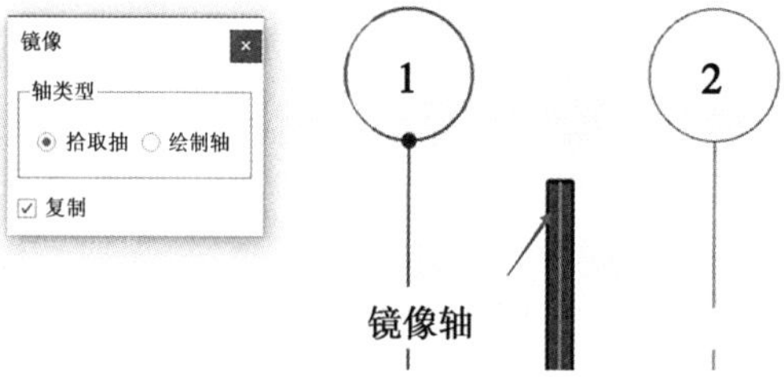

图 4-26 拾取镜像轴网操作

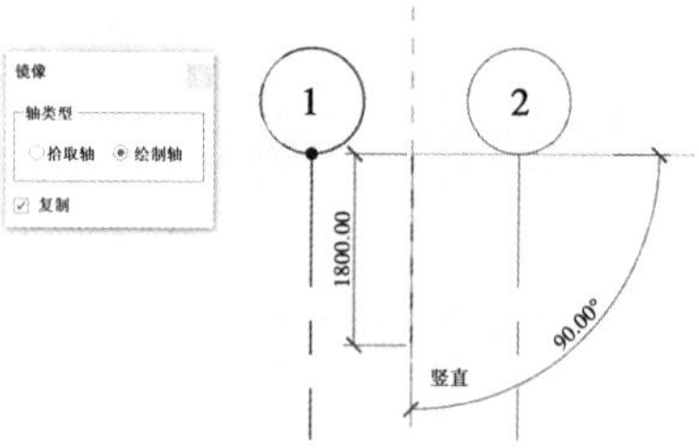

图 4-27 绘制镜像轴网

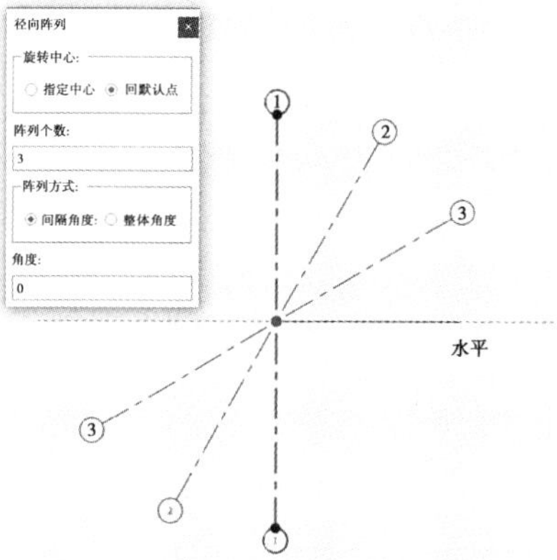

图 4-28 轴网环阵

3. 轴网创建任务实施

1) 任务分析

由于导入的 CAD 图纸中已有轴线信息,可以通过拾取轴网线进行快速绘制(见图 4-29)。

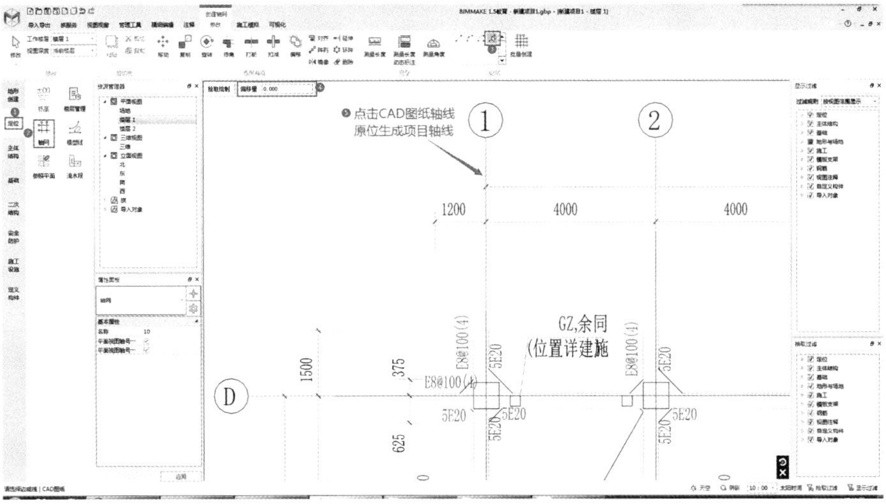

图 4-29　拾取 CAD 图轴网线绘制轴网

2) 任务实施

单击"定位>轴网",在"绘制"选项卡中选择拾取绘制方式,依次点击图纸中的轴线创建轴线。最终效果如图 4-30 所示。

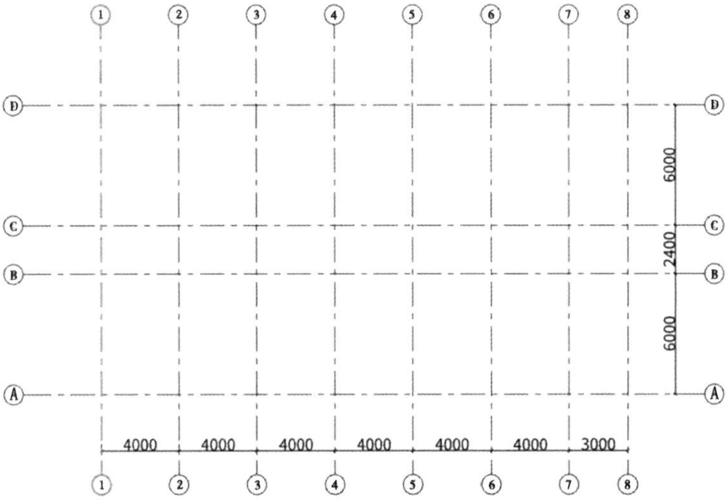

图 4-30　轴网创建

四、评价反馈

班级：　　　　　　　　　　　　姓名：　　　　　　　　　　学号：

学习任务：BIMMAKE 标高与轴网创建				
评价内容	评价标准	分值	自评得分	教师评分
标高创建	熟练掌握标高创建操作	10		
导入 CAD 图纸	熟练掌握导入 CAD 图纸操作	10		
轴网创建	熟练掌握轴网创建操作	10		

模块五 BIMMAKE基础创建

一、模块描述

“BIMMAKE 基础创建”模块主要介绍利用广联达 BIMMAKE 软件来创建建筑物基础,主要包括基础的类型、基础的创建方式、基础的编辑与修改。基础是建筑物地面以下的承重结构,承担着建筑物上部结构传下来的荷载,并把它们连同自身的荷载传给地基。基础埋在地下看不见,却承担着建筑物的全部荷载,就像默默奉献的共和国功勋一样,大肩担重任、热血铸辉煌。

二、学习目标

(一)技能目标

在老师指导下,能够综合运用 BIMMAKE 软件的基本操作,创建建筑物基础。

(二)素质目标

严谨求实的工作作风培养,担当意识、责任意识的培育,埋头苦干、务实肯干的精神塑造。

三、学习任务

(一)基础的创建方式

1. 支持的基础类型

BIMMAKE 支持 5 种基础类型,分别是条形基础、筏板基础、独立基础、桩基承台和集水坑(见图 5-1),每种基础支持多种族类型。其余基础可通过导入族实现。

2. 基础的创建

(1)条形基础、筏板基础:点击“基础>条形基础/筏板基础”,可在三维视图或平面视图中直接绘制。绘制方式支持直线绘制、曲线绘制、矩形绘制和拾取线绘制。条形基础绘制方式如图 5-2 所示。

(2)独立基础、桩基承台、集水坑:点击所选基础后直接在窗口中放置即可。集水坑只能在筏板基础上创建。

(二)基础的编辑与修改

1. 基础的属性

绘制基础时,可以在“属性面板”中设置构件的类型。各基础默认的形式如表 5-1 所示。

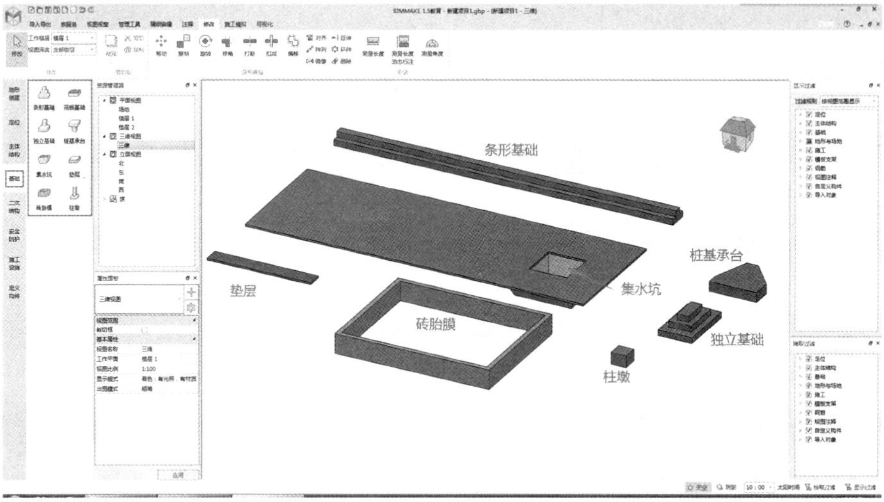

图 5-1　基础类型

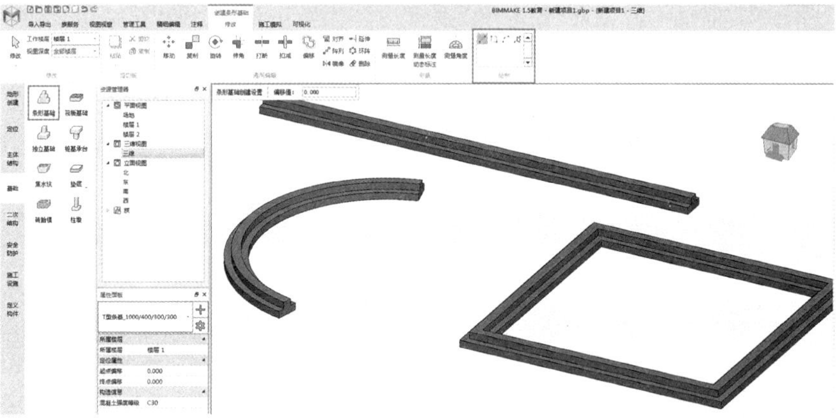

(a)绘制条形基础

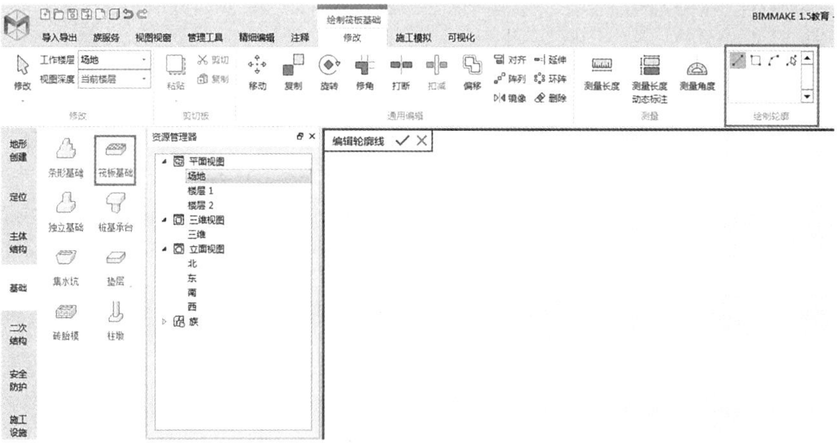

(b)绘制筏板基础

图 5-2　条形基础

表 5-1 BIMMAKE 基础默认形式

基础	类型
条形基础	T形条基_1000/400/300/300 矩形条基_1000x500mm 矩形条基_800x400mm
筏板基础	筏板基础_100mm 筏板基础_200mm
独立基础	独立基础_1000/1000/400 独立基础_1800/1200/600 独立基础三台有杯口 顶偏心矩形独立基础 底偏心矩形独立基础 带短柱杯口独立基础 杯形基础_类型1 四棱锥台形独立基础 等高砖大放脚独立基础 锥台杯形独立基础 偏心二阶独立基础 双台双杯口独立基础 倒棱台独立基础 四棱锥台形独立基础带柱 独立基础双层带坡 独立基础-三台_类型1 独立基础三台

续表 5-1

基础	类型
桩基承台	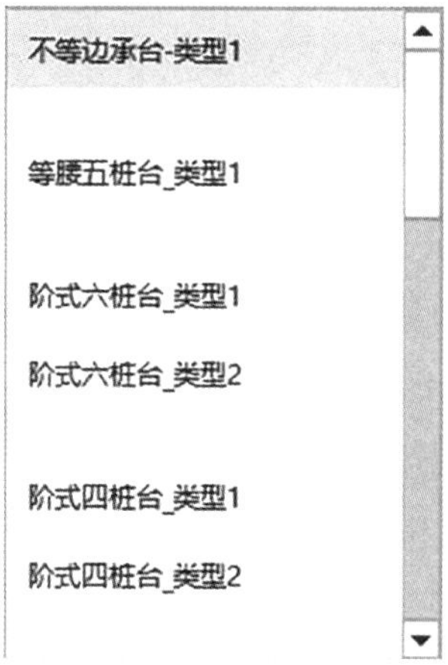 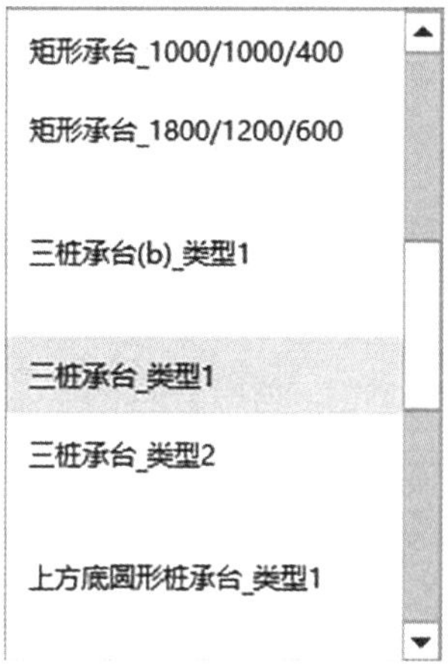 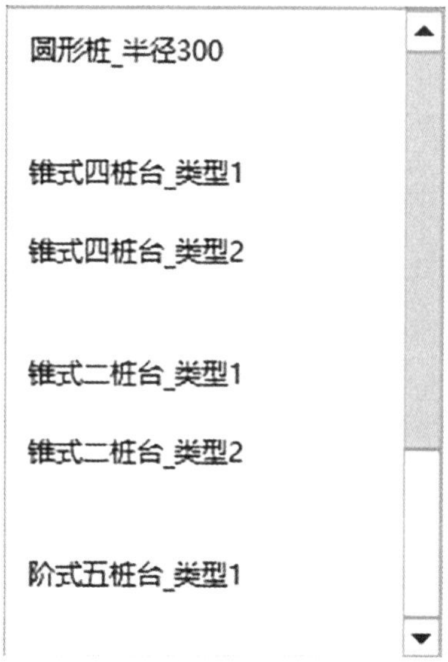

点击“属性面板”的加号，可以新建族类型（见图 5-3），并修改各参数尺寸信息。

2. 基础的通用编辑

选中被修改的基础可以进行移动、复制、旋转、修角、打断、扣减、偏移、对齐、延伸、阵列、镜像、环阵、删除等操作。

（1）修角命令：修角命令可将两个所选图元延伸为一个角。单击“修角”命令后，依次点击待修角的两条基础后，完成修角操作。图 5-4 中右侧为修角后的构件。

注：条形基础的拐角处无法完全衔接，但是墙等构件可以。

（2）打断命令：在平面视图或三维视图中，单击“打断”命令，在构件上单击选取打断

图 5-3 新建族类型

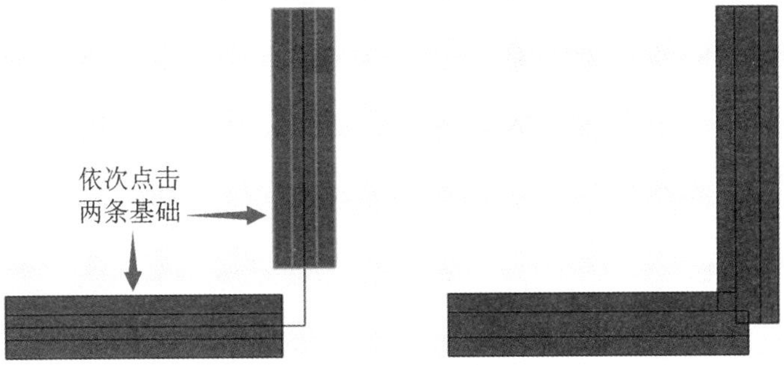

图 5-4 基础修角

点,完成打断操作(见图 5-5)。

(3)扣减命令:扣减命令可处理构件重合的部位。在平面视图或三维视图中,单击"扣减"命令,依次选择扣减构件和被扣减构件,完成扣减操作(见图 5-6)。

(4)延伸命令:延伸命令可将两个所选图元延伸。点击"延伸"命令后,依次选取基准边界与被延伸边界,完成延伸操作。根据所选边界的不同可实现多种延伸效果(见图 5-7)。

(三)基础创建任务实施

1. 任务分析

根据基础结构平面图(见图 5-8)可以看到,基础层包括矩形基础、基础梁和梁加腋。由于梁加腋暂时无法实现,可以忽略。

2. 任务实施

案例项目条形基础为梁板式条基,在 BIMMAKE 软件中可先创建条形基础底板,再创建基础梁,二者叠加形成梁板式条基。

先使用"基础>条形基础>绘制条形基础"命令,设置条形基础底板截面参数,绘制条形基础底板(见图 5-9)。

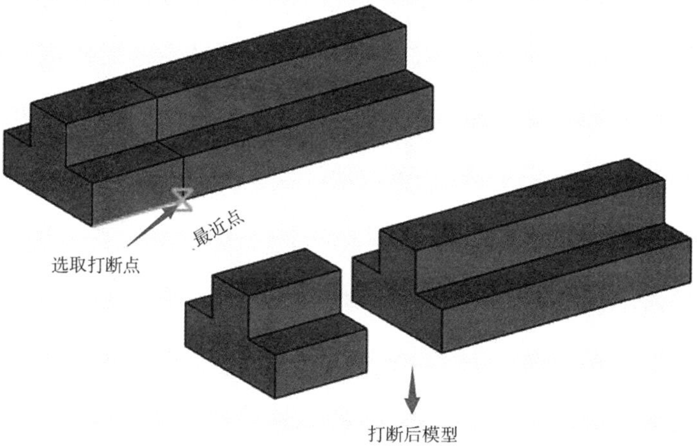

图 5-5　基础打断

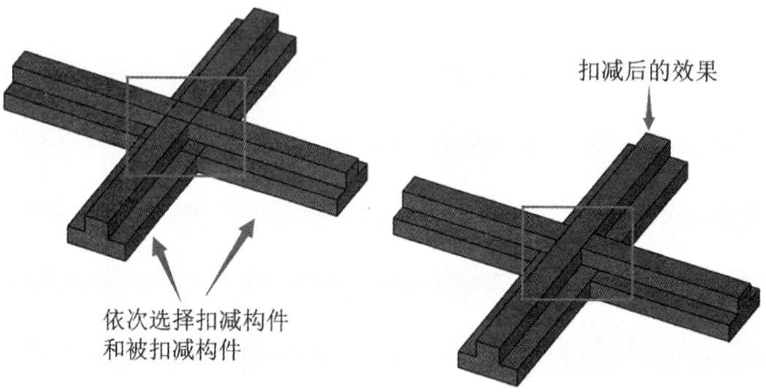

图 5-6　基础扣减

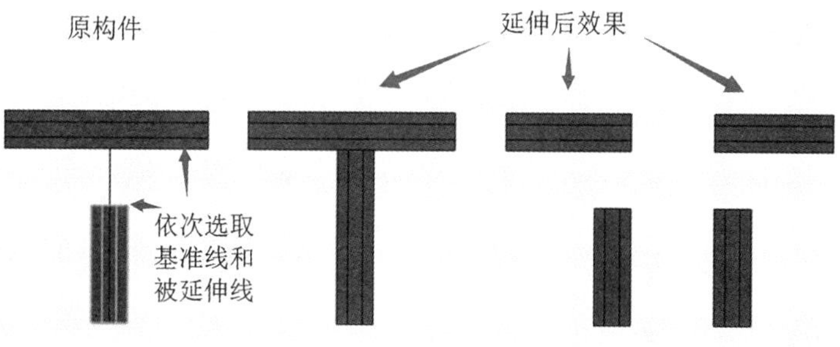

图 5-7　基础延伸

再使用“主体结构>梁>绘制梁”命令，设置基础梁截面参数，绘制基础梁，与基础底板形成梁板式条形基础（见图 5-10）。

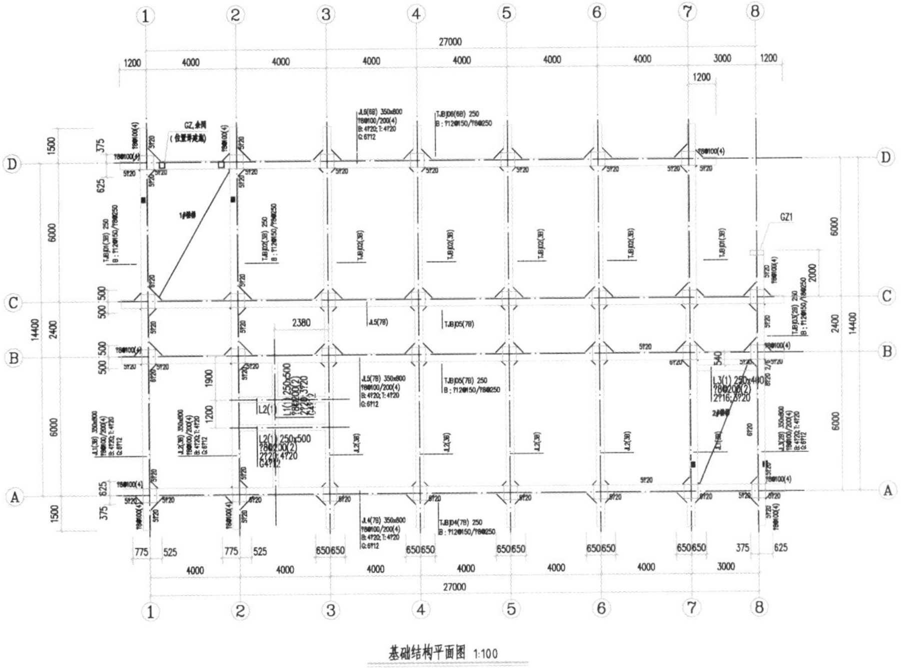

图 5-8 基础结构平面图

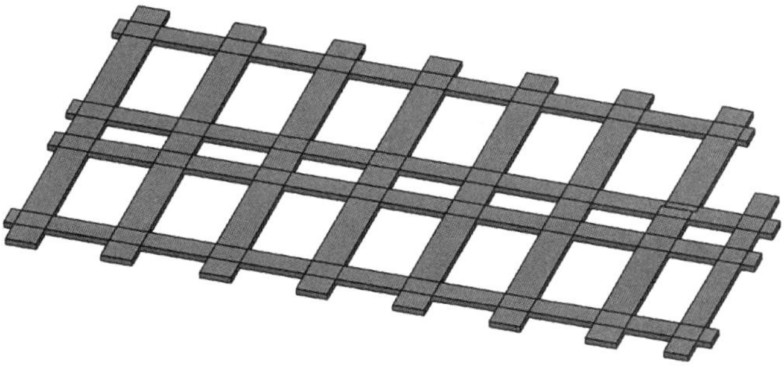

图 5-9 创建条形基础底板

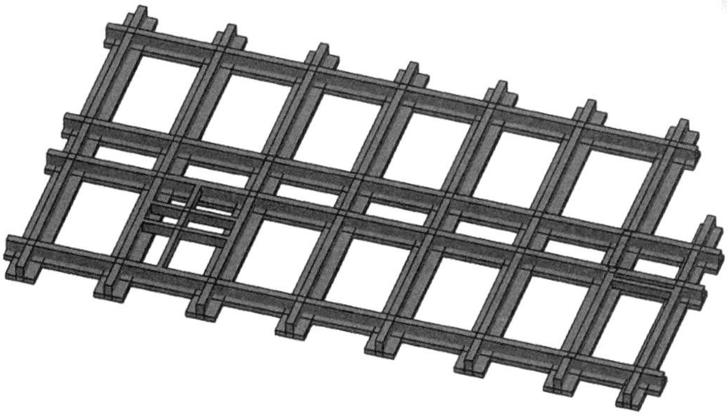

图 5-10 创建基础梁

四、评价反馈

班级：　　　　　　　　姓名：　　　　　　　　学号：

学习任务：BIMMAKE 基础创建				
评价内容	评价标准	分值	自评得分	教师评分
基础的创建	熟练掌握基础创建操作	10		

模块六 BIMMAKE柱创建

一、模块描述

"BIMMAKE 柱创建"模块主要介绍利用广联达 BIMMAKE 软件来创建建筑物柱子，主要包括柱的创建方式、柱的编辑与修改。柱子是建筑物的主要承力构件，就像家里的"顶梁柱"一样，承担着建筑物的竖向荷载，至关重要。

二、学习目标

（一）技能目标

在老师指导下，能够综合运用 BIMMAKE 软件的基本操作，创建建筑物柱子。

（二）素质目标

培养严谨求实的工作作风，培育担当意识、责任意识。

三、学习任务

（一）柱的创建方式

1. 绘制柱

使用"主体结构>柱>绘制柱"工具（见图 6-1），点击插入点，完成放置。在柱创建设置窗口中可以选择柱类型、放置后是否旋转与放置点，目前支持矩形柱、圆形柱、L 形柱、T 形柱和 Z 形柱。在"修改"选项卡中可以选择放置类型是垂直柱还是斜柱。

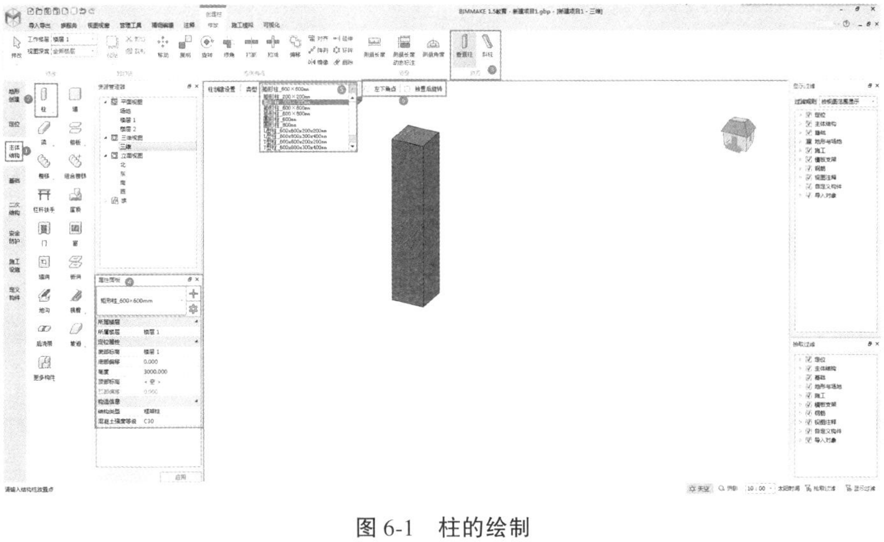

图 6-1　柱的绘制

2. 自定义截面柱

使用“主体结构>柱>自定义截面柱”命令,可以手动绘制柱的截面。

(二)柱的编辑与修改

1. 柱的属性

选中柱后,在属性面板中可以修改所选柱的所属楼层、底部标高与偏移、顶部标高与偏移、截面旋转角度和结构类型(见图 6-2)。

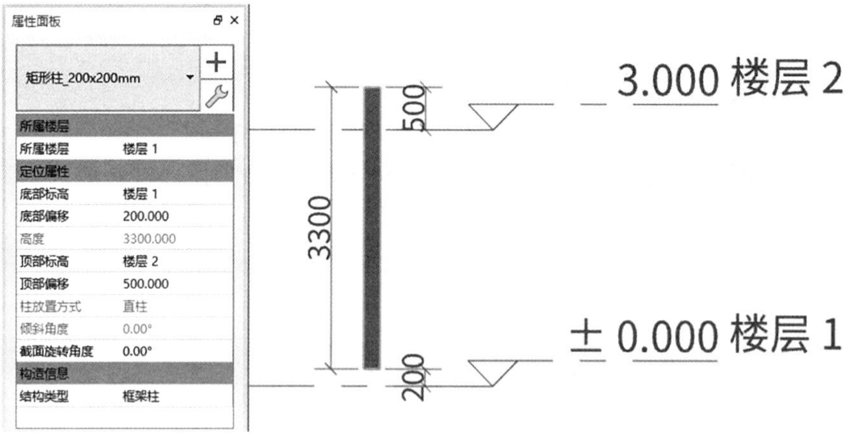

图 6-2 柱的属性编辑

在“新建族类型”窗口中可以新建自定义尺寸的柱(见图 6-3)。

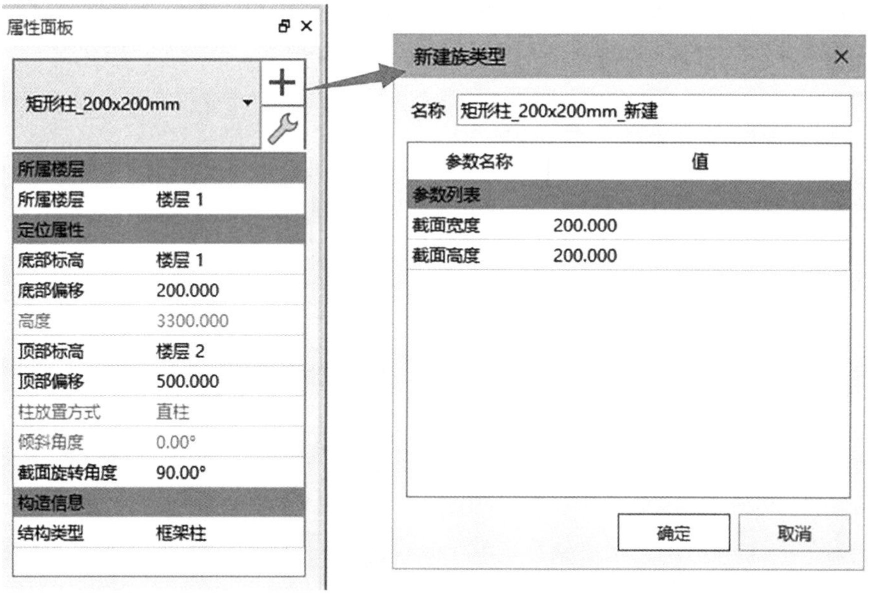

图 6-3 柱的自定义尺寸

2. 柱的通用编辑

被选中的柱可以进行移动、复制、旋转、扣减、对齐、阵列、镜像、环阵、删除等操作。

(三)柱创建任务实施

1. 任务分析

根据基础结构平面图、一层柱平面配筋图、二层柱平面配筋图和 1~8 轴立面图,可以确定以下内容:

(1)地坪层有 600 mm×600 mm 和 600 mm×200 mm 两种尺寸的柱,底部标高是地坪层,柱高 5.55 m。

(2)一层柱与基础层共用柱。

(3)二层柱有 600 mm×600 mm,500 mm×500 mm 和 600 mm×200 mm 3 种尺寸的柱,底部标高是楼层 2,柱高 4.55 m。

(4)屋面层有 600 mm×600 mm 和 500 mm×500 mm 两种柱,底部标高是屋顶层,柱高 1.5 m。柱平面布置图如图 6-4 所示。

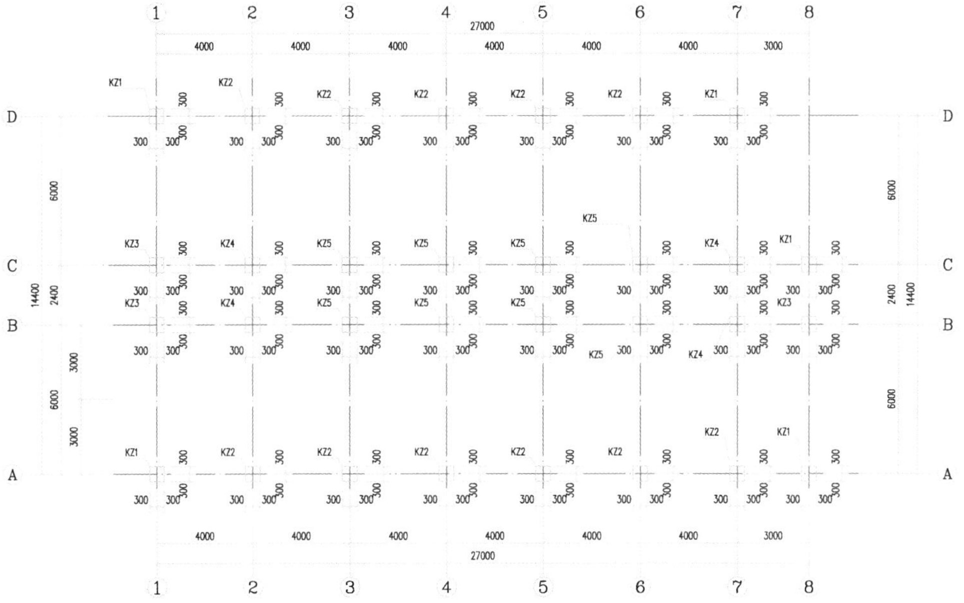

图 6-4 柱平面布置图

2. 任务实施

1)按所属楼层显示

BIMMAKE 的视图可以分楼层浏览,便于查找问题。具体步骤如下:通过将过滤规则选为"按所属楼层显示"后,在"修改"选项卡中将"视图深度"选为"当前楼层",选择"楼层 2",方便绘制(见图 6-5)。

2)绘制柱

先在地坪层导入基础结构平面图的 CAD 图,或在楼层 1 中导入一层柱平面配筋图的 CAD 图,绘制柱。绘制过程中可使用复制或阵列功能。

切换至楼层 2 后,再导入二层柱平面配筋图的 CAD 图,在楼层 2 绘制柱,最后在屋面层绘制柱。

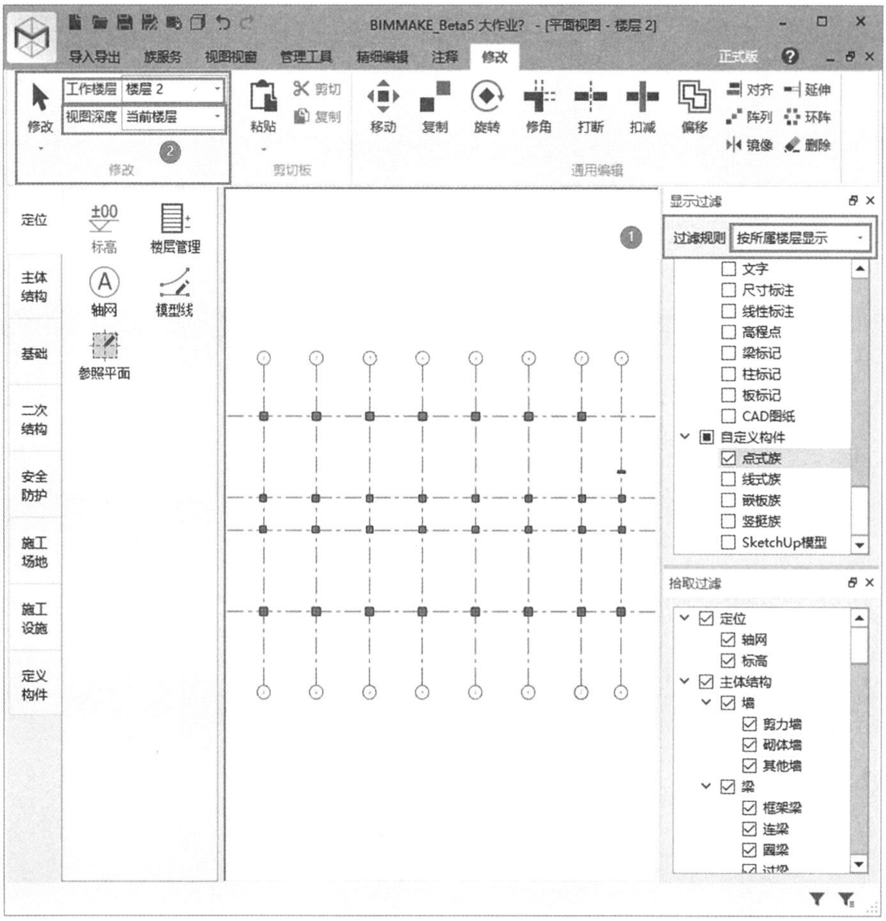

图 6-5　分楼层显示柱

图 6-6 为南立面视图效果，图 6-7 为三维效果。

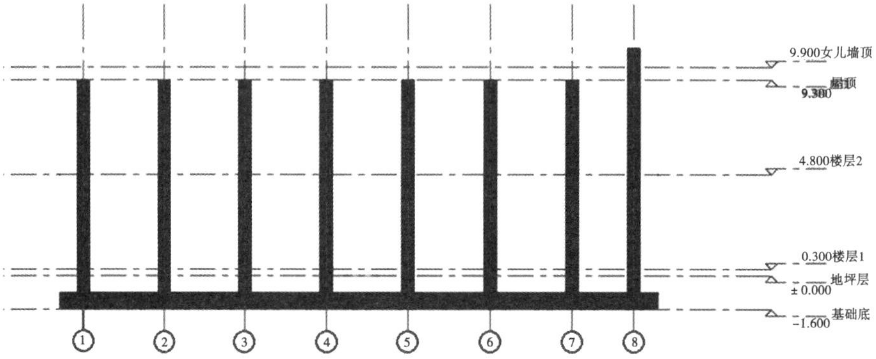

图 6-6　南立面视图效果

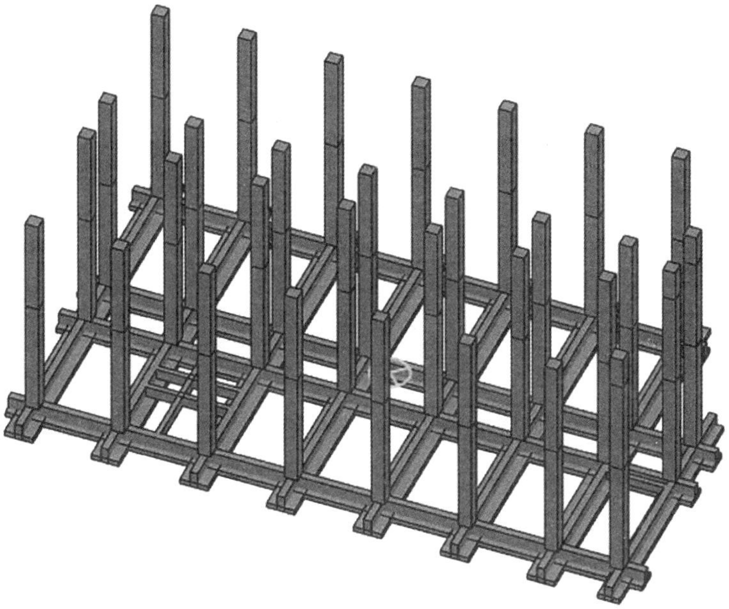

图 6-7　三维效果

四、评价反馈

班级：　　　　　　　　　　　　　　姓名：　　　　　　　　　　　学号：

学习任务：BIMMAKE 基础创建				
评价内容	评价标准	分值	自评得分	教师评分
柱的创建	熟练掌握柱创建操作	10		

模块七 BIMMAKE梁创建

一、模块描述

“BIMMAKE 梁创建”模块主要介绍利用广联达 BIMMAKE 软件来创建建筑物梁构件，主要包括梁的创建方式、梁的编辑与修改。梁是建筑物的主要承力构件，与柱子一起构建起建筑物的“四梁八柱”，担当着建筑物的不同楼层的竖向荷载，至关重要。

二、学习目标

（一）技能目标

在老师指导下，能够综合运用 BIMMAKE 软件的基本操作，创建建筑物梁构件。

（二）素质目标

培养严谨求实的工作作风，培育担当意识、责任意识。

三、学习任务

（一）梁的创建方式

1. 绘制梁

点击“主体结构>梁>绘制梁”工具，点击起点和终点，完成梁的绘制（见图 7-1）。在梁创建设置窗口中可以选择梁类型和偏移值，目前支持矩形梁、变截面梁和 T 形梁。在“修改”选项卡中可以选择直线绘制、弧线绘制、矩形绘制和拾取线绘制。

2. 自定义界面梁

使用“主体结构>梁>自定义截面梁”命令，可以手动绘制梁的截面。

（二）梁的编辑与修改

1. 梁的属性

选中梁后，在属性面板中可以修改所选梁的所属楼层、顶部标高、起点偏移、终点偏移和梁的结构类型（见图 7-2）。

在“新建族类型”窗口中可以新建自定义尺寸的梁（见图 7-3）。

2. 梁的通用编辑

被选中的梁可以进行移动、复制、旋转、修角、打断、扣减、偏移、对齐、阵列、环阵、镜像、删除等操作。

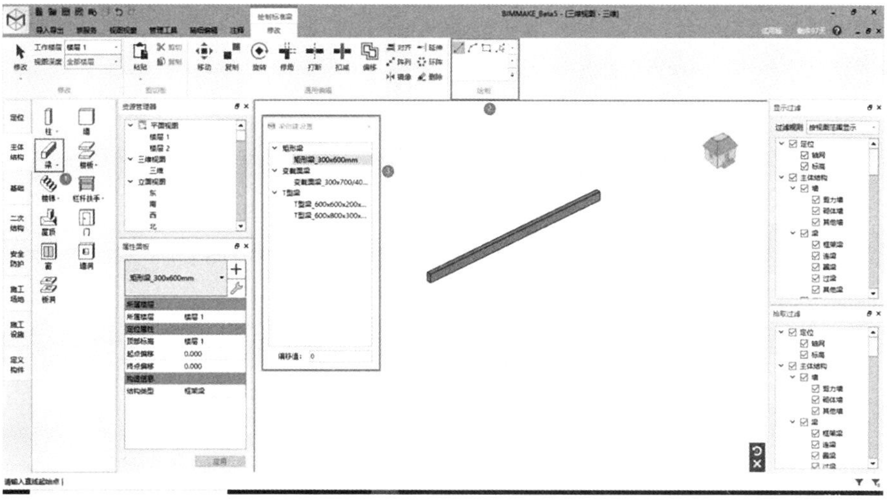

图 7-1　绘制梁

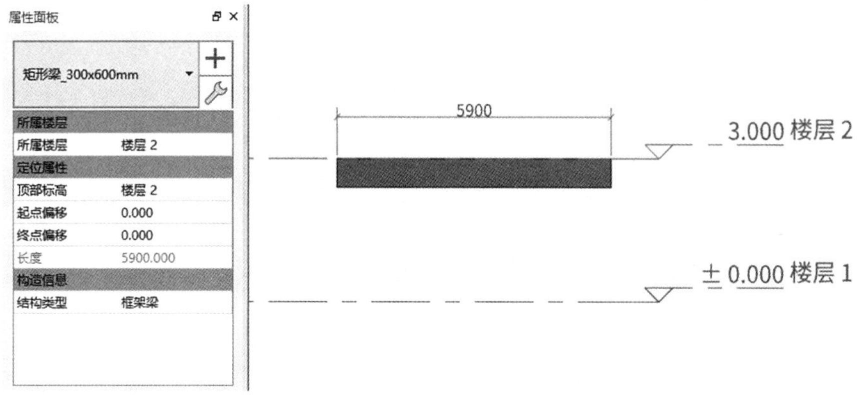

图 7-2　梁的属性

(三)梁创建任务实施

1. 任务分析

根据二层梁配筋平面图和屋面梁配筋平面图,可以确定 300 mm×800 mm、300 mm×500 mm、300 mm×600 mm 和 250 mm×500 mm 4 种尺寸的梁。

2. 任务实施

在楼层 1 中导入二层梁配筋平面图,绘制梁。再在楼层 2 中导入屋面梁,绘制屋面梁。梁三维图如图 7-4 所示。

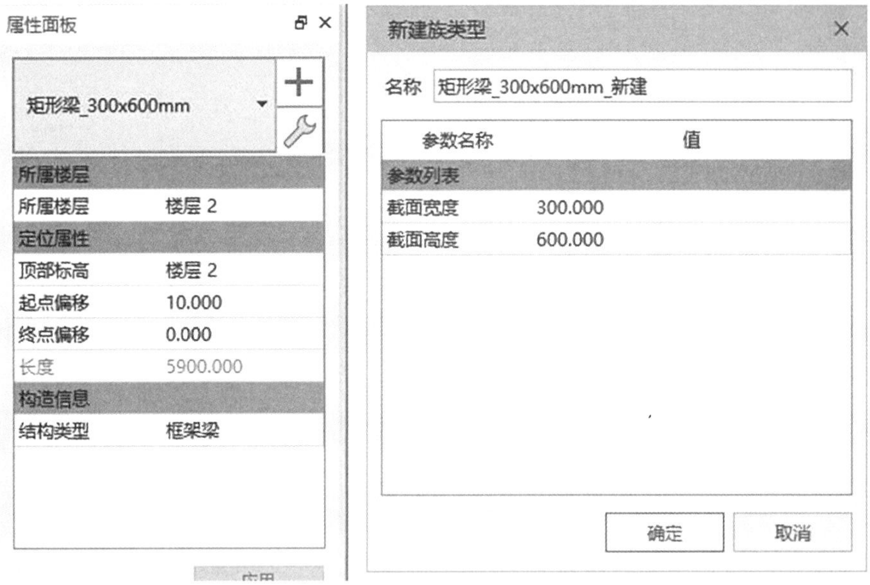

图 7-3　自定义梁

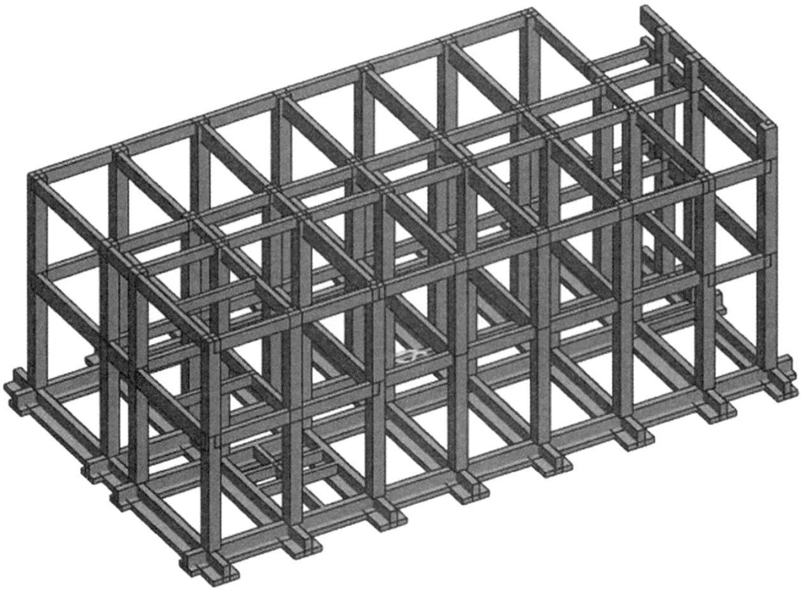

图 7-4　梁三维图

四、评价反馈

班级:　　　　　　　　　　　　　　姓名:　　　　　　　　　　　学号:

学习任务:BIMMAKE 梁创建				
评价内容	评价标准	分值	自评得分	教师评分
梁的创建	熟练掌握梁创建操作	10		

模块八 BIMMAKE板创建

一、模块描述

“BIMMAKE 板创建”模块主要介绍利用广联达 BIMMAKE 软件来创建建筑物板构件，主要包括板的创建方式、板的编辑与修改。

二、学习目标

（一）技能目标

在老师指导下，能够综合运用 BIMMAKE 软件的基本操作，创建建筑物板构件。

（二）素质目标

培育严谨求实的工作作风。

三、学习任务

（一）板的创建方式

1. 绘制楼板

点击“主体结构>楼板>绘制楼板”工具（见图 8-1），进入编辑轮廓模式，绘制封闭楼板轮廓线，点击“√”完成绘制。编辑模式绘制支持直线绘制、弧线绘制、矩形绘制和拾取线绘制等方式。

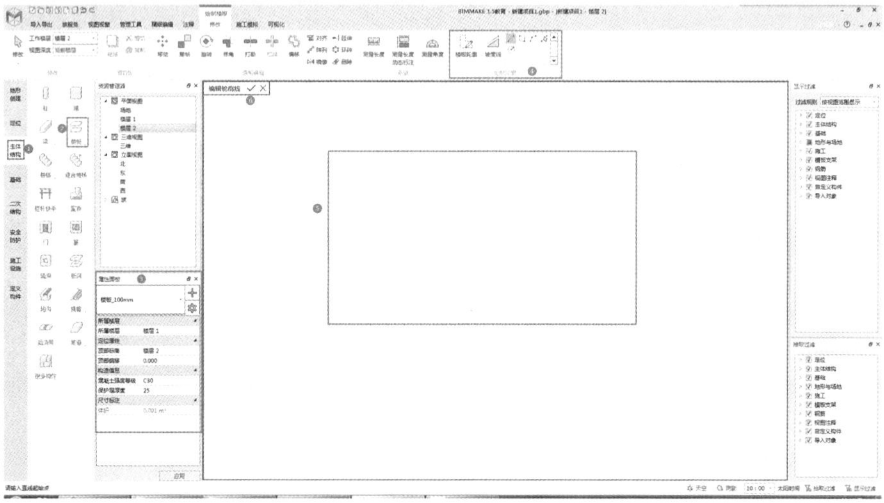

图 8-1　绘制楼板

选择绘制坡度线可以绘制斜板(见图 8-2)。点击后在楼板中绘制倾斜方向和坡度值。

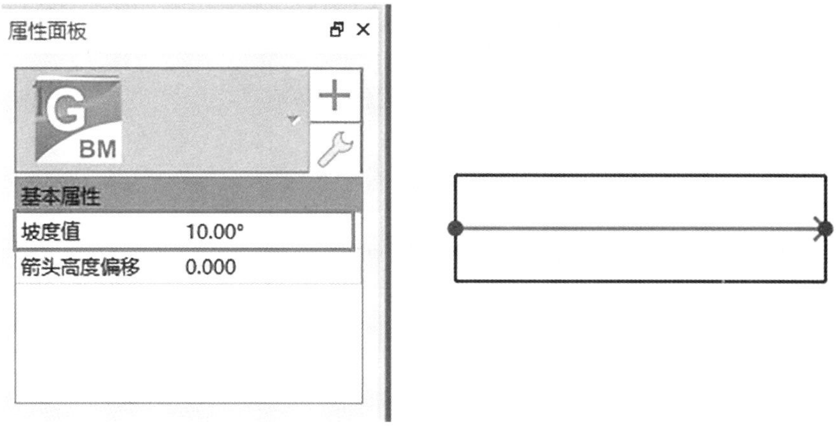

图 8-2　绘制斜板

2. 自动识别楼板

自动识别楼板可以根据封闭区域自动识别生成楼板。点击“主体结构>楼板>自动识别楼板”工具(见图 8-3),在自动识别窗口中可设置识别范围和楼板属性。

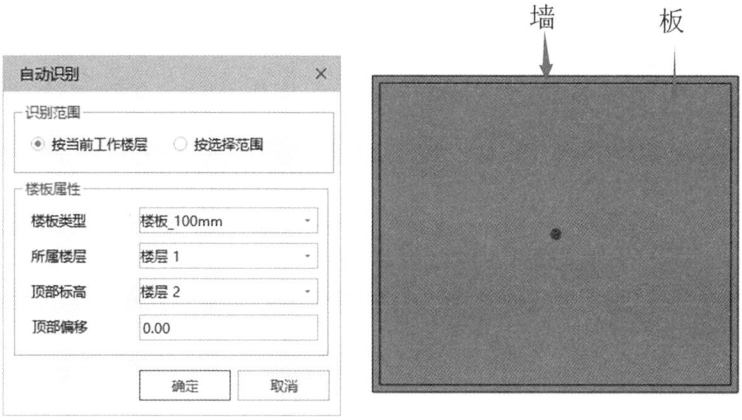

图 8-3　自动识别楼板

(二)板的编辑与修改

1. 板的属性

选中楼板后,可以在属性面板中修改板的所属楼层、顶部标高和顶部偏移(见图 8-4),并在类型参数中修改板厚度。

2. 板的通用编辑

被选中的板可以进行移动、复制、旋转、扣减、偏移、阵列、环阵、镜像、删除等操作。

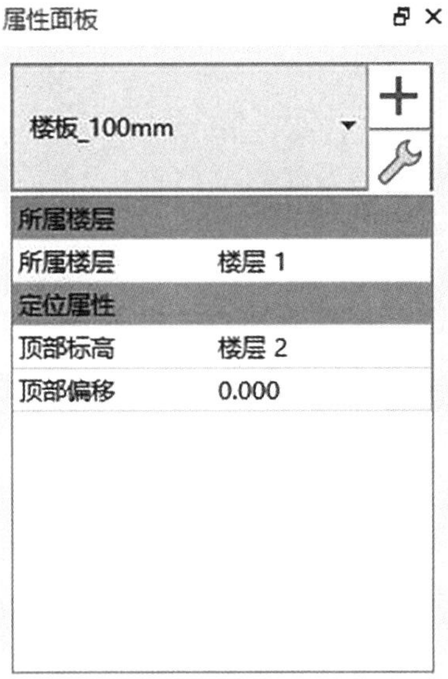

图 8-4　板的属性

(三)板创建任务实施

1. 任务分析

此模型中共有 3 层板,分别位于楼层 1、楼层 2 和屋面。

2. 任务实施

首先绘制一层板。将“视图深度”选为“当前楼层”,工作楼层选择地坪层,绘制楼板轮廓(见图 8-5)。此楼板的所属楼层和顶部标高均为地坪,顶部偏移为 300。

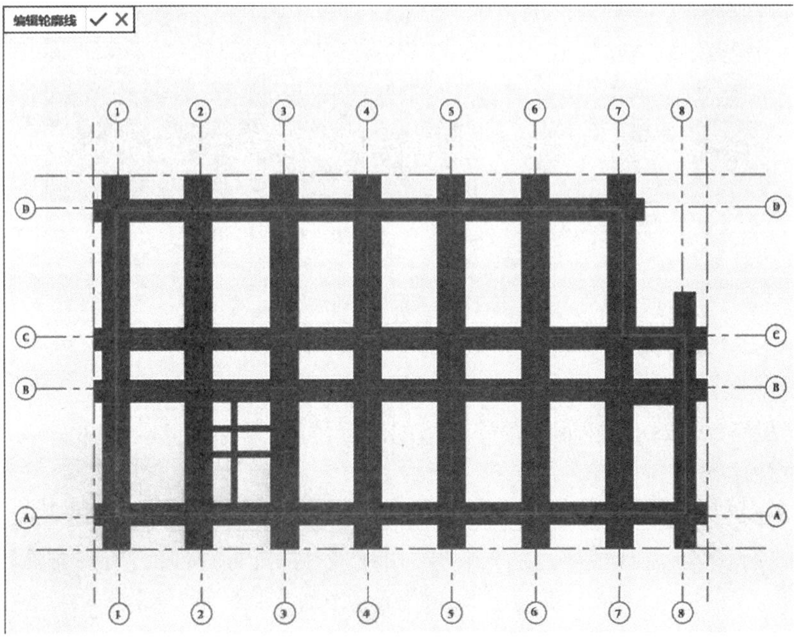

图 8-5　绘制一层板轮廓

再切换至楼层 2 和屋面,可采用自动识别楼板工具生成楼板(见图 8-6)。

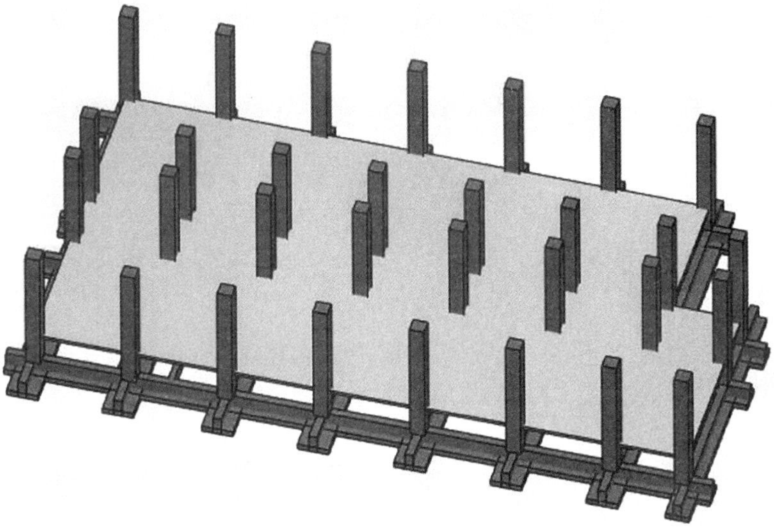

图 8-6 生成一层板

楼板绘制完成,但是构件间的几何关系存在重叠和重复。此时可通过"一键处理"对检测到的模型问题进行批量、快速的修复。如图 8-7 所示,一键处理可自动扣减柱与板的重合部分。

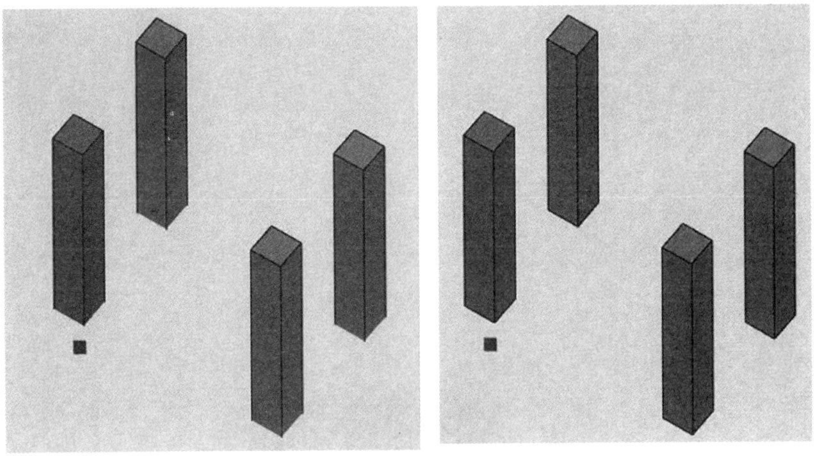

图 8-7 一键处理前后效果对比

四、评价反馈

班级: 姓名: 学号:

学习任务:BIMMAKE 板创建				
评价内容	评价标准	分值	自评得分	教师评分
板的创建	熟练掌握板创建操作	10		

模块九 BIMMAKE墙创建

一、模块描述

“BIMMAKE 墙创建”模块主要介绍利用广联达 BIMMAKE 软件来创建建筑物墙体构件，主要包括墙的创建方式、墙的编辑与修改。

二、学习目标

(一)技能目标

在老师指导下，能够综合运用 BIMMAKE 软件的基本操作，创建建筑物墙构件。

(二)素质目标

培养严谨求实的工作作风。

三、学习任务

(一)墙的创建方式

BIMMAKE 可以创建标准墙和变截面墙。点击“构件工具栏>主体结构”选项卡，选择“墙”，点击起点和终点，完成绘制(见图 9-1)。绘制方式支持直线、弧线、矩形等方式。

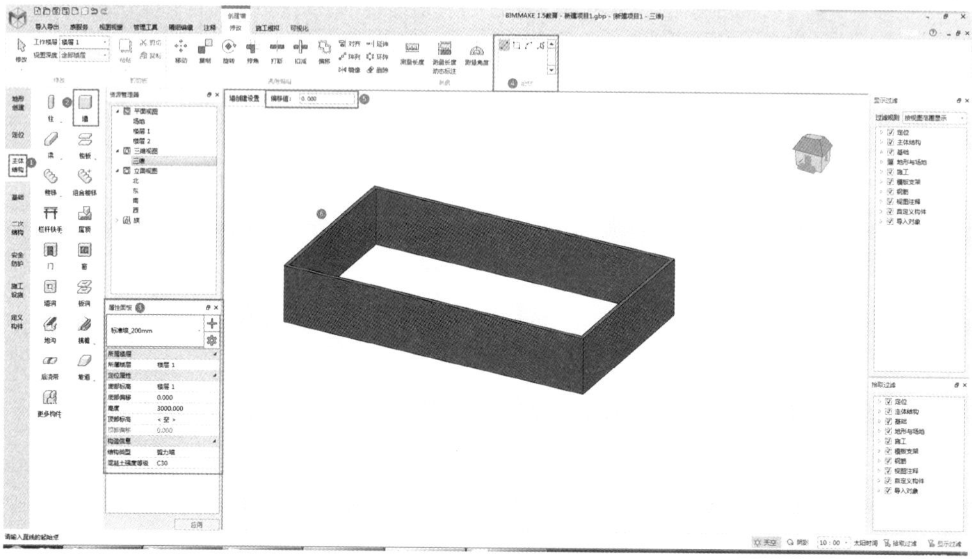

图 9-1 绘制墙体

(二)墙的编辑与修改

1. 墙的属性

选中墙后,可以在属性面板中修改墙的所属楼层、定位属性和构造信息(见图 9-2)。只有砌体墙支持砌体排布功能。

图 9-2 墙体属性

2. 墙的通用编辑

被选中的墙可以进行移动、复制、旋转、修角、打断、扣减、偏移、对齐、延伸、阵列、环阵、镜像、删除等操作。

(三)墙创建任务实施

1. 任务分析

根据建筑平面图的 CAD 图纸绘制墙。其中,屋面层的女儿墙需要从立面图和剖面图中获取。

2. 任务实施

在楼层 1 的平面视图中,根据一层平面图绘制墙。然后通过同样操作绘制楼层 2 的墙体和女儿墙。墙体绘制后效果如图 9-3 所示。

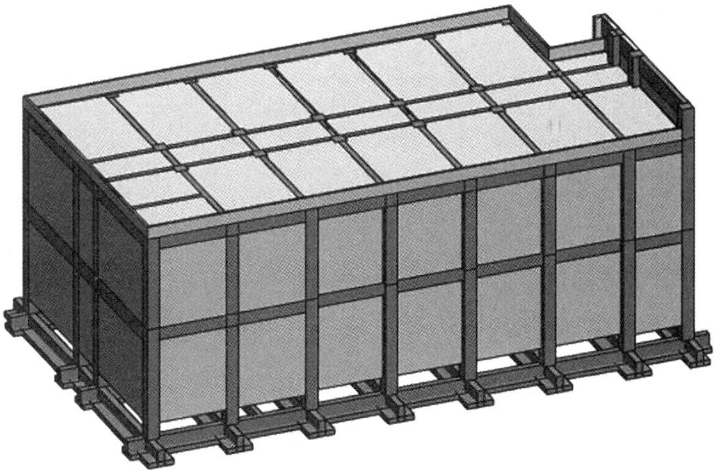

图 9-3 绘制墙体

四、评价反馈

班级：　　　　　　　　　　　　姓名：　　　　　　　　　　　学号：

学习任务：BIMMAKE 墙创建				
评价内容	评价标准	分值	自评得分	教师评分
墙的创建	熟练掌握墙创建操作	10		

模块十 BIMMAKE门窗创建

一、模块描述

“BIMMAKE 门窗创建”模块主要介绍利用广联达 BIMMAKE 软件来创建建筑物门窗构件，主要包括门窗的创建方式、门窗的编辑与修改。

二、学习目标

(一)技能目标

在老师指导下，能够综合运用 BIMMAKE 软件的基本操作，创建建筑物门窗构件。

(二)素质目标

培育严谨求实的工作作风。

三、学习任务

(一)门窗的创建方式

1. 门窗创建

绘制完墙体后，切换至立面视图或平面视图，使用“主体结构>门/窗”工具，在墙上选择插入点放置，即可完成绘制(见图 10-1)。“门”支持门和门洞两种类型，“窗”支持窗、窗洞和飘窗 3 种类型。

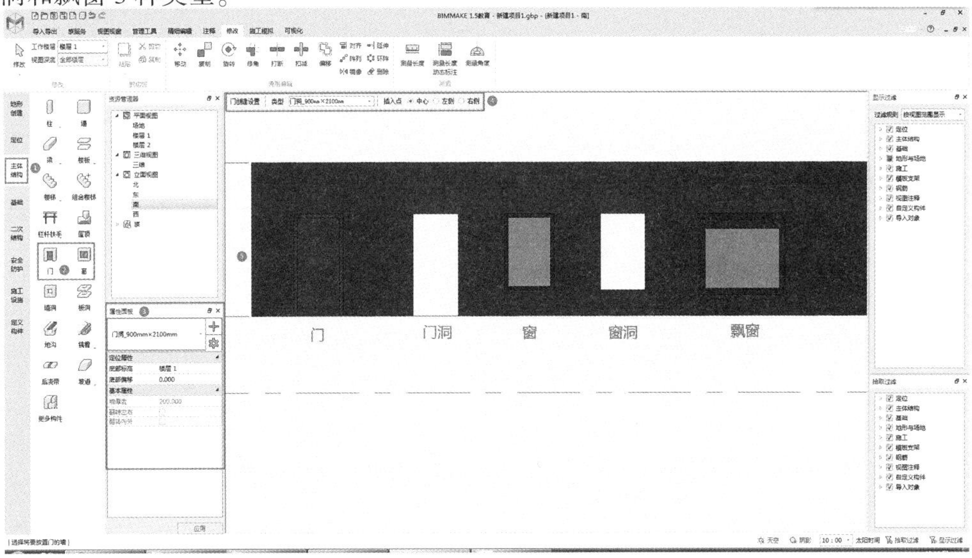

图 10-1　创建门窗

2. 创建族与族载入

当自带门窗无法满足需求时，BIMMAKE 支持导入自建的族。通过“新建族”工具（见图 10-2），可创建族文档。

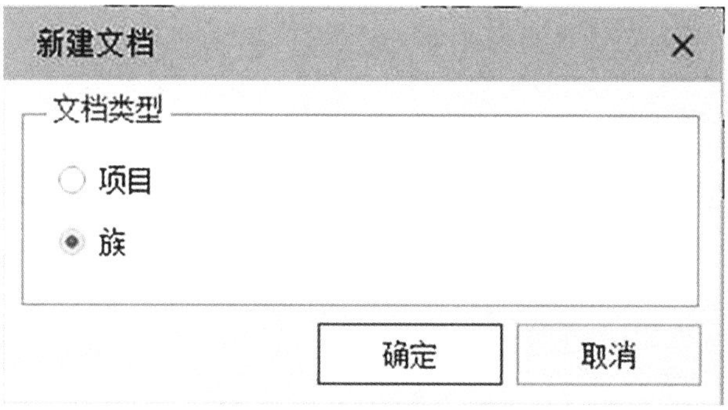

图 10-2　新建族

在右侧编辑栏中选择绘制工具绘制族（见图 10-3）。

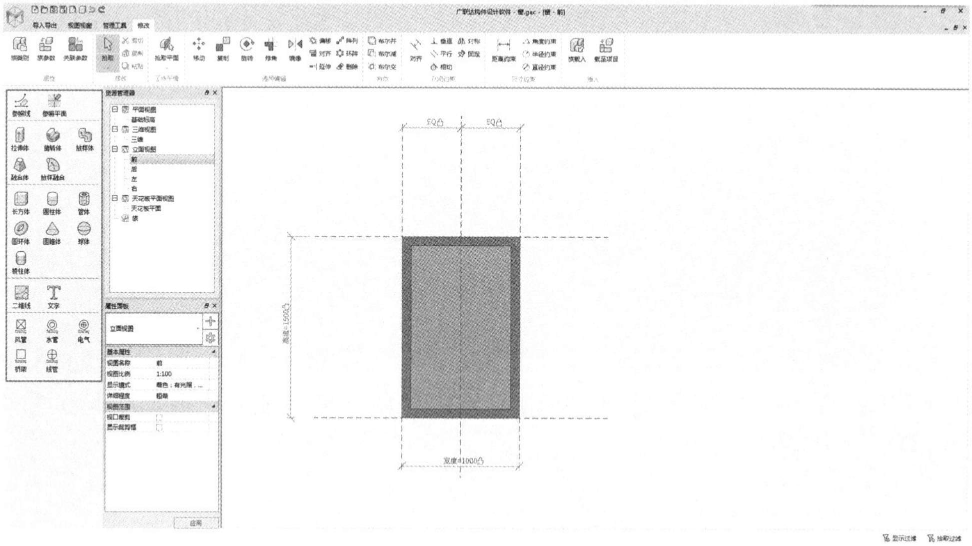

图 10-3　绘制族

绘制好族后，在“族服务”选项卡中通过“族载入”功能载入相应的族构件（见图 10-4）。

打开族文件后，在“资源管理器”中的“族”组，找到载入的族，点击鼠标右键创建实例即可（见图 10-5）。在创建点式族窗口中可以选择放置起点和放置后是否旋转。

（二）门窗的编辑与修改

1. 门窗的属性

选中的门窗可以在属性面板中修改相关属性及尺寸等参数（见图 10-6）。

2. 门窗的通用编辑

被选中的门窗可以进行移动、复制、扣减、对齐、阵列、删除等操作。

注：暂不支持跨墙复制移动门窗。

图 10-4 族载入

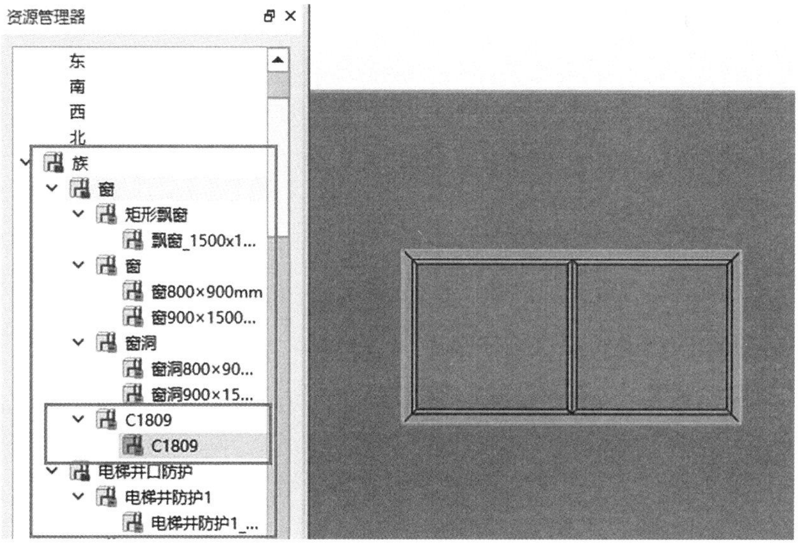

图 10-5 创建族实例

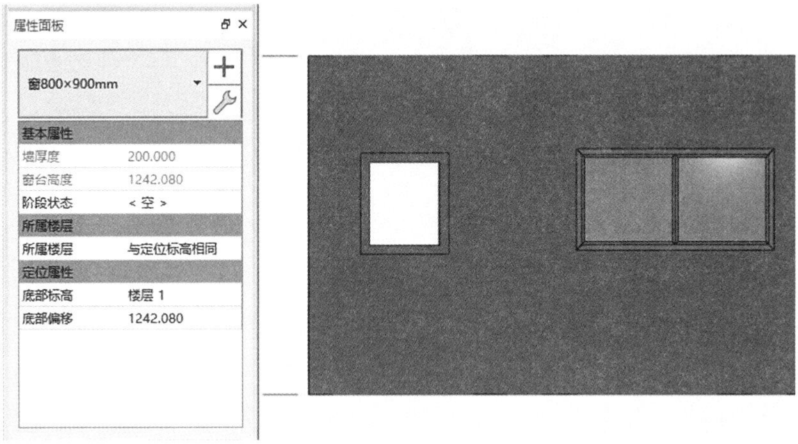

图 10-6　门窗属性

(三)门窗创建任务实施

1. 任务分析

根据 CAD 图纸,需要手动创建族实现门窗的布置(见图 10-7、图 10-8)。

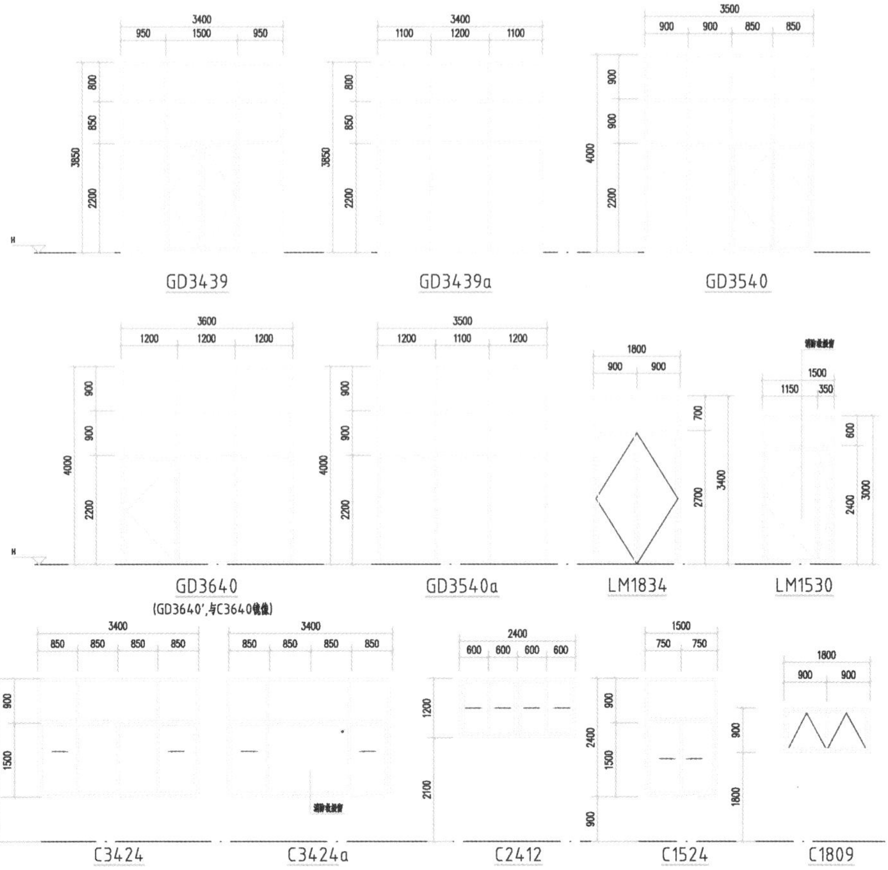

图 10-7　门窗图纸

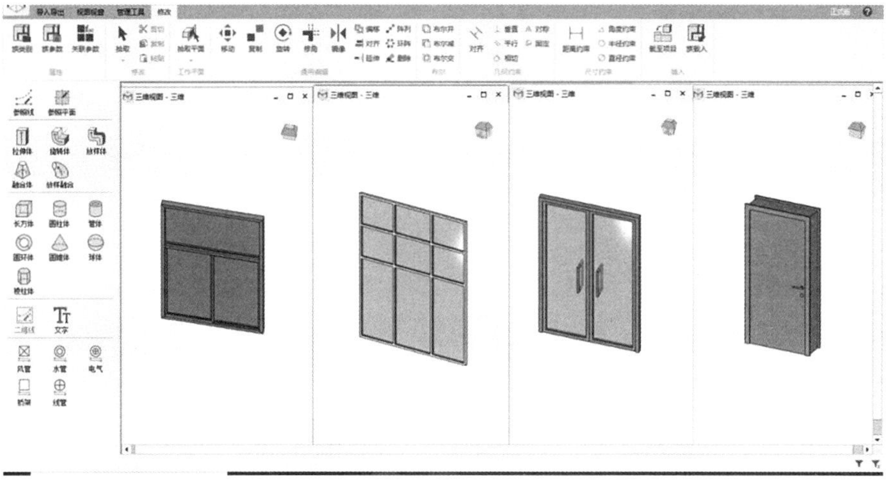

图 10-8　门窗族

2. 任务实施

1) 放置门窗

先将所有门窗的族文件载入到项目文件中,依据一层平面图、二层平面图和轴立面图中门窗编号,创建门窗实例后放置在相应墙体上。最终效果如图 10-9 所示。

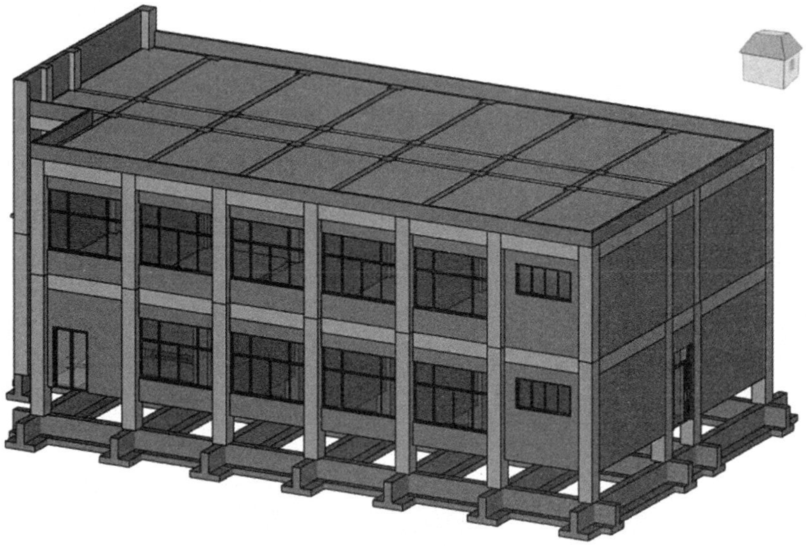

图 10-9　门窗放置后效果

2) 创建局部三维视图

局部三维视图可通过“视图视窗”选项卡中的“局部三维视图”创建(见图 10-10),点击后在三维视图下划取剖切面,自动生成新的三维视图,可在资源管理器中切换视图,并修改可视范围。

图 10-11 显示楼层 1 局部三维视图,可以更详细地查阅内部门窗布置。

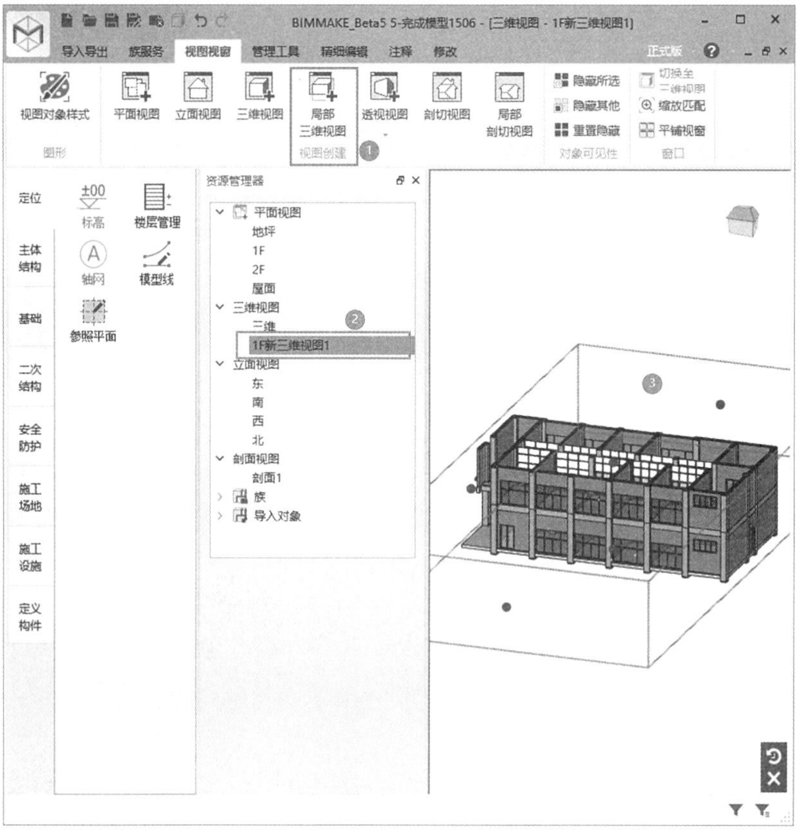

图 10-10　局部三维视图

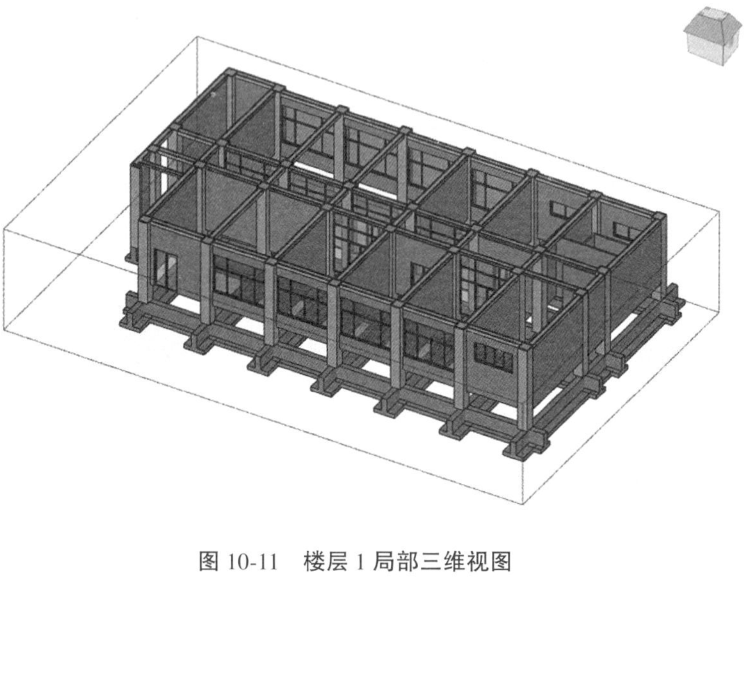

图 10-11　楼层 1 局部三维视图

四、评价反馈

班级：　　　　　　　　　　　　姓名：　　　　　　　　　　学号：

学习任务：BIMMAKE 门窗创建				
评价内容	评价标准	分值	自评得分	教师评分
门窗的创建	熟练掌握门窗创建操作	10		

模块十一 BIMMAKE楼梯创建

一、模块描述

“BIMMAKE 楼梯创建”模块主要介绍利用广联达 BIMMAKE 软件来创建建筑物楼梯构件，主要包括楼梯的创建方式、楼梯的编辑与修改。

二、学习目标

（一）技能目标

在老师指导下，能够综合运用 BIMMAKE 软件的基本操作，创建建筑物楼梯构件。

（二）素质目标

培育严谨求实的工作作风。

三、学习任务

（一）楼梯的创建方式

点击“主体结构>楼梯”，然后点击插入点，完成放置。目前支持装配式楼梯和整体浇筑楼梯和组合楼梯（见图 11-1），也可载入楼梯族。

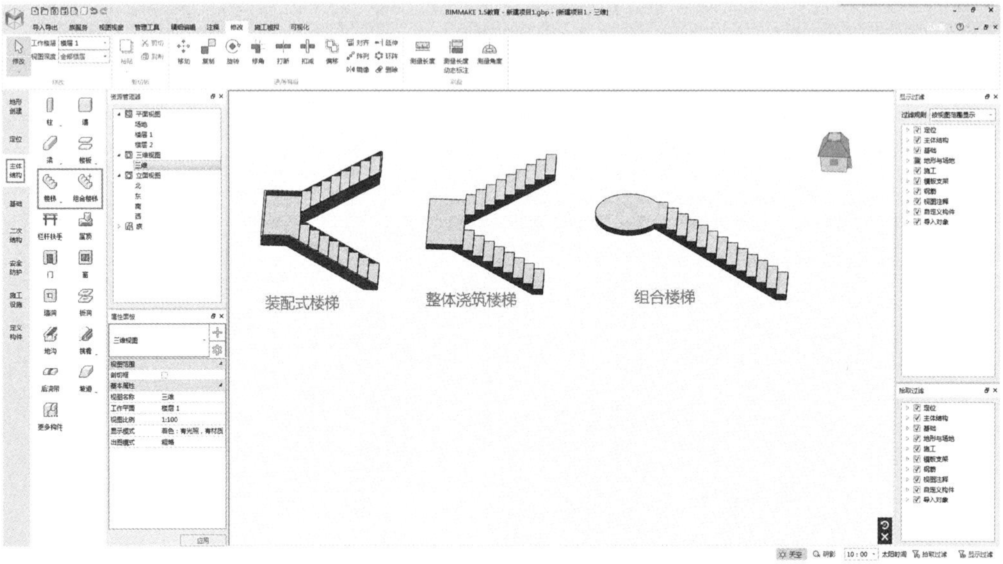

图 11-1 楼梯的创建

(二)楼梯的编辑与修改

1. 楼梯的属性

选中楼梯后,在属性面板和类型参数中可修改楼梯的多种参数,包括基本属性、所属楼层、定位属性、尺寸标注、定位方式和构造尺寸(见图 11-2)。

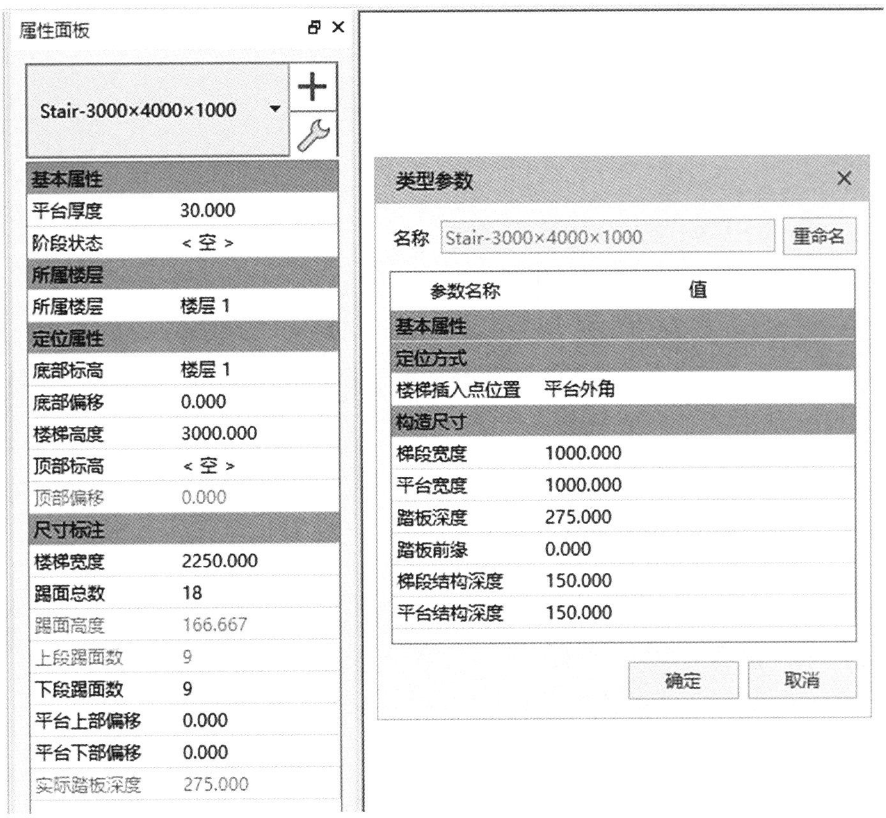

图 11-2　楼梯的属性

2. 楼梯的通用编辑

被选中的楼梯可以进行移动、复制、旋转、扣减、对齐、阵列、环阵、镜像、删除等操作。

(三)任务分析与楼梯的创建

1. 任务分析

由图 11-3 可知,模型中共有两个楼梯并装配扶手栏杆,需要创建两个楼梯族。

2. 任务实施

1)放置楼梯

载入楼梯族,根据 CAD 图纸放置在楼层 1 中,效果如图 11-4 所示。

2)调整捕捉设置

在修改和放置构件过程中,鼠标会自动捕捉对象。可以在"管理工具"选项卡中的"捕捉"工具中调整捕捉设置(见图 11-5)。

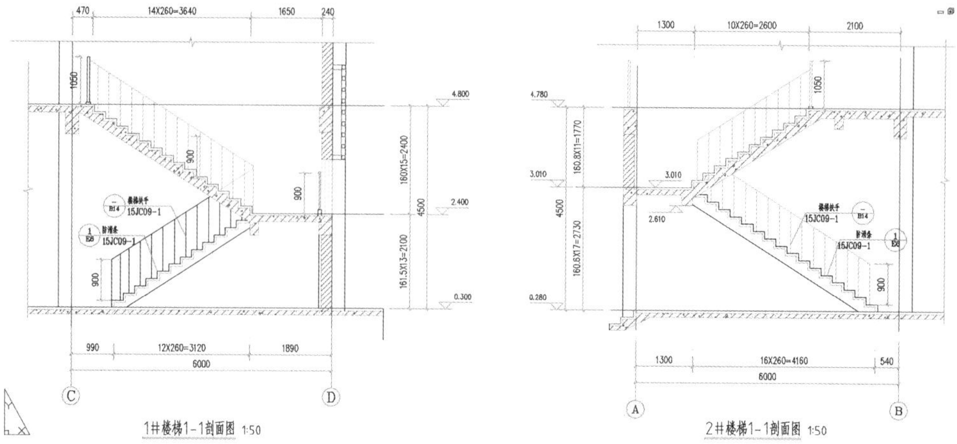

图 11-3　楼梯图纸

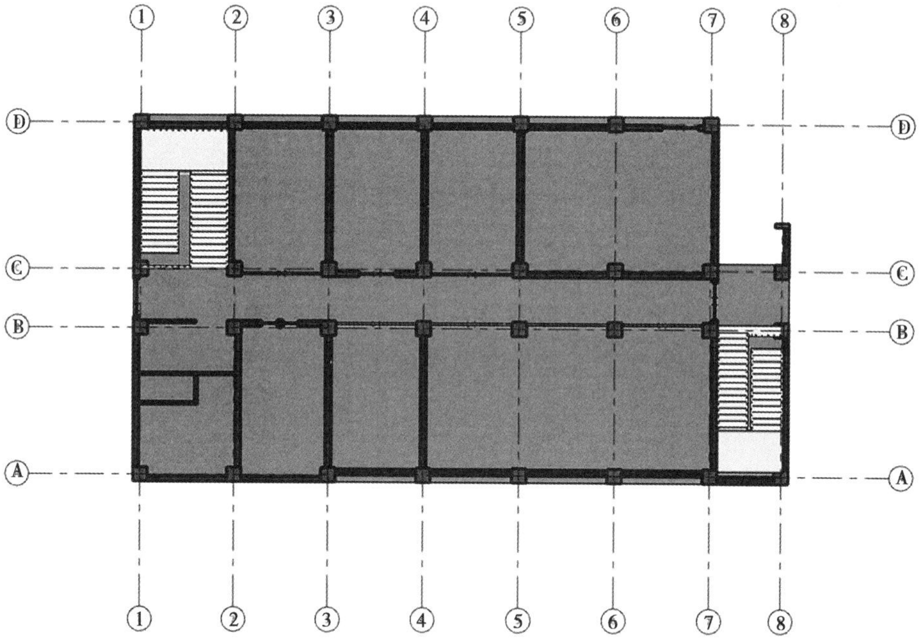

图 11-4　放置楼梯

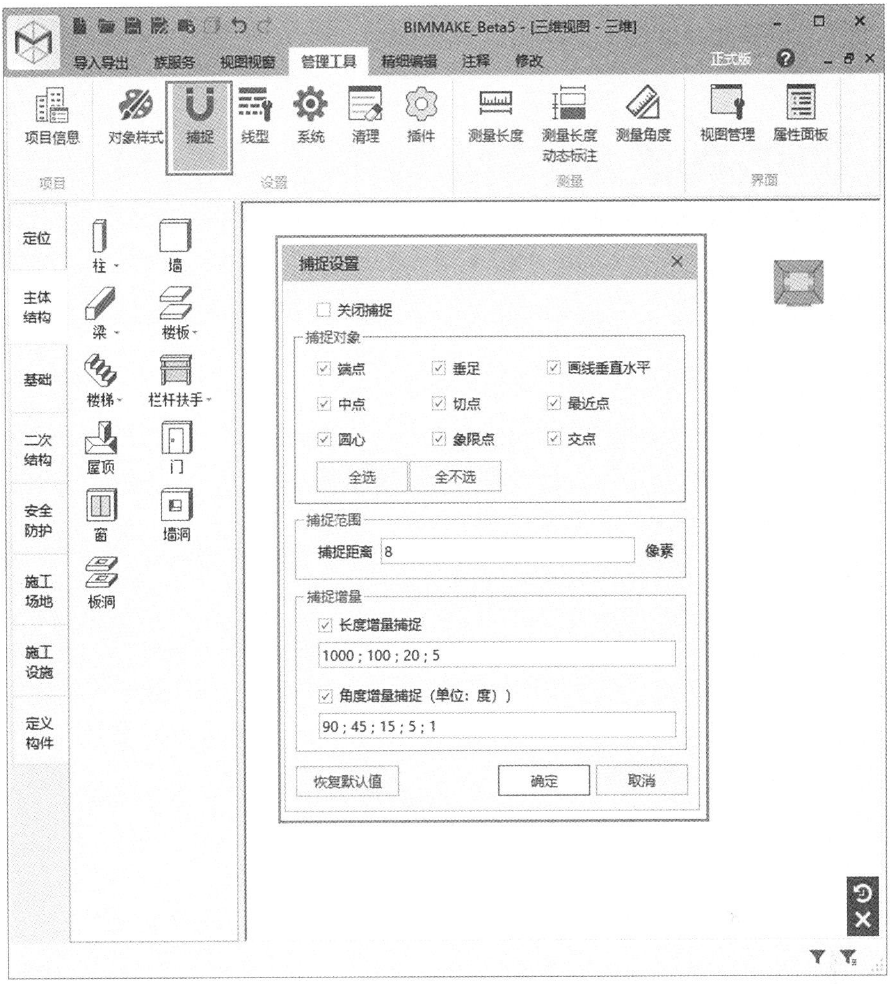

图 11-5　调整捕捉设置

四、评价反馈

班级：　　　　　　　　　　　　　姓名：　　　　　　　　　　学号：

学习任务：BIMMAKE 楼梯创建				
评价内容	评价标准	分值	自评得分	教师评分
楼梯的创建	熟练掌握楼梯创建操作	10		

模块十二 BIMMAKE其他构件创建与项目整理

一、模块描述

“BIMMAKE 其他构件创建与项目整理”模块主要介绍利用广联达 BIMMAKE 软件来创建建筑物其他构件，以及进行项目整理，主要包括栏杆扶手、台阶、道路环境的创建与项目整理。

二、学习目标

（一）技能目标

在老师指导下，能够综合运用 BIMMAKE 软件的基本操作，创建建筑物其他构件，并进行项目整理。

（二）素质目标

培育严谨求实的工作作风。

三、学习任务

（一）栏杆扶手的创建

栏杆扶手可以直接绘制，绘制后支持在位编辑。点击“栏杆扶手>绘制”，点击插入点，完成放置。也可以在在位编辑模式下编辑栏杆扶手造型（见图 12-1）。创建后的栏杆扶手可以通过属性面板切换族类型、修改具体属性。

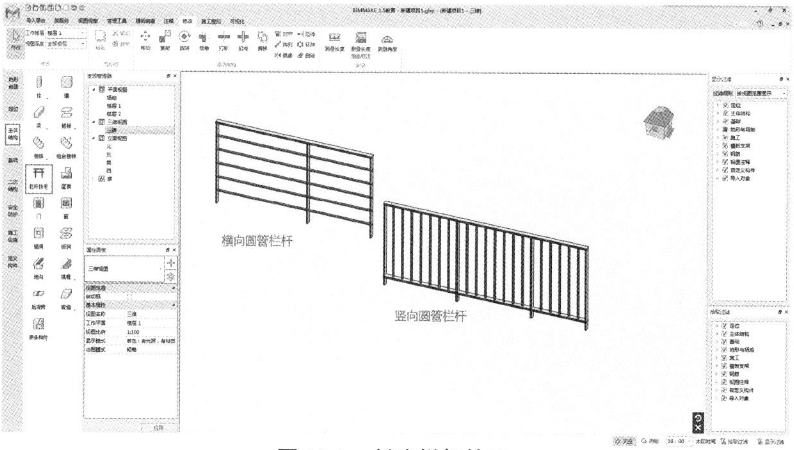

图 12-1　创建栏杆扶手

(二)台阶

可以通过建族方式绘制台阶。

(三)道路环境

点击右侧工具栏施工场地选项卡,可以进行道路环境绘制。包含平面地形、面域道路、草坪、泥土、水泥、地砖、围墙、环境 8 个命令(见表 12-1)。

表 12-1　道路环境

平面地形		
面域道路	水泥 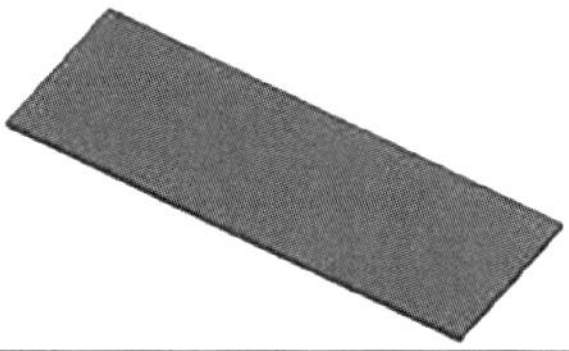	沥青 
	混凝土 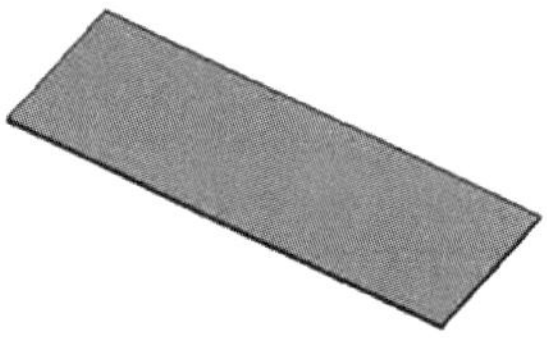	碎石 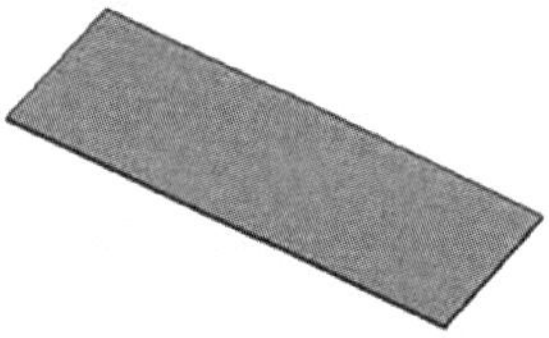
其他地形	草坪 	泥土 
	水泥 	地砖 

续表 12-1

围墙	单面围挡 	砌体围墙 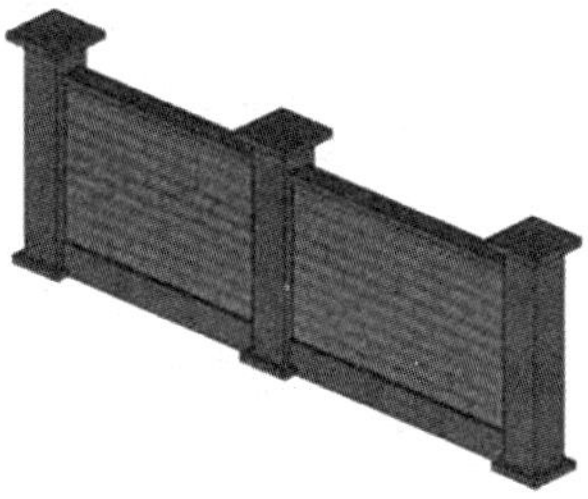
环境	族载入	

(四)项目合并

将文件 A 合并到文件 B 中,可使用跨文档复制粘贴,具体操作如下:

(1)打开文件 A,切换到某平面视图,调整平面视图的“顶部偏移”和“深度偏移”数值(见图 12-2),让要复制的构件都可以在该平面视图显示。

图 12-2 调整“顶部偏移”和“深度偏移”

(2)选中需要复制的构件,点击剪切板上的“复制”(见图 12-3)。

(3)在同一个程序中打开文件 B,切换到对应的平面视图,调整平面视图的“顶部偏移”和“深度偏移”数值,保证所有构件都可以显示,点击剪切板上的“粘贴”的下拉三角符号,可以选择“粘贴”或“对齐粘贴到标高”命令(见图 12-4、图 12-5),将文件 A 粘贴到文件 B 中。

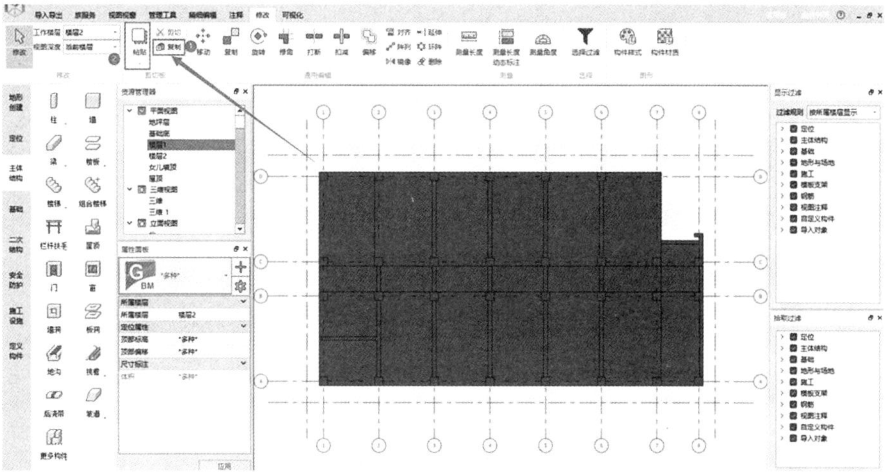

图 12-3　复制构件

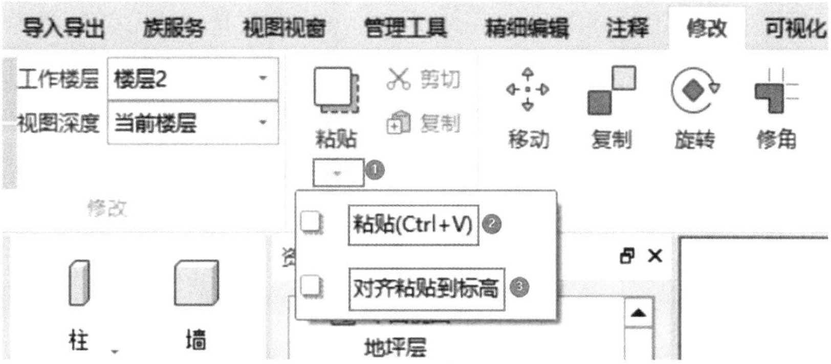

图 12-4　粘贴构件

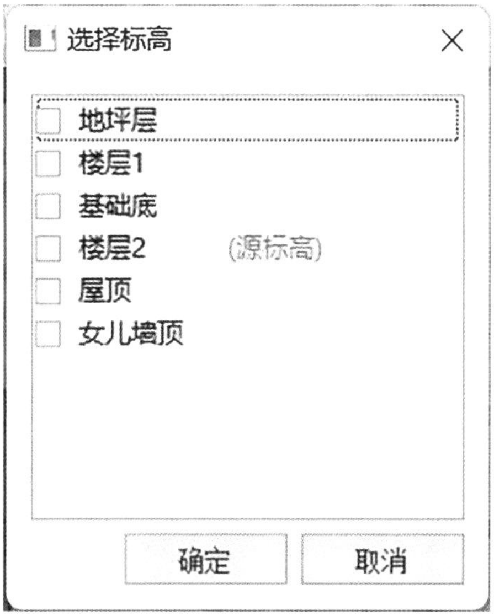

图 12-5　对齐粘贴到标高

四、评价反馈

班级：　　　　　　　　　　　　　　姓名：　　　　　　　　　　学号：

学习任务：BIMMAKE 其他构件创建与项目整理				
评价内容	评价标准	分值	自评得分	教师评分
其他构件创建与项目整理	熟练掌握其他构件创建与项目整理操作	10		

参考文献

[1]高恒聚,乔海娟. BIM应用基础:基于Revit软件[M].北京:北京邮电大学出版社,2022.
[2]周佶,王静. 建筑信息模型(BIM)建模技术[M].北京:高等教育出版社,2020.
[3]赵志. Revit建筑建模基础与实战[M].北京:化学工业出版社,2021.
[4]柏慕进业. Autodesk Revit MEP 2017管线综合设计应用[M].北京:电子工业出版社,2017.
[5]刘波洲. Revit土建建模基础操作教程[M].北京:人民交通出版社,2021.
[6]胡仁喜,刘昌丽. 基于BIM的Revit建筑与结构设计实例教程[M].北京:电子工业出版社,2021.